a S. E. Monsieur Des.

ministre de France en Serbie.

en reconnaissant souvenir

Vilmorin

HORTUS

VILMORINIANUS

HORTUS
VILMORINIANUS

CATALOGUE

DES

PLANTES LIGNEUSES ET HERBACÉES

EXISTANT EN 1905

DANS LES COLLECTIONS DE M. PH. L. DE VILMORIN

ET DANS LES CULTURES DE MM. VILMORIN-ANDRIEUX ET Cⁱᵉ

A VERRIÈRES-LE-BUISSON

PAR

PHILIPPE L. DE VILMORIN

VICE-SECRÉTAIRE DE LA SOCIÉTÉ BOTANIQUE DE FRANCE

PRÉFACE DE M. CH. FLAHAULT

Professeur de Botanique à l'Université de Montpellier

105 FIGURES DANS LE TEXTE

28 PLANCHES EN PHOTOGRAVURE

VERRIÈRES-LE-BUISSON

1906

INDEX MÉTHODIQUE

PRÉFACE

Nous réparions de notre mieux les malheurs de la guerre, travaillant avec ardeur, dominés par le sentiment profond d'une France à refaire.

Après un mois d'épreuve, obtenu non sans peine, Decaisne, de vénérée mémoire, m'avait admis au Jardin des plantes, avec la paie de 35 sous. Je faisais tout pour les mériter. Devenir un jardinier instruit, je n'avais pas d'autre ambition. Avec l'ami J. D., nous passions à la bibliothèque les heures de repos, nous efforçant de comprendre de Candolle et Jussieu. Le grand chef, qui surgissait partout à l'improviste, était sévère aux flâneurs et bienveillant aux laborieux. Il devait bientôt me montrer ma voie et me faire prendre le chemin de la Sorbonne; en attendant, son dévouement m'appelait dans son cabinet où, le crayon à la main, il m'expliquait les difficultés de la morphologie. Des rapports de plus en plus confiants s'établirent entre le savant et l'apprenti jardinier. Je vins à lui parler d'une mère à laquelle je dois tout et surtout ma passion pour l'étude; il me parla de Mme Louis de Vilmorin.

J'eus un jour à remplir une mission de confiance. Il s'agissait de porter à Verrières quelques jeunes plants, issus d'un envoi de l'abbé Armand David. Je pris le ballot, dont je savais le prix, avec une lettre d'envoi : « Vous remettrez cela au bureau ; vous me rapporterez une réponse ». Enhardi par le sentiment du rôle

dont j'étais chargé, j'osai demander au directeur s'il me per-
mettrait de jeter un coup d'œil sur l'établissement qu'avait dirigé
Mme L. de Vilmorin. Avec une moue que n'ont pas oubliée les
amis de Decaisne : « Allez, me dit-il, vous pourrez ne revenir
qu'à l'appel de trois heures ».

Je quittai mon tablier, je me fis beau. Je fus vite à Verrières ;
je dus paraître bien gauche à l'employé qui me donna décharge
de mon paquet. C'est que j'avais tant envie de voir, fût-ce par
une porte entre-bâillée, le célèbre établissement. Je balbutiai
quelques mots, parlai de sélection de pommes de terre. « Venez
avec moi », me dit-il. On pense avec quelle curiosité avide je par-
courus ces jardins et comment j'écoutai les explications de mon
guide. Je me confondis en remercîments et quittai Verrières tout
plein de visions merveilleuses, sans avoir su jamais quel avait été
mon cicerone.

Telle fut ma première visite à l'arboretum de Verrières. Longtemps après, honoré de l'amitié d'Henry de Vilmorin, je la lui
racontai parmi ces collections dendrologiques dont il me faisait
maintenant les honneurs et que j'admirais d'autant plus que j'en
appréciais mieux la valeur. Deux jours après, ma mère recevait
de Verrières, avec le mot le plus touchant, une gerbe de Lis du
Japon. J'y suis retourné depuis, jamais assez souvent, à mon
gré, mais toujours avec le vif regret de ne pouvoir faire partager
à mes étudiants le bénéfice de ces visites.

On s'est intéressé d'une manière effective aux arbres dès que
la diminution des forêts en révéla l'importance. Dès que les
doléances des Parlements et des ingénieurs dénoncent les menaces
de la disette des bois, économistes et savants se préoccupent de
la conservation et de la reconstitution de nos ressources fores-
tières. Il faut des bois d'œuvre ; il faut des bois de marine. On
recherche dans les pays nouveaux des arbres qui puissent rem-
placer ceux dont nous épuisons les réserves. Au XVIIIe siècle,

l'amiral de la Galissonnière, le duc d'Ayen, Duhamel du Monceau, Michaux, Buffon réunissent en divers points du pays des arbres exotiques; le Jardin botanique de Montpellier est déjà un remarquable arboretum. On crée le Muséum et le Roi confie à Cl. Richard ses collections d'arbres de Trianon. Pierre Andrieux, puis Philippe-Victoire, le premier des Vilmorin, participent à ce mouvement d'intérêt et fondent Reuilly, puis Verrières.

Il ne s'agit plus aujourd'hui de bois de marine. La déforestation menace de ruiner toutes les régions montagneuses et tarit avec les torrents une des sources principales de nos richesses et voici que la disette des bois devient l'effroi des économistes du xxᵉ siècle. Les études dendrologiques s'imposent chaque jour comme plus impérieuses. De quel prix sont pour nous maintenant ces collections formées depuis plus d'un siècle, celle de Verrières surtout, que le labeur continu de six générations de savants a conservées, étudiées et classées avec un zèle inlassable! C'est un monument historique que cet arboretum où vivent les premiers exemplaires introduits en Europe par les explorateurs des deux derniers siècles, nommés avec la conscience et la sollicitude que l'on sait. Nous en avons maintenant le catalogue critique ; nous en rendons grâce à l'auteur.

Mon cher ami Philippe,

Vous avez bien voulu me demander de présenter au public votre Catalogue des plantes cultivées à Verrières; et vraiment, j'en suis tout confus. C'est vrai que je suis responsable, un peu, de cette œuvre, puisque j'ai pu vaincre votre hésitation à la publier. Je savais où cela vous entraînerait. Ayant reçu de votre père la mission de vous former, vous ayant suivi de très près pendant vos deux années d'études à Montpellier, je savais que vous seriez à la hauteur de votre tâche. Dieu a voulu que, comme votre père, vous en fussiez très prématurément chargé. Je n'ai pas craint que

vous succombiez. Soutenu par votre mère comme votre père l'avait
été par la sienne, encouragé par la digne compagne à laquelle
vous avez donné le grand nom que vous portez, vous avez bien
vite montré que vous êtes le digne héritier de vos pères. L'œuvre
que je viens de lire est bien celle d'un Vilmorin ; elle marque
votre place à côté d'eux. Elle fait de vous le continuateur de ces
hommes qui, depuis tantôt un siècle et demi, n'ont pas cessé d'as-
socier le souci des intérêts économiques et sociaux à celui de la
vérité scientifique. C'est pourquoi je me sens incapable d'en parler
autrement qu'avec tout mon cœur.

Ce *Catalogue* marque une date dans votre vie. Ceux qui ont
connu votre père, qui se sont associés au grand deuil de sa brusque
disparition, reprendront pleine confiance en étudiant votre
ouvrage, et ceux qui vous gardent toute leur affection se réjouiront
avec votre vieil ami

Ch. FLAHAULT.

Jardin botanique de l'Hort-de-Dieu, à l'Aigoual.
1ᵉʳ novembre 1905.

INTRODUCTION

Le 4 août 1904, la Société botanique de France, réunie extraordinairement à Paris pour célébrer son jubilé cinquantenaire, fit à Verrières les honneurs d'une visite. A cette occasion, quelques amis m'ont demandé de publier, comme annexe aux actes du Congrès, une liste des végétaux cultivés dans les collections dont j'ai maintenant la charge.

J'ai accepté non sans hésitation, et pourtant j'étais loin de me douter moi-même des proportions que prendrait ce travail, ni des difficultés de tous genres que je rencontrerais en route. Je ne regrette aujourd'hui ni mon temps ni ma peine, car je suis persuadé que ce livre pourra être de quelque utilité à mes collègues. Avant de parler de ce Catalogue, je voudrais dire quelques mots des collections qui en font l'objet.

Leur origine remonte au xviiie siècle. M. Pierre Andrieux, beau-père de mon trisaïeul, avait réuni, à Paris et à Reuilly, des végétaux indigènes et exotiques, d'utilité ou d'agrément, en nombre considérable pour l'époque. Son gendre, Philippe-Victoire L. de Vilmorin fut, s'il faut en croire ses biographes, un fervent amateur de plantes, et en introduisit un grand nombre, notamment de provenance américaine.

C'est mon bisaïeul, Pierre-Philippe-André, qui transporta de Reuilly à Verrières le centre des cultures expérimentales et commerciales de la Maison Vilmorin-Andrieux et Cie, ainsi que les collections botaniques. Il avait acheté la propriété de Verrières en 1815. C'était alors un petit parc à la française, dessiné, dit-on, par Le Nôtre, et dont subsistent encore une grande allée de Tilleuls, des quinconces de Marronniers d'Inde, de vénérables charmilles, quelques Ormes et Robinias séculaires.

Mon arrière-grand-père, qui fut tout spécialement un dendrologue, commença sans tarder à planter à Verrières des arbres sur lesquels il faisait, par ailleurs, dans son domaine des Barres, des expériences d'acclimatation sur de vastes étendues. Il remplaça un grand parterre sur lequel donnait la façade de la maison d'habitation par une pelouse en pente douce, entourée de Conifères et d'autres essences rares; c'est certainement entre 1815 et 1820 qu'ont été semés ou plantés les Cèdres du Liban, les Pins de Calabre, les Chênes d'Amérique, les *Planera*, etc., qui, devenus aujourd'hui de superbes exemplaires, sont parmi les curiosités dendrologiques de Verrières. Plus tard, grâce à ses relations avec Michaux, Boissier et autres voyageurs, il augmenta progressivement sa collection et, sans aucune exagération, on peut dire que, depuis lors, pas une année ne s'est écoulée sans qu'une ou plusieurs espèces arborescentes nouvelles aient été introduites dans les plantations.

Il eût été intéressant de citer, pour chaque arbre, la date de sa naissance; je regrette de n'avoir pu le faire, mais les documents précis à ce sujet me font totalement défaut; pour beaucoup d'espèces cependant, il est certain que leur plantation à Verrières a immédiatement suivi leur introduction en France; c'est le cas du *Pseudolarix Kæmpferi*, des *Abies Pinsapo*, *A. lasiocapa*, *A. numidica*, *Pinus ponderosa*, *Libocedrus decurrens*, de divers Chênes d'Amérique, par exemple, qui sont parmi les doyens des exemplaires cultivés.

Il m'est également impossible de faire une distinction, au point de vue des additions à l'*Arboretum*, entre l'œuvre de mon bisaïeul et celle de son fils, Louis L. de Vilmorin, ce dernier étant mort deux ans avant son père, en 1860.

Mon père continua avec ordre et méthode la collection d'arbres commencée par ses prédécesseurs; il avait réuni à Verrières des éléments pour servir à une étude projetée sur les Conifères. En même temps, il apporta une attention toute spéciale aux plantes herbacées, vivaces et bulbeuses, dont il augmenta grandement la série déjà nombreuse.

Il aimait et connaissait très bien les plantes alpines et fit, il y a une vingtaine d'années, aménager un premier rocher destiné à recevoir les récoltes qu'il avait faites lui-même dans les Pyrénées, en Auvergne, dans les Alpes et en général dans toutes les montagnes de l'Europe, de l'Amérique du Nord et de l'Asie Mineure.

Ma tâche se trouvait donc toute tracée par l'exemple de mes illustres devanciers. Comme eux, je me suis appliqué à faire profiter les collections de Verrières de toutes les découvertes nouvelles qu'ont amenées les explorations botaniques dans les régions tempérées du globe. Nos relations commerciales, amicales et scientifiques dans le monde entier nous ont parfois procuré le plaisir d'avoir la primeur d'espèces inconnues, venant notamment de Chine, et qui ont été pour la plupart décrites et publiées par mon oncle, M. Maurice L. de Vilmorin.

La collection des plantes alpines a pris, au cours de ces dernières années, une extension considérable. Augmentée par voie d'achats et d'échanges, elle est devenue une des plus importantes de la région. En 1901, j'ai été obligé, pour lui donner asile, de faire aménager un jardin alpin relativement grand et qui menace de devenir à son tour insuffisant. La série des plantes vivaces s'accroît parallèlement à celle des plantes alpines, et les arbres eux-mêmes, malgré le peu d'espace dont je dispose, ne sont pas oubliés.

On pourra remarquer que nous avons à Verrières relativement moins d'arbustes que d'arbres : le *Fruticetum* des Barres, dont mon oncle a publié récemment l'intéressante description, comble cette lacune et me permet de conserver le plus possible de la place disponible pour les plantes herbacées. Ces dernières sont, pour la plupart, des plantes vivaces. On ne rencontrera, dans ce Catalogue, en dehors des plantes utiles ou ornementales d'un usage courant et commercial, que peu de plantes annuelles; je n'ai ni le temps ni la place de faire tous les ans des semis d'espèces n'offrant qu'un intérêt secondaire. La plupart de celles que je cite existent dans les cultures de la Maison Vilmorin-Andrieux et Cⁱᵉ, faites en vue de la production des graines ou de l'essai des plantes nouvelles, et qui ont, avec les collections botaniques, trop de points de contact et de compénétration pour qu'il soit possible de séparer les unes des autres.

Presque toutes les plantes énumérées sont rustiques en pleine terre sous le climat de Paris. Celles qui nécessitent l'abri d'un châssis ou une simple protection pendant l'hiver sont marquées d'un astérisque (*).

Le présent Catalogue est divisé en deux parties, dont la première comprend les végétaux ligneux, et la seconde les plantes herbacées. Dans les deux parties, la classification suivie a été la même, c'est-à-dire que les familles et les genres ont été rangés suivant l'ordre du *Genera plantarum*, de Bentham et Hooker, et que, dans chaque genre, les espèces sont classées par ordre alphabétique. Une table des genres permet de trouver sans trop de recherches une espèce quelconque.

Les difficultés auxquelles je faisais allusion au début de cette introduction provenaient d'incertitudes dans la détermination et la nomenclature de certaines espèces; nos arbres et nos plantes ont été vus et revus par les botanistes les plus émérites et les spécialistes les plus distingués. Je dois beaucoup, à ce point de vue, à MM. G. Allard, Ed. André, D. Bois, A. Dode, J. H. Elwes, P. Hariot, A. Henry, L. Henry, R. Hickel, L. Pardé, J. Poisson, M.-T. Masters, C. Sargent; grâce à eux, j'ose espérer qu'à Verrières l'étiquetage est aussi rigoureusement correct que possible.

Pour la nomenclature et l'orthographe, je m'en suis rapporté autant que possible à l'*Index Kewensis*, ainsi qu'aux « Hand-lists » de Kew. D'autre part, je me suis efforcé de rester en concordance avec le *Fruticetum Vilmorinianum;* mais beaucoup d'ouvrages spéciaux ont dû être consultés, et il n'a pas toujours été facile de mettre d'accord les différents auteurs. J'ai toujours fait pour le mieux, après m'être entouré des avis de MM. Ed. André, D. Bois, Th. Delacour, E. Malinvaud, M. L. de Vilmorin, qui ont bien voulu revoir les épreuves et m'ont souvent évité de graves erreurs. Je dois des remerciements tout spéciaux à M. S. Mottet, chef des cultures expérimentales de la Maison Vilmorin-Andrieux et Cⁱᵉ, qui a été la cheville ouvrière de cette œuvre ; sans son concours assuré, je ne l'aurais pas entreprise et en tout cas je ne l'aurais pas menée à bien.

A la suite d'un certain nombre d'espèces, j'ai intercalé de courtes notices, soit que les plantes en question offrent un intérêt particulier par leur nouveauté, leur rareté ou leur beauté, soit que les spécimens qui les représentent à Verrières se fassent remarquer par leur âge ou leurs dimensions. Ces notices étant forcément très incomplètes, j'ai cru devoir donner la citation d'articles parus dans diverses publications, où je me suis souvent documenté, et que les lecteurs pourront consulter pour de plus amples renseignements. D'ailleurs, et pour toutes les plantes faisant l'objet des cultures et du commerce de la maison Vilmorin-Andrieux et Cⁱᵉ, ses principaux ouvrages : *Fleurs de pleine terre, Plantes potagères, Plantes de grandes cultures, Meilleurs blés,* etc., ouvrages bien connus et que je n'ai pas cru devoir citer pour cette raison, complètent heureusement l'insuffisance de mes notices.

Parmi les amateurs de plantes avec lesquels je suis en relations d'échanges et qui ont grandement contribué à l'accumulation des richesses dont je donne aujourd'hui la liste, qu'il me soit permis de citer et de remercier, parmi mes correspondants étrangers : S. A. R. le Prince Ferdinand de Bulgarie, Mᵐᵉˢ O. Fedtschenko et Voutchinotchaw, MM. S. Arnott, Lord Ducie, R. H. Beamish, N. K. Bulley, H. Correvon, A. de Degen, Dʳ G. Dieck, Rev. Ellacombe, J. H. Elwes, H. Foukouba, Hon. Vic. Gibbs, E. Heinrich, S. Ishiwara, E. H. Krelage, Max Kolb, Max Leichtlin, J. Kesselring, G. Reuthe, W. Robinson, B. Ruys, Ch. Sargent, A. Scalarandis, F. Scheubel, G. R. Shaw, Van Tubergen, etc.; parmi mes compatriotes : MM. Ed. André, le frère Arsène, G. Boucher, Cochet-Cochet, G. Croux, G. Daigremont, Th. Delacour, R. Gravereaux,

P. Hariot, F. Jamin, G. de Lépinay, Dr E. Perrot, J. Puteaux, J. Sallier, etc. ; les Jardins botaniques de Belgrade, Berlin, Bruxelles, Cambridge, Darmstadt, Dresde, Göttingen, Kew, Madrid, La Mortola, Munich, Saint-Pétersbourg, Tiflis, Valence, Zurich, le Département de l'Agriculture à Washington, l'Université de Berkeley, etc., pour l'étranger; ceux de Grenoble, Lyon, Marseille, Montpellier, Paris, Toulouse, la Villa-Thuret, l'École d'horticulture d'Igny, etc., pour la France.

Les clichés qui ont servi à égayer cette nomenclature un peu aride m'ont été obligeamment prêtés par la *Revue Horticole* et par MM. Vilmorin-Andrieux et Cie. Les planches en photogravure sont des reproductions de photographies faites à Verrières par M. S. Mottet.

Philippe L. DE VILMORIN.

Verrières-le-Buisson, 15 novembre 1905.

Explication des signes employés dans le texte.

① — Plante annuelle.
② — Plante bisannuelle.
♃ — Plante vivace.
* — Plante nécessitant l'abri d'un châssis ou une protection sur place durant l'hiver.

NOTA. — Pour les mensurations d'arbres, la circonférence du tronc a été prise à 1 mètre du sol.

Vue d'un groupe de Conifères

Hort. Vilm.

ABIES VILMORINI.   ABIES CILICICA.   PINUS JEFFREYI.   ABIES GRANDIS. PINUS BUNGEANA. ABIES NUMIDICA. CHAMÆCYPARIS. LAWSONIANA.
TSUGA SIEBOLDII.

PARTIE I

PLANTES LIGNEUSES

DICOTYLÉDONES

POLYPÉTALES

RENONCULACÉES

CLEMATIS
- **æthusæfolia** Turcz., var. LATISECTA Maxim. — Chine sept.
- **alpina** Mill. (*Atragene alpina* L.). — Europe septentrionale.
- **apiifolia** DC. — Chine.
- ***aphylla** O. Kuntze. — Nouvelle-Zélande.
- **campaniflora** Brot. — Portugal.
- **Flammula** L. — Europe.
- **Jackmani** Van Houtte (*C. hakonensis* Franchet et Savatier). — Japon.
- **ligusticifolia** Nutt. — États-Unis.
- **montana** Buchan. — Himalaya. — Var. GRANDIFLORA Hort.
  (Voir *Bull. soc. bot. Fr.*, 1903, p. 524.)
- **orientalis** L. — Orient.
- **paniculata** Thunb. — Japon.
  > Espèce peu répandue, quoique très intéressante. Ses fleurs sont blanches, petites, mais très nombreuses et couvrent littéralement la plante dans le courant de septembre. Elle est très grimpante et prend rapidement un développement considérable. (Voir fig. 1, et *Rev. Hort.*, 1902, p. 86, et fig. 36.)
- **tangutica** Ed. André (*spec. nov.*). — Tangut.
  (Voir *Revue Horticole*, 1902, p. 528, avec planche.)
- **Vitalba** L. — Europe, etc.
- **Viticella** L. — Europe.
- **Wilfordi** Hort. (*spec. affin. orientalis.*)
  (Voir aussi Partie II, *Plantes herbacées.*)

PÆONIA
- **Moutan** Sims. — Variétés horticoles.
  (Voir aussi Partie II, *Plantes herbacées.*)

CALYCANTHACÉES

CALYCANTHUS

— **floridus** L. (*C. sterilis* Walt.). — Sud des États-Unis.

CHIMONANTHUS

— **fragrans** Lindl. (*Calycanthus præcox* L.). — Chine et Japon.

Cet arbuste est loin d'être nouveau dans les cultures, mais il n'est pas assez connu. Son principal mérite est de se couvrir de fleurs jaune-cire et brun, très odorantes, qui commencent à s'épanouir dès le mois de décembre et se succèdent, selon la rigueur de la température, jusqu'à la fin de février. (Voir planche III.)

TROCHODENDRACÉES

CERCIDIPHYLLUM

— **japonicum** Sieb. et Zucc. — Japon.

Cet arbre, qui atteint de grandes dimensions dans les forêts du Japon, où il fournit un bois très dur, est encore, chez nous, à la période des essais. Il s'est déjà montré suffisamment rustique pour notre climat moyen, et son beau port, son feuillage, rappelant celui des *Cercis*, jaune brillant lorsqu'il se développe au premier printemps, permettent d'espérer qu'il pourra devenir un bel arbrisseau ou peut-être un arbre d'ornement. Les exemplaires de Verrières sont encore trop jeunes pour pouvoir être jugés sous ce rapport. (Voir, pour de plus amples détails, Sargent : *Forest flora of Japan.*)

EUCOMMIA

— **ulmoides** Oliv. — Chine.

Vers le milieu du siècle dernier, cette plante a été introduite ou du moins étudiée à Kew, mais elle est retombée dans l'oubli jusqu'en 1898, époque où M. M. L. de Vilmorin en reçut des graines provenant de Chine. L'*Eucommia ulmoides* renferme, dans toutes ses parties, une quantité considérable de substance gommeuse, sur la qualité industrielle de laquelle on n'est pas encore parfaitement fixé. La plante est très vigoureuse et supporte parfaitement les hivers moyens sous le climat de Paris.

EUPTELEA

— **Francheti** Van Tiegh. (*spec. nov.*). — Chine.

(Voir notice et figure dans le *Fruticetum Vilmorinianum*, p. 15.)

MAGNOLIACÉES

MAGNOLIA

— **acuminata** L. — États-Unis.

— **amabilis** Hort.

— **conspicua** Salisb. (*M. Yulan* Desf.). — Chine et Japon.

— — var. ALEXANDRINA Hort.

— **glauca** L. — États-Unis.

(Voir *Revue Horticole* 1894, p. 347, fig. 132.)

MAGNOLIA

— **grandiflora** L. — Sud des États-Unis.
— **hypoleuca** Sieb. et Zucc. — Japon.
— **Lennei** Hort. (*M. obovata* × *conspicua*).
— — var. SPECIOSA Hort.

Fig. 1. — CLEMATIS PANICULATA.

— **macrophylla** Michx. — Sud des États-Unis.
— **obovata** Thunb. (*M. purpurea* Curt.). — Chine.
— **rustica** Cat. Nomblot.?
— **Soulangeana** Hort. (*M. conspicua* × *obovata*).
— — var. NIGRA Hort.
— **stellata** Maxim. (*M. Halleana* Hort.). — Japon.

MAGNOLIA
- **Thompsoniana** Hort. (*M. glauca* × *tripetala ?*).
- **Umbrella** Desr. (*M. tripetala* L.). — États-Unis.

LIRIODENDRON
- **tulipifera** L. — États-Unis.

MÉNISPERMACÉES

MENISPERMUM
- **canadense** L. — Amérique septentrionale.

BERBÉRIDÉES

AKEBIA
- **quinata** DC. — Chine et Japon.

DECAISNEA
- **Fargesii** Franch. (*spec. nov.*). — Chine.

> L'exemplaire de *D. Fargesii* figuré planche II est un de ceux que nous possédons à Verrières. C'est également un des plus vieux avec ceux du Fruticetum des Barres. Il avait trois ans lorsqu'il a été photographié en 1900 et mesurait environ 1 mètre de hauteur. Depuis ce temps, il s'est ramifié et dépasse aujourd'hui 1ᵐ,50. Le *D. Fargesii* fleurit dès la troisième année. Ses fruits sont longs, charnus, cylindriques et d'une coloration bleuâtre très caractéristique. (Voir, pour descriptions plus complètes et figures, *Revue horticole* 1900, p. 270, fig. 122-124, et *Fruticetum Vilmorinianum*, p. 12.)

1. — BERBERIS

BERBERIS
- **concinna** Hook. f. — Himalaya.
- **Darwini** Hook. f. — Chili.
- **dictyophylla** Franchet (*spec. nov.*). — Se-Tchuen.
  > (Voir description et figure dans le *Fruticetum Vilmorinianum*, p. 19.)
- **ilicifolia** Hort., non Forst. (*B. vulgaris* × *Aquifolium*).
- **pruinosa** Franch. — Yunnan.
- **stenophylla** Moore, non Hance (*B. empetrifolia* × *Darwini*).
- **Thunbergii** DC. — Japon.
  > Cette espèce affecte la forme de petits buissons très compacts, ne dépassant pas 1 mètre. Les feuilles, petites et rondes, acquièrent en automne, surtout dans leur pays d'origine et dans l'Amérique du Nord, une teinte rouge vif qui, malheureusement, n'apparaît pas toujours sous notre climat plus sec. (Voir fig. 2, et *Revue Horticole* 1893, p. 173, fig. 66.)

Grappe de fruits

DECAISNEA FARGESII.

Port de l'arbuste en fleurs.

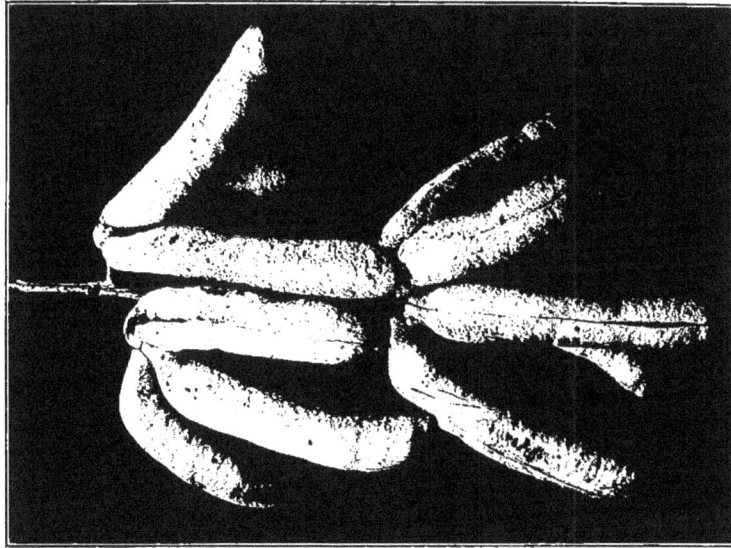

BERBERIS
- **vulgaris** L. — Europe.
- — — var. FOLIIS ATROPURPUREIS Hort.
- **Aquifolium** Pursh (*Mahonia Aquifolium* Hort.). — Am. sept.
- — — var. FASCICULARIS Nichols.
- — — var. REPENS Hort. (*Mahonia repens* Hort.).

Fig. 2. — BERBERIS THUNBERGII.

II. — MAHONIA

BERBERIS
- **buxifolia** Lamk.— Chili. var. NANA (Hort. *B. dulcis nana* Hort.).
- **Fortunei** Lindl. — Chine.
- **japonica** R. Br. — Japon.
- — — var. BEALI Fortune. — Japon.
- **nepalensis** Spreng. (*Mahonia nepalensis* Hort.). — Chine, etc.
- **toluacensis** Hort.

BERBERIS

— **Wallichiana** DC. (*B. Hookeri* Hort.). — Chine et Himalaya.

— — — var. HYPOLEUCA.

(Voir notice et figure dans le *Frut. Vilmorinianum*, p. 15 et *addenda*, p. 283.)

NANDINA

— *domestica Thunb. — Chine et Japon.

CISTINÉES

CISTUS

— *albidus L. — Europe méridionale.

— *hirsutus Lamk. — Europe méridionale.

— *ladaniferus L. — Europe méridionale.

— *monspeliensis L. — Europe méridionale.

— *salvifolius L. — Europe méridionale.

— *villosus L. — Europe méridionale.

Malgré leur origine méridionale, les Cistes mentionné s ci-dessus résistent, sous le climat parisien, aux gelées de 10-12 degrés. Ils forment rapidement des gros buissons à feuillage persistant, fleurissant abondamment et longtemps durant l'été.

HELIANTHEMUM

— *algarvense Dun. — Portugal et Espagne.

— **lunulatum** DC. — Alpes.

— **rosmarinifolium** Lag. — Espagne.

— **vulgare** Gærtn. — Europe.

— — var. GRANDIFLORUM DC. — France.

— — var. ROSEUM DC. — Europe.

— **umbellatum** Mill. — Région méditerranéenne.

VIOLARIÉES

HYMENANTHERA

— **crassifolia** Hook. f. — Nouvelle-Zélande.

Probablement l'unique Violariée ligneuse rustique sous notre climat. Elle forme un petit arbuste à feuillage réduit et persistant, dont les rameaux raides et couchés rappellent le port de certains *Cotoneaster* et se couvrent à l'automne de petits fruits blancs. (Voir fig. 3, et *Revue Horticole* 1901, p. 113, fig. 40-41.)

BIXINÉES

AZARA

— *microphylla Hook. f. — Chili.

IDESIA

— **polycarpa* Maxim. — Chine et Japon.

Si cette espèce, qui devient, paraît-il, un arbre dans son pays natal, est restée rare malgré l'ancienneté de son introduction, il faut, sans doute, en voir la cause dans ses exigences culturales; notre climat paraît trop chaud, trop sec pour lui permettre de croître rapidement. Tel est du moins le cas des exemplaires de Verrières, qui, bien qu'âgés de six à sept ans, atteignent à peine 1ᵐ,50 de hauteur et n'ont pas encore fleuri.

Fig. 3. — HYMENANTHERA CRASSIFOLIA.

TAMARISCINÉES

TAMARIX

— **gallica** L. — Europe occidentale.
— **hispida** Willd. (*T. kashgarica* Hort.). — Asie occidentale.
  (Voir *Revue Horticole* 1894, p. 352 avec planche.)
—   — var. ÆSTIVALIS Hort. (*T. Pallasii* Desv.?)
  (Voir *Revue Horticole* 1901, p. 379, fig. 158.)

HYPÉRICINÉES

HYPERICUM
- — **Androsæmum** L. (*Androsæmum officinale* L.). — Europe.
- **aureum** Bartr. — Sud des États-Unis.
- — **chinense** L. — Chine.
- — **calycinum** L. — Orient.
- — **Coris** L. — Europe australe.
- — **galioides** Lamk. — Amérique septentrionale.
  (Voir aussi Partie II, *Plantes herbacées.*)
- — **lysimachioides** Wall. — Chine.
  (Voir description et figure dans le *Fruticetum Vilmorinianum*, p. 25.)
- — **Moserianum** Hort. (*H. calycinum* $\times$ *patulum*).
  (Voir *Revue Horticole* 1889, p. 463, fig. 116-117.)
- — **patulum** Thunb. — Indes, Chine.
- —   — var. HENRYI Hort. Kew.

TERNSTRŒMIACÉES

ACTINIDIA
- — **arguta** Franch. — Japon.
- — **chinensis** Planch. — Chine.
- — **volubilis** Franch. et Savat. — Japon.

> Les espèces de ce genre sont des arbustes très vigoureux, parfaitement rustiques, longuement volubiles et à feuilles caduques, mais fleurissant rarement. A Verrières, du moins, l'*Actinidia arguta*, malgré une dizaine d'années de plantation, a fleuri l'an dernier pour la première fois, et la planche III représente un rameau fleuri. On voit que ses fleurs sont petites, blanches et ajoutent peu au mérite de l'arbuste, qui se fait remarquer surtout par son beau feuillage.

MALVACÉES

HIBISCUS
- — **syriacus** L. — Orient. — Variétés horticoles.

HOHERIA
- — *****populnea** A. Cunn. — Nouvelle-Zélande.

TILIACÉES

TILIA
- — **argentea** Desf. — Europe orientale.

ACTINIDIA ARGUTA.

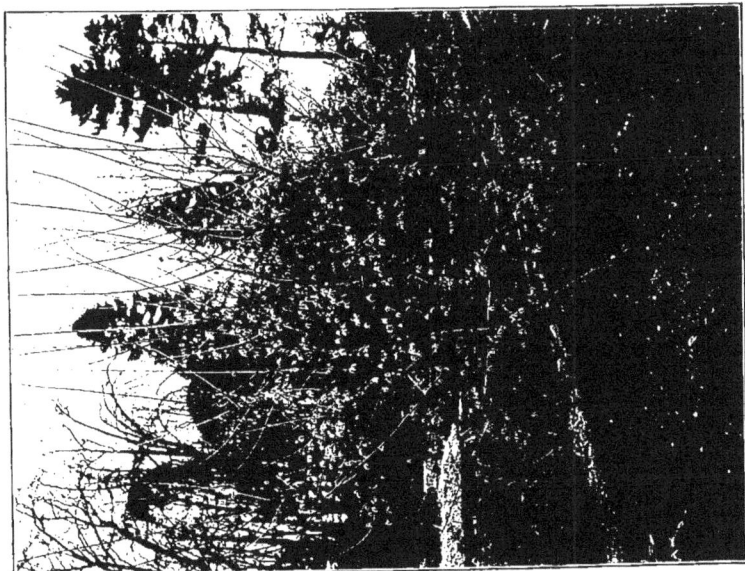

CHIMONANTHUS FRAGRANS.

Hort. Vilm.

TILIA

— **mongolica** Maxim. (*spec. nov.*). — Chine.

> Reçu, il y a une vingtaine d'années par le Muséum, où il a fleuri en 1896, pour la première fois, ce Tilleul, d'aspect spécial, est bien distinct par ses feuilles rappelant celles de certaines Vignes. Je dois à l'obligeance du Muséum le jeune exemplaire que je possède à Verrières. (Voir *Revue Horticole* 1902, p. 476, fig. 214-215.)

— **platyphyllos** Scop. — Europe.

— **vulgaris** Hayne. — Europe.

RUTACÉES

CITRUS

— **trifoliata** L. (*C. triptera* Desf.). — Chine et Japon.

> Arbuste extrêmement épineux, à feuillage très réduit, remarquable surtout en ce sens qu'il est le seul représentant du genre *Citrus* qui soit rustique sous notre climat.

CHOISYA

— **ternata** H. B. K. — Mexique.

> Arbuste résistant assez bien jusqu'à 10-12 degrés de froid. Feuillage persistant, épais et très beau. Fleurs blanches, rappelant celles de l'Oranger et se montrant souvent deux fois dans la même année.

PHELLODENDRON

— **amurense** Rupr. — Région Amour, etc.

> Quoique introduit depuis longtemps, cet arbre n'a jamais pris dans les jardins la place qu'il mérite par son port élancé et majestueux, sa vigueur et sa rusticité parfaite.

— **japonicum** Maxim. — Japon.

— **sachalinense** Sargent (*spec. nov.*). — Ile Sakhalin.

> Ces deux dernières espèces, d'introduction tout à fait récente, ont été répandues par M. Lemoine, de Nancy, qui les dit supérieures à tous points de vue au *Ph. amurense*. En tout cas, elles sont fort peu connues, et la description de la dernière paraîtra dans le *Trees and Shrubs* du professeur Sargent.

PTELEA

— **trifoliata** L. — États-Unis.

SKIMMIA

— **japonica** Thunb. — Japon.

— — var. OBLATA Moore.

— — var. FRAGRANS Carr.

> Les différentes variétés de *Skimmia* sont intéressantes par leur abondant feuillage toujours vert et leurs belles baies rouges, qui mûrissent à l'automne, persistent tout l'hiver et ne tombent souvent qu'après l'apparition des nouvelles fleurs. Les *Skimmia* sont tantôt monoïques, tantôt dioïques, et, certaines variétés, particulièrement fructifères. Ils aiment les terres siliceuses, la terre de bruyère surtout, et s'accommodent bien de l'ombre.

ZANTHOXYLUM

— **alatum** Roxb. — Indes.
— **americanum** Mill. (*Z. fraxinifolium* Marsh.). — États-Unis.
— **Bungei** Planch. — Chine.

MÉLIACÉES

CEDRELA

— **sinensis** A. Juss. — Chine et Japon.

> Introduit au Muséum en 1861, par M. E. Simon, ce bel arbre, vigoureux et traçant, ressemble étonnamment à l'*Ailantus glandulosa*. Il s'en distingue néanmoins par de nombreux caractères très nettement tranchés dont, à défaut de fleurs, la petite foliole impaire qui termine souvent les feuilles et l'absence de dents et de glandes à la base des folioles permettent sûrement de le reconnaître en tout temps. Son feuillage est inodore et ses fleurs ne répandent pas l'odeur si écœurante de celles de l'Ailante, (Voir *Revue Horticole* 1891, p. 573, fig. 150-152.)

SIMARUBÉES

AILANTUS

— **glandulosa** Desf. — Chine.

ILICINÉES

ILEX

— **Aquifolium** L. — Europe et Asie occid. — Variétés hort.
— **cornuta** Lindl. et Paxt. — Chine.
— **crenata** Thunb. — Japon.
— **verticillata** A. Gray (*Prinos verticillatus* L.). — Amér. sept.

CÉLASTRINÉES

EVONYMUS

— **europæus** L. — Europe, Sibérie, etc.
— ***japonicus** Thunb. — Chine et Japon. — Variétés horticoles.
— **latifolius** Scop. — Europe, Asie.
— **nanus** M. Bieb. (*E. linifolius* Hort.). — Caucase.
—   — var. KOOPMANNI Lauche.
— **radicans** Sieb. et Zucc. — Japon. — Variétés horticoles.
— **Carrierei** Vauvel. — Japon.

CELASTRUS

— **scandens** L. — Amérique septentrionale.

PALIURUS

— *aculeatus Lamk. — Europe australe.

RHAMNÉES

RHAMNUS

— *Alaternus L. — Europe méridionale.
— *californica Eschsch. — Californie.
— alpina L. Europe.
— cathartica L. — Europe, Asie.
— — var. PALLASII Hort.
— davurica Pall. (*R. virgata* Roxb.). — Chine et Sibérie.
— Frangula L. — Europe.

HOVENIA

— dulcis Thunb. — Chine.

> Les Japonais consomment les pédicelles renflés et charnus de cet arbre. Cette particularité en constitue le principal intérêt. Les exemplaires existant à Verrières sont encore jeunes et ont parfaitement supporté les derniers hivers.

CEANOTHUS

— *azureus Desf. — Mexique. — Variétés horticoles.

> Il existe de nombreuses variétés du *C. azureus* dont plusieurs, selon toutes probabilités, ont été obtenues par hybridation avec des espèces affines et dont les fleurs sont roses ou lilas.

DISCARIA

— *longispina Miers. — Uruguay.

AMPÉLIDACÉES

VITIS

— æstivalis Michx. — Amérique septentrionale.
— Carrierei Hort. — ?
— Coignetiæ Pull. et Planch. — Japon.

> Parmi les nombreuses espèces ornementales du genre *Vitis*, celle-ci se distingue par sa grande vigueur et par les dimensions de ses feuilles largement cordiformes et qui atteignent souvent 30 centimètres de diamètre.

— Davidii (*Spinovitis Davidii* Carr.). — Chine.

> (Voir *Revue Horticole* 1889, p. 204; 1890, p. 465, fig. 135; 1891, p. 102.)

— Labrusca L. — Amérique septentrionale.
— riparia Michx. — Amérique septentrionale.
— Romaneti Rom. du Cail. — Chine, var. TRILOBATA Hort.
— vinifera L. — Orient. — Variétés horticoles.

AMPELOPSIS

— **heterophylla** Sieb. et Zucc. — Chine et Japon.
—   — var. VARIEGATA Hort.
— **quinquefolia** Michx. — Amérique septentrionale.
—   — var. MURALIS Hort.
—   — var. ENGELMANNI Hort.
— **tricuspidata** Sieb. et Zucc. (*A. Veitchii* Hort.; *Parthenocissus quinquefolia* Planch.; *Vitis inconstans* Miq.). — Japon.

SAPINDACÉES

KŒLREUTERIA

— **paniculata** Laxm. — Chine.

ÆSCULUS

— **carnea** Willd. (*Æ. rubicunda* DC.; *Æ. Hippocastanum* × *Pavia rubra?*)

> Cet arbre est fort connu et depuis longtemps cultivé. Les deux exemplaires de Verrières ont au moins cinquante ans. Ils atteignent 17 mètres de hauteur et 1^m,60 de circonférence de tronc. Encore pleins de vie, ils fleurissent abondamment, mais fructifient peu. La coque de leur fruit est oblongue, rousse, presque inerme, et l'amande, souvent unique et grosse, est brun acajou veiné, ce qui permet de la distinguer facilement de celle de l'espèce commune.

— **flava** Ait. (*Pavia lutea* Poir.). — Amérique septentrionale.
— **Hippocastanum** L. — Europe orientale.
—   — var. FLORE PLENO Hort.
— **parviflora** Walt. (*Pavia macrostachya* Lois.). — Am. sept.
— **Pavia** L. (*Pavia rubra* Lamk). — Amérique septentrionale.
— **turbinata** Blume. — Chine et Japon.

> Originaire du Nord du Japon, où il forme de grands arbres. Remplace en Extrême-Orient notre *Æsculus Hippocastanum* dans les plantations d'ornement. Il a été découvert en 1861 par Bunge. Introduit peu après en Europe, il a fructifié pour la première fois à Segrez, en 1888. Cependant, il est encore très peu répandu en Europe. L'exemplaire de Verrières est un jeune arbre que j'ai rapporté du Japon en 1903. (Voir *Revue Horticole*, 1888, p. 496, fig. 120-124.)

XANTHOCERAS

— **sorbifolia** Bunge. — Chine. (Voir fig. 4.)

ACER

— **creticum** L. — Asie Mineure.
— **dasycarpum** Ehrh. — Am. sept. — Var. LACINIATUM Pax. (*A. Wieri laciniatum* Hort.).
— **mandschuricum** Maxim. — Mandchourie.

ACER

— **monspessulanum** L. — Europe méridionale.

Fig. 4. — XANTHOCERAS SORBIFOLIA

— **Negundo** L. (*Negundo fraxinifolium* Nutt.). — Amér. sept.
— — var. VARIEGATUM Hort.

ACER

— **opulifolium** Vill., var. NEAPOLITANUM Tenore. — Europe méridionale.

> L'arbre ici mentionné est un bel exemplaire, planté vers 1820-25, atteignant 16 mètres de hauteur, dont le tronc mesure 1ᵐ,60 de circonférence. Sa cime est arrondie et touffue. Cette espèce a été recommandée pour les terrains calcaires; cependant, elle réussit bien à Verrières, où le sol est très siliceux.

— **palmatum** Thunb. — Japon. — Variétés horticoles.
— **platanoides** L. — Europe.
— — var. SCHWEDLERI Hort.
— **Pseudo-Platanus** L. — Europe et Asie.
— **saccharinum** Wangh. — Amérique septentrionale.
— **Sieboldianum** Miq. — Japon.
— **triflorum** Hort.?

STAPHYLEA

— **colchica** Stev. — Caucase.

ANACARDIACÉES

RHUS

— **Cotinus** L. — Europe, etc.
— **semialata** Murray (*Rh. Osbeckii* DC.). — Chine et Japon.
— **Toxicodendron** L. — Amérique septentrionale et Japon.
— — var. RADICANS L.
— **typhina** L. — Est des États-Unis.
— — var. LACINIATA Hort.
— **vernicifera** DC. — Japon.

> Cet arbre, célèbre comme étant celui qui fournit la laque du Japon, ne se rencontre pas très fréquemment en Europe. Je n'en possède que deux exemplaires, encore jeunes, que j'ai rapportés du Japon en 1903. Je ne suis pas encore fixé sur la rusticité de cette espèce.
> Tous les Sumacs sont plus ou moins vénéneux, particulièrement le *Rhus Toxicodendron*, qu'il est imprudent de placer dans un endroit accessible, le simple contact de ses feuilles pouvant causer des accidents.

CORIARIÉES

CORIARIA

— **myrtifolia** L. — Région méditerranéenne.
— ***terminalis** Hemsl. — Chine.

LÉGUMINEUSES

LUPINUS

— *arboreus L. — Californie.

--- — var. ALBUS Hort.

> Cette espèce, à fleurs jaunes, et sa belle variété à fleurs blanches, se recommandent par l'abondance de leur floraison l'année même du semis. Sous notre climat, cet arbuste devient rarement ligneux, car il est généralement détruit par l'hiver, sauf en espalier au long d'un mur bien abrité. (Voir aussi partie II, *Plantes herbacées*.)

LABURNUM

— **Adami** Petz. et Kirsch. (*Cytisus Adami* Poir.; *Cytisus purpureus* × *Laburnum vulgare*).

— **alpinum** Griseb. — Europe.

— **vulgare** Griseb. (*Cytisus Laburnum* L.). — Europe mérid.

PETTERIA

— **ramentacea** Presl (*Cytisus ramentaceus* Sieb.; *C. Weldeni* Vis.). — Istrie, Dalmatie. (Voir *Revue Horticole*, 1890, p. 227.)

ERINACEA

— *pungens Boiss. — Europe, Orient.

GENISTA

— **aristata** Presl (*G. dalmatica*, Bartl. et Wendl.). — Dalmatie.

— **ferox** Poir. — Mauritanie.

— **germanica** L. — Europe.

— **hispanica** L. — Europe.

— **horrida** DC. — Europe occidentale.

— **pilosa** L. — Europe.

— PURGANS L. — Voy. *Cytisus*.

— **radiata** Scop. — Europe méridionale.

— **sagittalis** L. — Europe.

— **Scorpius** DC. — Région méditerranéenne.

— **tinctoria** L. — Europe.

--- — var. FLORE PLENO Hort.

--- — var. DELARBREI Lec. et Lamotte. — France.

ULEX

— **europæus** L. — Europe.

--- — var. STRICTUS Hort.

— **nanus** Forst. — Europe.

SPARTIUM
- **junceum** L. — Europe méridionale.

CYTISUS
- **albus** Link (*Genista alba* Lamk; *G. multiflora alba* Hort.; *Spartium album* Desf.). — Région méditerranéenne occid.
- **Ardoini** Fourn. — Alpes maritimes.
- **capitatus** Scopoli (*C. hirsutus* Lamk). — Europe méridionale.
- LABURNUM L. — Voy. *Laburnum*.
- **leucanthus** Waldst. et Kit., var. MICROPHYLLUS (*C. schipkœnsis* Dieck). — Balkans. (Voir fig. 5.)
- **præcox** Hort. Angl. (*C. purgans* × *albus*).
- *****proliferus** L. — Madère.
- **purgans** Spach (*Genista purgans* L.). — Europe.
- **purpureus** Scop. — Europe méridionale.
- **scoparius** Link (*Sarothamnus vulgaris* Koch). — Europe.
- — var. ANDREANUS Hort.
- **sessilifolius** L. — Europe méridionale.

ONONIS
- **aragonensis** Asso. — Espagne.
- **fruticosa** L. — Europe.
- *****rotundifolia** L. — Europe méridionale.

ANTHYLLIS
- *****Hermanniæ** L. — Europe méridionale.
- *****Barba-Jovis** L. — Europe méridionale.
  (Voir aussi Partie II, *Plantes herbacées*.)

AMORPHA
- **canescens** Nutt. — États-Unis.
  (Voir *Revue Horticole*, 1896, p. 120, avec planche.)
- **fruticosa** L. — Amérique septentrionale.

INDIGOFERA
- *****Dosua** Hort. (*I. Gerardiana* Wall.?). — Népaul.

WISTARIA
- **chinensis** DC. — Chine.
- — var. GRANDIFLORA (*W. multijuga* Hort.).
- — var. ALBA (*W. multijuga alba* Hort.).
  (Voir *Revue Horticole*, 1890, p. 175, fig. 44-46.)
- **frutescens** DC. — États-Unis.

ROBINIA

— **hispida** L. — Amérique septentrionale.
— **Pseudacacia** L. — Est des Etats-Unis.
— — var. UMBRACULIFERA Hort.
— — var. MIMOSÆFOLIA Hort.

Fig. 5. — CYTISUS LEUCANTHUS var. MICROPHYLLUS.

— var. SEMPERFLORENS Hort.
— var. DECAISNEANA Hort.
— var. MONOPHYLLA Hort.
— **viscosa** Vent. — Sud des États-Unis.

ROBINIA

— **neomexicana** A. Gray. — Sud des États-Unis.

— — var. A FLEURS ROSES. Colorado. (*R. neomexicana* var.).

Cette variété, très ornementale et d'introduction relativement récente, est figurée et décrite dans la *Revue Horticole* 1895, p. 111, et dans le *Fruticetum Vilmorinianum*, p. 54.

CARMICHÆLIA

— **australis** R. Br. — Nouvelle-Zélande.

COLUTEA

— **arborescens** L. — Région méditerranéenne.

— — var. BULLATA Cat. Nomblot.?

HALIMODENDRON

argenteum DC. — Sibérie.

Arbrisseau peu répandu, à port divariqué, feuillage glauque, léger et abondantes grappes de fleurs roses. (Voir *Revue Horticole*, 1901, p. 503.)

CARAGANA

— **microphylla** Lamk (*C. altagana* Poir.). — Asie septent.

— — var. CRASSE-ACULEATA.

(Voir description et figure dans le *Fruticetum Vilmorinianum*, p. 57.)

— **pygmæa** DC. — Caucase.

CALOPHACA

— **wolgarica** Fisch. et Mey. — Russie méridionale.

CORONILLA

— **Emerus** L. — Europe.

(Voir aussi Partie II, *Plantes herbacées.*)

HEDYSARUM

— *****multijugum** Maxim. — Mongolie.

(Voir aussi Partie II, *Plantes herbacées.*)

LESPEDEZA

— **Sieboldii** Miq. (*Desmodium penduliflorum* Oudem.). — Japon.

PUERARIA

— *****Thunbergiana** Benth. — Chine et Japon.

(Voir *Rev. Hort.*, 1891, p. 31, fig. 8, et *Potager d'un curieux*, éd. III, p. 30.)

CLADRASTIS

amurensis Benth. — Région Amour.

— — var. FLORIBUNDA Maxim.

— **tinctoria** Rafin. (*Virgilia lutea* Michx). — États-Unis.

SOPHORA
— **japonica** L. — Chine.
— **tetraptera** Ait. — Nouvelle-Zélande.

GLEDITSCHIA
— **caspica** Desf. — Orient.

> L'exemplaire ici mentionné, dont la détermination laisse toutefois quelques doutes, doit dater de 1825. C'est un très bel arbre, haut d'environ 16 mètres, dont le tronc mesure près de 1^m,50 de circonférence. Il fructifie, mais ses graines, qui mûrissent très tardivement, se décomposent généralement dans les gousses avant que leur dessiccation soit complète.

— **sinensis** Lamk. — Chine.
— — var. INERMIS Hort.
— **triacanthos** L. — États-Unis.

GYMNOCLADUS
— **canadensis** Lamk. — Amérique septentrionale.

CÆSALPINIA
— **japonica** Sieb. et Zucc. — Japon.

CERCIS
— **canadensis** L. — Amérique septentrionale.
— **Siliquastrum** L. — Région méditerranéenne.

> Souvent employé comme arbrisseau pour l'ornement des bosquets, l'arbre de Judée n'en devient pas moins, avec l'âge, un grand et bel arbre. Tel est celui qui existe à Verrières. Planté vers 1822, il atteint aujourd'hui 20 mètres de hauteur, et son tronc mesure 1^m,25 de circonférence.

ROSACÉES

I. — AMYGDALUS

PRUNUS
— **Amygdalus** Stokes (*Amygdalus communis* L.). — Orient.
— — var. FLORE PLENO Hort.
— **nana** Stokes. — Russie méridionale.
— — var. MICROCARPA Hort.

II. — PERSICA

PRUNUS
— **Davidiana** Franch. — Chine.
— **Persica** Stokes (*Persica vulgaris* Mill.). Chine. Variétés hort.

III. — ARMENIACA

PRUNUS

— **Armeniaca** L. (*Armeniaca vulgaris* Lamk). — Nord de la
Chine. — Variétés horticoles.

— **Mume** Sieb. et Zucc. — Chine et Japon. — Variétés horticoles.

> Cet Abricotier, uniquement d'ornement, a le privilège de fleurir plus hâti-
> vement qu'aucune autre Rosacée. Des variétés que je possède à Verrières plu-
> sieurs sont des arbres assez vieux et évidemment importés du Japon,
> comme le prouve leur tronc artificiellement tordu. Leurs fleurs apparais-
> sent dès janvier-février. Notre climat ne semble pas cependant leur con-
> venir aussi bien que celui de leur pays natal, où ils forment de vrais arbres,
> qui sont l'objet d'une sorte de culte, à cause de leur propriété de fleurir
> lorsque la campagne est encore couverte de neige.

— **tomentosa** Thunb. — Chine et Japon.

> (Voir notice et figure dans *Fruticetum Vilmorinianum*, p. 64.)

— **triloba** Lindl. (*Amygdalopsis Lindleyana* Carr.). — Chine.

IV. — PRUNUS

PRUNUS

— **cerasifera** Ehrh. (*P. Myrobolana* Lois.). — Caucase.

—   — var. ATROPURPUREA Dieck (*P. Pissardi* Carr.). — Perse.

— **communis** Huds. — Origine inconnue. — Variétés hort.

— **maritima** Vanghen. — Amérique septentrionale.

— **pendula** Maxim. (*Cerasus pendula* Hort.). — Japon.

V. — CERASUS

PRUNUS

— **avium** L. (*Cerasus avium* Mœnch). — Europe.

—   — var. FLORE PLENO Hort.

> Parmi les variétés ornementales, une des plus intéressantes est celle
> appelée vulgairement : « Merisier blanc double ». J'en ai à Verrières un
> exemplaire dont l'âge exact m'est inconnu, mais qui forme un arbre su-
> perbe, de 20 mètres de haut et 1m,30 de circonférence, se couvrant littéra-
> lement au printemps de fleurs blanches.

— **acida** Borkh. (*Cerasus acida* Dum.; *C. Caproniana* DC.). —
Europe. — Variétés horticoles.

—   — var. FLORE PLENO Hort.

—   — var. SEMPERFLORENS Hort. (*Cerasus semperflorens* DC.).

— **canescens** Bois (*spec. nov.*). — Se-Tchuen.

> (Voir description et figure dans le *Fruticetum Vilmorinianum*, p. 66-67.)

— **japonica** Thunb. (*Prunus sinensis* Pers.; *Cerasus japonica*
Loisel). — Chine et Japon. — Variétés horticoles.

—   — var. FLORE PLENO Hort.

PRUNUS

— **pumila** L. (*Cerasus pumila* Michx). — Amérique sept.

    serrulata Lindl. (*Cerasus Sieboldii* Hort.).

—   — var. FLORE PLENO Hort. — Chine et Japon.

     (Voir *Revue Horticole*, 1904, p. 140, fig. 183, avec planche.)

— **Veitchii** Hort. — Origine inconnue.

VI. — PADUS

PRUNUS

— **Mahaleb** L. (*Cerasus Mahaleb* Mill.). — Europe.

— **Padus** L. (*Cerasus Padus* DC.). — Europe, Asie.

— **virginiana** L. (*Cerasus virginiana* Loisel). — États-Unis.

VII. — LAUROCERASUS

PRUNUS

— *****ilicifolia** Walp.(*Laurocerasus ilicifolia* Rœm.).—États-Unis.

— ***Laurocerasus** L. (*Cerasus Laurocerasus* Loisel). — Europe orientale, Orient. — Variétés horticoles.

— *****lusitanica** L. f. (*Cerasus lusitanica* Loisel). — Portugal.

PLAGIOSPERMUM

— **sinense** Oliver (*spec. nov.*). — Chine.

     Cet arbuste, d'introduction récente, offre un certain intérêt pratique par ses fruits, que l'on dit comestibles, gros et rouges comme une prune et très estimés en Mandchourie. Les exemplaires de Verrières se montrent vigoureux, de culture et multiplication faciles. Ils n'ont pas encore fleuri à Verrières, mais la floraison s'est déjà produite en Allemagne. Elle a eu lieu dès le commencement de mars, trop tôt, sans doute, pour que les fruits aient pu nouer. (Voir *Revue Horticole* 1904. p. 60.)

NUTTALLIA

— **cerasiformis** Torr. et Gray. — Californie.

SPIRÆA

— **arguta** Zabel (*S. multiflora* × *Thunbergii*).

— ARIÆFOLIA Smith. — Voy. *Holodiscus*.

— **cantoniensis** Lour. (*S. Reevesiana* Lindl.). — Chine et Jap.

—   — var. FLORE PLENO Hort.

— DISCOLOR Pursh. — Voy. *Holodiscus*.

— **Douglasii** Hook. — Amérique septentrionale.

— FLEXUOSA Hort. — Voy. *Stephanandra*.

— **Hacqueti** Fenzl et C. Koch — Tyrol.

SPIRÆA
— **hypericifolia** L. — Hémisphère septentrional.
— **japonica** L. f. (*S. callosa* Thunb.; *S. Fortunei* Planch.). — Chine et Japon. — Variétés horticoles.
— — LINDLEYANA Wall. — Voy. *Sorbaria*.
— **pumila** Hort. (*S. albiflora* × *japonica*).
— — var. BUMALDA Hort.
— — **prunifolia** Sieb .et Z. — Chine et Jap. — Var. FL. PLENO Hort.
— **Thunbergii** Sieb. et Zucc. — Chine et Japon.
— **trilobata** L. (*spec. affinis*). — Se-Tchuen.
— **Van Houttei** Briot (*S. cantoniensis* × *trilobata*).
— SORBIFOLIA L. — Voy. *Sorbaria*.

(Voir aussi Partie II, *Plantes herbacées*.)

SORBARIA
— **Aitchisonii** Hemsl. — Chine.
— **assurgens** Catalogue Vilmorin (*spec. nov.*). — Chine.

Plante originaire de la Chine centrale, introduite par M. L. M. de Vilmorin, en 1894. Quoique voisine du *Sorbaria Lindleyana*, elle s'en distingue par son port plus dressé et par ses inflorescences plus amples et plus nombreuses. (Voir, pour description et figure, *Fruticetum Vilmorinianum*, p. 75.)

— **Lindleyana** Maxim. (*Spiræa Lindleyana* Wall.). — Himalaya.
— **sorbifolia** A. Braun (*Spiræa sorbifolia* L.). — Asie sept.
— — **Tobolskiana** (an *sorbifolia?*).

CHAMÆBATIARIA
— **Millefolium** Maxim. (*Spiræa Millefolium* Torr.). — Californie. (Voir *Revue Horticole*, 1900, p. 524, fig. 233.)

HOLODISCUS
— **discolor** Maxim. (*Spiræa discolor* Pursh; *S. ariæfolia* Smith). — Amérique septentrionale.

STEPHANANDRA
— **incisa** Zabel (*S. flexuosa* Sieb. et Zucc.; *Spiræa flexuosa* Hort.). — Corée et Japon.
— — **Tanakæ** Franch. et Savat. — Japon.

EXOCHORDA
— **grandiflora** Lindl. — Chine.

(Voir *Revue Horticole*, 1889, p. 127, fig. 31.)

— **Alberti** Regel. — Asie.

KERRIA
- **japonica** DC. — Chine.
- — — var. FLORE PLENO Hort.
- — — var. VARIEGATA Hort.

RHODOTYPOS
- **kerrioides** Sieb. et Zucc. — Chine et Japon.

NEVIUSIA
- **alabamensis** A. Gray. — Alabama.

EUCRYPHIA
- ***pinnatifida** A. Gray. — Chili.

RUBUS
- ***australis** Forst. — Nouvelle-Zélande.
- **deliciosus** Torr. — Amérique septentrionale.
  (Voir *Revue Horticole*, 1903, p. 446, fig. 174.)
- **Idæus** L. — Europe. — Variétés horticoles.
- **phœnicolasius** Maxim. — Chine et Japon.
- **nutkanus** Moç. — Amérique septentrionale.
- **thyrsoideus** Wimm. — Europe. — Var. FLORE PLENO Hort.

CERCOCARPUS
- **intricatus** S. Wats. — Amérique septentrionale.
- ? **parvifolius** Nutt. — Californie.

POTENTILLA
- **fruticosa** L. — Hémisphère septentrional.
  (Voir aussi Partie II, *Plantes herbacées*.)

MARGYRICARPUS
- ***setosus** Ruiz et Pav. — Chili.

ROSA (1).
- **alba**. L. — Europe.
- **alpina** L. — Europe.
- — — var. PYRENAICA Gouan. ? — Pyrénées.
- **borboniana** Red. (*R. semperflorens* × *gallica?*). — Variétés horticoles.
- **bracteata** Wendl. — Chine.
- **blanda** Ait. — Amérique septentrionale.
- **centifolia** Mill. — Orient. — Variétés horticoles.
- — — var. MINIMA (*R. Lawrenceana* Hort.).
- — — var. MUSCOSA Hort.

(1) Les personnes que la nomenclature très nombreuse et difficile du genre *Rosa* intéresse particulièrement pourront consulter le Catalogue du *Fruticetum* de M. M. L. de Vilmorin et celui de la *Roseraie* de M. Gravereau; ce dernier renferme la citation, avec obtenteur et date, de la plupart des Roses horticoles.

ROSA

— **chinensis** Jacq. (Bengale sanguin). -- Chine.

— **cinnamomea** L. — Europe et Asie. — Variétés horticoles.

— **damascena** Miller. — Syrie. — Variétés horticoles.

— **foliolosa** Nutt. — Amérique septentrionale.

— ***Fortuneana** Lindl. (*R. Banksiæ* × *lævigata*).

— **gallica** L. — Europe, Orient.

— **hemisphærica** Herrm. — Perse et Asie Mineure.

— ***indica** Lindl. — Chine. — Variétés horticoles (Rosier Thé).

— ***lævigata** Michx (*R. Camellia* Hort.). — Chine.

—   — var. *ANEMONE ROSE.

> Le *Rosa lævigata*, dont les grandes et belles fleurs blanches, qui rappellent celles d'un Camellia simple, lui ont valu le nom de Rosier Camellia, est aujourd'hui très répandu dans les jardins du littoral de la Méditerranée, où il enguirlande merveilleusement les habitations. Il résiste au pied des murs, à l'aide d'une légère protection, sous le climat parisien, où il garde son beau feuillage durant tout l'hiver, mais il y fleurit beaucoup moins abondamment.
>
> Sa variété *Anémone rose* paraît être un hybride, dont l'origine est obscure mais probablement chinoise ou japonaise, et l'introduction incertaine, quoique récente. C'est un Rosier magnifique, de grande vigueur, fleurissant abondamment et remontant même sous le climat parisien, dont les fleurs simples, larges de 10 à 12 centimètres, sont d'un très beau rose incarnat nuancé. (Voir *Revue Horticole*, 1898, p. 40; 1901, p. 548, av. planche.)

— **lucida** Ehrh. — Amérique septentrionale.

— **lutea** Miller. — Orient. — Variétés horticoles.

—   — BICOLOR *Bot. Mag.* (*R. punicea* Mill.).

— **macrantha** Desp. (*R. gallica* × *canina* an *repens?*). —France.

> Cet hybride spontané, aujourd'hui disparu de sa localité primitive (La Flèche), est un de ceux dont la parenté a fait l'objet des plus vives contestations. C'est bien certainement un descendant du *Rosa gallica*, mais, tandis que les uns y voient l'influence du *Rosa canina*, les autres inclinent pour le *Rosa repens*, à cause de ses longs rameaux qui s'inclinent et tendent à ramper comme chez ce dernier. Ses fleurs, blanc rosé, sont les plus grandes de nos roses sauvages. Quoique hybride, ce Rosier donne quelques graines fertiles. Les jeunes plants obtenus à Verrières permettront peut-être d'éclaircir la question de son ascendance controversée. (Voir *Revue Horticole*, 1901, p. 548, avec planche.)

— **macrophylla** Lindl. — Indes.

> (Voir notice et figure dans le *Fruticetum Vilmorinianum*, p. 95.)

— **microphylla** Roxb. — Chine.

—   — var. POURPRE ANCIEN (Rose châtaigne).

— **moschata** Herrm., *var.* — Indes, Abyssinie, etc.

> Le Rosier ici mentionné n'est pas le type, mais une variété à fleurs plus grandes, moins odorantes et extrêmement abondantes. (Voir planche IV.)

ROSA MOSCHATA.

ROSA

— **multiflora** Thunb. (*R. polyantha* Sieb.). — Chine et Japon.
— Variétés horticoles.

(Voir notice et figure dans le *Fruticetum Vilmorinianum*, p. 83.)

— **myriantha** Carr. — Amérique septentrionale.

Fig. 6. — Rosa sericea.

— *****Noisetteana** Red. (*R. indica* × *moschata ?*). — Variétés
horticoles.
— **pimpinellifolia** L. (*R. spinosissima* L.). — Europe.
— **rubiginosa** L. — Europe.

ROSA

— **rubrifolia** Vill. (*R. ferruginea* Hort.). — Europe.

— **rugosa** Thunb. — Japon. — Variétés horticoles.

— **sempervirens** L. — Europe méridionale. — Variétés hort.

— *semperflorens** Curtis. (Rosier du Bengale). — Chine.

— — var. MINIMA Sims.

— **sericea** Lindl. — Indes, etc., *forma*.

> Espèce bien distincte et d'ailleurs unique dans le genre *Rosa* par ses fleurs tétramères. (Voir fig. 6, 7, et pour descriptions, *Revue Horticole*, 1897, p. 444, fig. 136-137, et *Fruticetum Vilmorinianum*, p. 99-100.)

— **setigera** Michx. — Amérique septentrionale.

Fig. 7. — ROSA SERICEA.
(Fleur pétalée, la même sans pétale, fruit.)

— **Soulieana** Crépin (*spec. nov.*). — Chine.

> (Voir notice et figure dans le *Fruticetum Vilmorinianum*, p. 85.)

— **villosa** Herrm. — Europe, Asie.

— — var. POMIFERA L.

— — var. RECONDITA Puget.

— **Watsoniana** Crépin. — Japon.

> Ce Rosier se distingue, entre toutes les espèces du genre, par son feuillage extrêmement ténu et lacinié. Ses fleurs sont blanches, très petites, insignifiantes, et il offre un intérêt purement botanique.

— **Webbiana** Wall. — Afghanistan, Himalaya.

— **Wichuraiana** Crépin. — Chine et Japon. — Type et variétés horticoles.

> Ce Rosier, si spécial par ses longs rameaux rampants, pouvant atteindre jusqu'à 4-5 mètres, quoique introduit vers 1890 seulement, a donné naissance, par croisement avec divers Rosiers horticoles, à une série déjà nombreuse de variétés à fleurs simples ou doubles, odorantes et souvent extrêmement abondantes. Ces Rosiers forment une section nouvelle

ROSA

et bien distincte par leur nature longuement sarmenteuse, qu'ils ont hérilée du type, et leurs mériles, comme Rosiers grimpants, traînants ou pleureurs, s'imposent à l'attention des amateurs. (Voir fig. 8, et *Revue Horticole*, 1898, p. 104, fig. 45-46.)

— **xanthina** Lindl. — Perse, Afghanistan, etc.

Fig. 8. — ROSA WICHURAIANA.

J. — PIRUS

PIRUS

— **amygdaliformis** Vill. (*P. nivalis* Lindl., non Jacq.; *P. salicifolia* Hort.). — Europe.

— **auricularis** Knoop (*P. Pollveria* L.; *P. Aria × communis*). — Europe.

— **communis** L. — Europe, Asie. — Variétés horticoles.

— **sinensis** Lindl. — Chine.

II. — Malus

PIRUS

- **baccata** L. (*Malus baccata* Desf.). — Himalaya, Japon, etc.—
  Variétés horticoles.
- **floribunda** Nichols. (*Malus floribunda* Sieb.). — Japon.
- — **Halliana** Voss. (*Malus floribunda fl. pleno* Hort.; *M. Park-*
  manni Hort.). — Japon.
- — **Malus** L. (*Malus communis* Lamk). — Europe. — Variétés
  horticoles.
- — **Niedzwetzkiana** Dieck. — Caucase.
- — **prunifolia** Willd. (*Malus prunifolia* Spach). — Sibérie.
- — **Quihoui** Hort. — Japon.
- **spectabilis** Ait. (*Malus spectabilis* Desf.; *M. sinensis* Dum.).
  — Chine et Japon.
- —   — var. FLORE PLENO Hort.
- —   — var. KAIDO Hort.

III. — Aria

PIRUS

- — **Aria** L. (*Aria nivea* Hort.). — Europe septentrionale.
- —   — var. LUTESCENS Hort.
- — **vestita** Wall. (*Sorbus nepalensis* Hort.). — Indes.

IV. - Cormus

PIRUS

- — **foliolosa** W. (*Cormus foliolosa* Franch.). — Himalaya, Chine.
  (Voir notice et figures dans le *Fruticetum Vilmorinianum*, p. 103.)

V. — Sorbus

PIRUS

- — **arbutifolia** L. f. — Amérique septentrionale.
- — **Aucuparia** Gærtn. (*Sorbus Aucuparia* L.). — Europe sept.
- **Sorbus** Gærtn. (*Sorbus domestica* L.). — Europe.

L'exemplaire mentionné ici est un très vieil arbre, mesurant 18 mètres
de hauteur et 1 m. 80 de circonférence, encore très vigoureux et fructifiant
abondamment.

VI. — MESPILUS

PIRUS
- **germanica** Hook. f. (*Mesp. germanica* L.). — Europe, Asie.
- — var. MACROCARPA Hort.

CHÆNOMELES
- **japonica** Lindl. (*Cydonia japonica* Thunb.). — Chine et Japon. — Variétés horticoles.

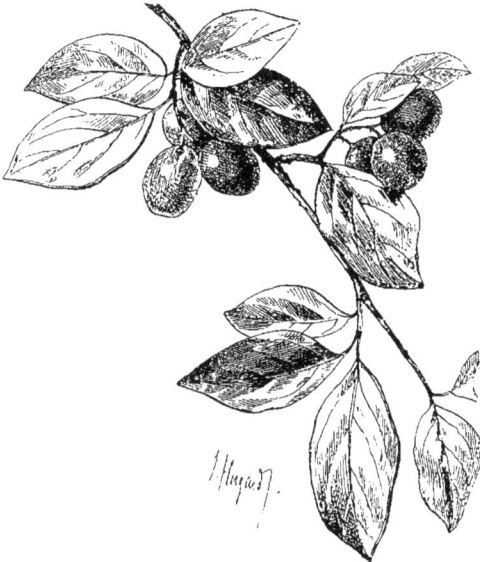

Fig. 9. — COTONEASTER FRANCHETII.

CYDONIA
- **sinensis** Thouin (*Chænomeles chinensis* Kœhne). — Chine. (Voir *Revue Horticole*, 1889, p. 228, avec planche.)
- **vulgaris** Pers. — Origine inconnue. — Variétés horticoles.

CRATÆGUS
- **nigra** Waldst. et Kit. — Hongrie.
- **Oxyacantha** L. — Europe, Afrique septentrionale, Asie. — Variétés horticoles.
- **punctata** Jacq. — Amérique septentrionale.
- **sanguinea** Pall. — Sibérie.

PYRACANTHA
— **coccinea** Rœm. (*Cratægus Pyracantha* Pers.). — Europe méridionale.
— — var. LALANDEI Hort.

COTONEASTER
— **adpressa** Bois (*spec. nov.*). — Chine.
— **angustifolia** Franch. (*spec. nov.*). — Chine.
— **bullata** Bois (*spec. nov.*). — Chine.
— **buxifolia** Wall. — Himalaya.
— **Franchetii** Bois (*spec. nov.*). — Yunnan. (Voir fig. 9.)
— **horizontalis** Dcne. — Himalaya.
— **microphylla** Wall. — Himalaya.
— **pannosa** Franch. (*spec. nov.*). — Yunnan.
— **rupestris** Hort. Boucher — ?
— **Simonsii** Baker. — Himalaya.
— **thymifolia** Baker. — Himalaya.

Plusieurs des *Cotoneaster* précédents sont des espèces récemment introduites par les soins de M. M. L. de Vilmorin. Ces nouvelles acquisitions augmentent la diversité du genre et son intérêt botanique et décoratif. On les trouvera décrites et figurées dans la *Revue Horticole*, 1902, p. 159, fig. 65.; p. 879, fig. 159, et dans le *Fruticetum Vilmorinianum*, pp. 115 à 119.

PHOTINIA
— **serrulata** Lindl. — Chine.

RAPHIOLEPIS
— **japonica** Sieb. et Zucc. (*R. ovata* Hort.). — Japon.

AMELANCHIER
— **canadensis** Medic. (*A. Botryapium* Lindl.). — Amérique septentrionale.

OSTEOMELES
— *****anthyllidifolia** Lindl. — Chine et Japon.

SAXIFRAGÉES

HYDRANGEA
— *****hortensis** Sm. — (*H. Hortensia* DC.; *Hortensia rosea* Sieb.). — Chine et Japon. — Variétés horticoles.
— — var. OTAKSA Sieb. et Zucc. — Japon.
— **paniculata** Sieb. et Zucc. — Japon.
— **pubescens** Dcne. — Japon, etc.

SCHIZOPHRAGMA

— **hydrangeoides** Sieb. et Zucc. — Japon.

DEUTZIA

— **crenata** Sieb. et Zucc. — Japon. — Var. FLORE PLENO Hort.

Fig. 10. — FENDLERA RUPICOLA

— **gracilis** Sieb. et Zucc. — Japon.
— **Lemoinei** Hort. Lemoine (*D. parviflora* $\times$ *gracilis*).
— **myriantha** Hort. Lemoine (*D. sutchuenensis* $\times$ *parviflora*).
— **sutchuenensis** Franch.(*D. corymbiflora* Lemoine).—Chine.

(Voir *Revue Horticole*, 1897, p. 466, fig. 139, 140; 1898, p. 401, f. 198.)

DEUTZIA

— **Vilmorinæ** Lemoine et Bois (*spec. nov.*). — Chine.

(Voir description et figure dans le *Fruticetum Vilmorinianum*, p. 125.)

PHILADELPHUS

— **coronarius** L. — Asie. — Variétés horticoles.
— **Lewisii** Pursh. — Amérique nord-ouest.
— **Magdalenæ** Kœhne (*spec. nov.*). — Chine.

(Voir description et figure dans le *Fruticetum Vilmorinianum*, p. 129.)

JAMESIA

— **americana** Torr. et Gray. — Montagnes rocheuses.

FENDLERA

— *****rupicola** A. Gray. — Texas.

(Voir fig. 10, et *Revue Horticole*, 1891, p. 42, fig. 12 ; 1899, p. 129, fig. 44.)

ITEA

— **virginica** L. — Est des États-Unis.

RIBES

— **alpinum** L. — Hémisphère septentrional.
— **aureum** Pursh. — Amérique nord-ouest.
— **alpestre** Wall. — Se-Tchuen.
— **chilense** Hort. — ?
— **fasciculatum** Sieb. et Zucc. — Japon. Var. CHINENSE. — Chine.
— **Gordonianum** Lem. (*R. sanguineum* × *aureum*).
— **Grossularia** L. — Hémisphère septentrional.
— **nigrum** L. — Europe et Asie septentrionale.
— **petræum** Wulf. — Europe, etc.
— **rubrum** L. — Hémisphère septentrional.
— **sanguineum** Pursh. — Californie.
— **Vilmorini** Jancz. (*spec. nov.*). — Chine.
— **vitifolium** Host. (*R. multiflorum* Waldst. et Kit.). — Croatie.
— **Warszewiczii** Jancz. (*spec. nov.*). — Mandchourie.

(Voir description et figure dans le *Fruticetum Vilmorinianum*, p. 133-134.)

HAMAMÉLIDÉES

LIQUIDAMBAR

— **styraciflua** L. — États-Unis.

CORYLOPSIS

. — **pauciflora** Sieb. et Zucc. — Japon.
— **spicata** Sieb. et Zucc. — Japon.

HAMAMELIS
— virginica L. — Amérique nord-est.

PARROTIA
— **Jacquemontiana** Dcne. — Himalaya.
— **persica** C. A. Mey. — Perse.

LOROPETALUM
— *chinense R. Br. — Chine, etc.
(Voir *Revue Horticole*, 1901, p. 570, fig. 233.)

Fig. 11. — FUCHSIA RICCARTONI.

DISANTHUS
— cercidifolia Maxim. — Japon.

MYRTACÉES

EUCALYPTUS
— coccifera Hook. f. — Tasmanie.

Cette espèce, réputée la plus rustique du genre, justifie sa réputation par l'exemplaire qui existe à Verrières et dont la planche V représente l'aspect actuel. Sa hauteur, qui n'est que de 3 mètres, s'est trouvée plusieurs fois réduite par les froids dépassant douze degrés, qui font périr la partie supérieure, présentant le feuillage adulte de l'espèce, tandis que les rameaux inférieurs encore pourvus de leur feuillage juvénile, résistent invariablement tant qu'ils conservent cet état primaire.

3

EUCALYPTUS

— *urnigera Hook. — Tasmanie.

EUGENIA

— *apiculata DC. — Chili.

LYTHRARIÉES

NESÆA

— *salicifolia H. B. K. — Amérique tropicale.

PUNICA

— *Granatum L. — Perse.

— 　　— Var. LEGRELLEI Hort.

> Cette variété, bien plus robuste que le type, prospère en pleine terre
> sous le climat parisien, et résiste au pied des murs sous une légère cou-
> verture durant l'hiver. Ses fleurs sont doubles, rouge orangé vif, margi-
> nées de blanc.

ONAGRARIÉES

FUCHSIA

— *Riccartoni Hort.

> Ce Fuchsia hybride, issu probablement du *Fuchsia macrostemma*, est le
> seul qui soit à peu près rustique sous le climat parisien, le pied étant pro-
> tégé avec de la litière durant l'hiver. Lorsque ses rameaux gèlent, il re-
> pousse alors facilement du pied. Il forme de charmants buissons,
> hauts de 1 mètre à peine, qui restent couverts tout l'été de fleurs violet et
> rouge, petites, mais extrêmement abondantes. (Voir fig. 11, et, pour des-
> cription, *Revue Horticole*, 1896, p. 30, fig. 8-9.) D'autres espèces non rusti-
> ques sont citées Partie II, *Plantes herbacées*.)

PASSIFLORÉES

PASSIFLORA

— *cærulea L. — Brésil austral.

— 　　— var. CONSTANCE ELLIOTT Hort.

> C'est la seule espèce qui soit susceptible de résister en plein air, au
> pied des murs, étant bien abritée l'hiver.

OMBELLIFÈRES

BUPLEURUM

— fruticosum L. — Région méditerranéenne.

ARALIACÉES

ARALIA
— **spinosa** L. — Amérique septentrionale.

DIMORPHANTHUS
— **mandschuricus** Maxim. (*Aralia chinensis* L.). — Chine.
—   var. FOLIIS VARIEGATIS Hort.

ELEUTHEROCOCCUS
— **senticosus** Maxim. — Chine.

HEDERA
— **Helix** L. — Europe, Asie, Afrique.
—   — var. ARBORESCENS Hort.
—   — var. RŒGNERIANA Hort.
—   — var. HIBERNICA Hort.

Il existe encore un grand nombre d'autres variétés horticoles plus ou moins intéressantes ou décoratives.

CORNACÉES

CORNUS
— **alba** Wangenh. — Asie septentrionale.
— **Mas** L. — Europe.
—   — var. FRUCTU LUTEO Hort.
—   — var. VARIEGATA Hort.
— **sanguinea** L. — Europe et Asie.
— **tatarica** Mill. (*C. sibirica* Lodd.). — Chine, Sibérie.
—   — var. VARIEGATA Hort.

AUCUBA
— **japonica** Thunb. — Japon. — Variétés horticoles.

GARRYA
— *elliptica Dougl. — Californie.

DAVIDIA
— **involucrata** Baillon (*spec. nov.*). — Se-Tchuen, Chine.

Cet arbre, pour lequel Baillon a créé le genre *Davidia*, en l'honneur de l'abbé Armand David, qui le découvrit en 1869 dans le Thibet oriental, a été introduit en cultures, pendant ces dernières années seulement, par M. M. L. de Vilmorin, puis par MM. Veitch, de Londres. Sa floraison est encore attendue, mais on sait qu'elle sera remarquable par les grandes bractées blanches qui entourent l'inflorescence. L'arbre s'est montré jusqu'ici résistant aux froids du climat parisien. (Voir, pour descriptions et figures, *Revue Horticole*, 1902, p. 377, fig. 158, et *Fruticetum Vilmorinianum*, p. 145.)

MONOPÉTALES

CAPRIFOLIACÉES

SAMBUCUS
- **nigra** L. — Europe, Asie, Afrique, etc. — Variétés horticoles.
- **racemosa** L. — Hémisphère septent. — Variétés horticoles.

VIBURNUM
- **cassinoides** L. — Nord des États-Unis.
- **Lantana** L. — Europe, Asie, Afrique.
- **macrocephalum** Fortune. — Chine.
- **nudum** L. — Amérique septentrionale et occidentale.
- *****odoratissimum** Ker. (*V. Awafuki* Hort.). — Chine.
- **Opulus** L. — Hémisphère septentrional.
- — var. STERILE Hort.
- **Sargenti** Kœhne. — Nord de la Chine.
- **Tinus** L. — Région méditerranéenne.

SYMPHORICARPUS
- **occidentalis** Hook. (*S. vulgaris* Michx.) — Amérique sept.
- **racemosus** Michx. — Amérique septentrionale.

ABELIA
- **chinensis** R. Br. (*A. uniflora* Hort.). — Chine.

I. — CAPRIFOLIUM

LONICERA
- **Caprifolium** L. — Europe et Asie.
- — var. GRATA Ait. — Amérique septentrionale.
- **flava** Sims. — Sud de la Caroline.
- *****gigantea** Hort. (*L. etrusca* Santi *var.?*).

  Ce Chèvrefeuille, dont l'origine et la détermination sont incertaines, est un des plus distincts par son feuillage velu, blond, à reflets bleuâtres et ses jolies fleurs jaune vif, en ombelles très nombreuses. (Voir *Revue Horticole*, 1900, p. 695.)
- **japonica** Thunb. — Chine et Japon.
- — var. AUREO-RETICULATA Hort. (*L. brachypoda* var. *reticulata* Witte).
- — var. FLEXUOSA Thunb.
- — var. HALLIANA Hort.

LONICERA
— **Periclymenum** L. — Europe. — Variétés horticoles.
— **sempervirens** Ait. — Amérique septentrionale.
— — var. FUCHSIOIDES Hort.

II. — CHAMÆCERASUS

LONICERA
— **alpigena** L. — Alpes.
— **Chamissoi** Bunge. — Ile Sakhalin.
— **fragrantissima** Lindl. et Paxt. — Chine.
— **Korolkowi** Stapf. — Turkestan.
— **Morrowii** A. Gray (*L. chrysantha* Miq.). — Japon.
— **spinosa** Jacquem. var. ALBERTI Regel. — Turkestan.
   (Voir *Revue Horticole*, 1894, p. 348.)
— **Standishii** Hook. — Chine.
— **tatarica** L. — Sibérie, etc. — Variétés horticoles.
— **thibetica** Bur. et Franch. (*spec. nov.*) — Thibet.
   Petit arbuste buissonneux, encore rare, très distinct par ses feuilles généralement ternées et surtout par ses fleurs lilacées, petites, réunies par
   2-3 à l'aisselle des feuilles, répandant une odeur suave et qui se succèdent,
   quoique peu abondantes, durant la plus grande partie de la belle saison.
   (Voir, pour descriptions et figures, la *Revue Horticole*, 1902, p. 448,
   fig. 198-200, et le *Fruticetum Vilmorinianum*, p. 153.)

DIERVILLA
— **florida** Sieb. et Zucc. (*D. rosea* Mast.; *Weigela rosea* Lindl.).
   — Chine. — Variétés horticoles.

LEYCESTERIA
— **formosa** Wall. — Asie.

RUBIACÉES

DAMNACANTHUS
— *****indicus** Gærtn. — Japon.

COMPOSÉES

CHRYSANTHEMUM
   *****frutescens** L. (*Anthemis frutescens* Hort.). — Canaries. —
   Variétés horticoles. (Voir aussi Partie II, *Plantes herbacées.*)

OLEARIA
- **Haastii** Hook. f. — Nouvelle-Zélande.
- *****macrodonta** Baker. — Nouvelle-Zélande.

MICROGLOSSA
- **albescens** C. B. Clarke. — Himalaya.

BACCHARIS
- **halimifolia** L. — Amérique septentrionale.

SANTOLINA
- **Chamæcyparissus** L. — Europe méridionale

SENECIO
- **scandens** Hamilt. — Chine.

> Ce *Senecio*, peu répandu, est une plante ligneuse, suffisamment rusti-
> que, très sarmenteuse, ¦propre à tapisser les murs, où elle peut atteindre
> 3-4 mètres, et qui produit à l'arrière-saison de nombreux corymbes de jo-
> lies fleurs jaunes. Il ne doit pas être confondu avec le *Senecio mikanioides*
> Otto (*Senecio scandens* DC., *Delairia scandens* Hort.), qui est une plante
> herbacée et de serre froide durant l'hiver. (Voir aussi Partie II, *Plantes
> herbacées.*)

VACCINIACÉES

VACCINUM
- **Myrtillus** L. — Hémisphère septentrional.
- **stamineum** L. — Amérique septentrionale.
- **uliginosum** L. — Hémisphère septentrional.
- **Vitis-idæa** L. — Hémisphère septentrional.

OXYCOCCUS
- **macrocarpus** Pers. (*Vaccinium macrocarpum* Ait.). Amérique septentrionale.

> C'est le « Cranberry » des Américains, qui en emploient les fruits
> rouges, gros comme l'amande d'une noisette, à faire des confitures très
> estimées. L'arbuste, longuement traînant, pousse vigoureusement en terre
> de bruyère humide, mais à Verrières, les fruits sont toujours peu abondants.

- **palustris** Pers. (*Vaccinium Oxycoccos* L.). — Hémisph. sept.

ÉRICACÉES

ARBUTUS
- **Unedo** L. — Europe méridionale.

ARCTOSTAPHYLLOS
- **alpina** Spreng. — Hémisphère septentrional.
- *****pungens** H. B. K. — Californie.
- **Uva-ursi** Spreng. — Hémisphère septentrional.

PERNETTYA
- **mucronata** Gaudich. — Magellan. — Variétés horticoles.

GAULTHERIA
- **procumbens** L. — Amérique septentrionale.

CASSANDRA
- **calyculata** D. Don (*Andromeda calyculata* L.). — Hémisph.
septentrional.

Fig. 12. — PIERIS JAPONICA.

LEUCOTHOE
- **Catesbæi** A. Gray (*Andromeda Catesbæi* Walt.). — Virginie.
- — var. ROLLISSONI Hort.

ZENOBIA
- **speciosa** D. Don. — Amérique septentrionale.
- — var. PULVERULENTA Gard. Chron. (*Andromeda pulverulenta* Bartr.).

ANDROMEDA
- **polifolia** L. — Hémisphère septentrional.

PIERIS
- **japonica** D. Don (*Andromeda japonica* Thunb.). — Japon.
(Voir fig. 12.)

CALLUNA
— **vulgaris** Salisb. — Europe.

ERICA
— **carnea** L. — Europe.
— — var. ALBA Hort.
— **ciliaris** L. — Europe occidentale.
— — var. ALBA Hort.
— **cinerea** L. — Europe.
— — var. ALBA Hort.
— **lusitanica** Rudolph. — Europe méridionale.
— **mediterranea** L. — Europe méridionale.
— **stricta** Don. — Europe méridionale.
— **Tetralix** L. — Europe occidentale.
— **vagans** L. — Europe occidentale.
— — var. ALBA Hort.
— — var. MINIMA Hort.

BRUCKENTHALIA
— **spiculifolia** Rchb. — Transylvanie, Grèce.

LOISELEURIA
— **procumbens** Desv. — Régions arctiques et alpines.

BRYANTHUS
— **taxifolius** A. Gray (*Phyllodoce taxifolia* Pall.). Hémisph. bor.

DABOECIA
— **polifolia** D. Don (*Menziesia polifolia* Juss.). — Europe.
— — var. ALBA Hort.

KALMIA
— **angustifolia** L. — Amérique septentrionale.
— **latifolia** L. — Amérique septentrionale.
— — var. MYRTIFOLIA Hort.

LEIOPHYLLUM
— **buxifolium** Ell. — Amérique septentrionale.

LEDUM
— **latifolium** Ait. — Amérique septentrionale.

I. — AZALEA

RHODODENDRON
— ***indicum** Sweet (*Azalea indica* L.). — Chine et Japon.

RHODODENDRON

— **amœnum** Maxim. (*Azalea amœna* Lindl.). — Chine et Japon.
— **canadense** Zabel (*Rh. Rhodora* Don ; *Rhodora canadensis* L.). — Amérique septentrionale.

Fig. 13. — JASMINUM PRIMULINUM.

flavum G. Don (*Azalea pontica* L.). Caucase. — Variétés hort.
— **rhombicum** Miq. (*Azalea rhombica* Hort.). — Japon.
— **sinense** Sweet (*Azalea mollis* Blume). — Chine et Japon. —
Variétés horticoles.
Vaseyi A. Gray. — Amérique septentrionale.

II. — RHODODENDRON

RHODODENDRON

— **azaleoides** Desf. (*R. viscosum* $\times$ *maximum?*).
— **dahuricum** Dippel. — Dahourie et Mandchourie.
— **ferrugineum** Lodd. — Alpes.
—   — var. ALBUM Hort.
— **Halopeanum** (*Rh. Griffithianum* $\times$ *arboreum*).
    (Voir *Revue Horticole*, 1896, pp. 359 et 428, avec planche.)
— **hirsutum** L. — Alpes.
— **kamtschaticum** Pall. — Nord de l'Asie. (Voir planche V.)
  lacteum Franch. — Yunnan.
— **lapponicum** Wahlenb. — Régions boréales.
— **ponticum** L. — Asie Mineure. — Variétés horticoles.
— **Smirnowi** Trautv. — Caucase.
    (Voir *Revue Horticole*, 1899, p. 500, avec planche.)

CLETHRA

— **acuminata** Michx. — Amérique septentrionale.
— **alnifolia** L. — Amérique septentrionale.

ÉBÉNACÉES

DIOSPYROS

— **Kaki** L. — Japon. — Variété horticole.
    L'arbre ici mentionné, âgé d'au moins vingt ans, est palissé sur un mur au midi et résiste bien au froid. Il produit de gros fruits, qui mûrissent tardivement.
— **virginiana** L. — Amérique septentrionale.

STYRACÉES

HALESIA

— **tetraptera** L. — Amérique septentrionale.

STYRAX

— **japonicum** Sieb. et Zucc. — Japon.

MYRSINACÉES

ARDISIA

— *****crenata** Sims (*A. crispa* A. DC.). — Chine.
    Ce petit arbrisseau est extrêmement populaire au Japon, où les horticulteurs en ont sélectionné plusieurs centaines de variétés. Il présente pour nous peu d'intérêt, n'étant d'ailleurs pas rustique sous notre climat. Les exemplaires de Verrières sont d'importation directe et récente; ils offrent cette curieuse particularité, que leurs fruits germent parfois sur la plante même.
— *****japonica** Thunb. — Japon.

RHODODENDRON KAMTSCHATICUM.

EUCALYPTUS COCCIFERA.

OLÉACÉES

JASMINUM
— **fruticans** L. — Région méditerranénne. — Orient.

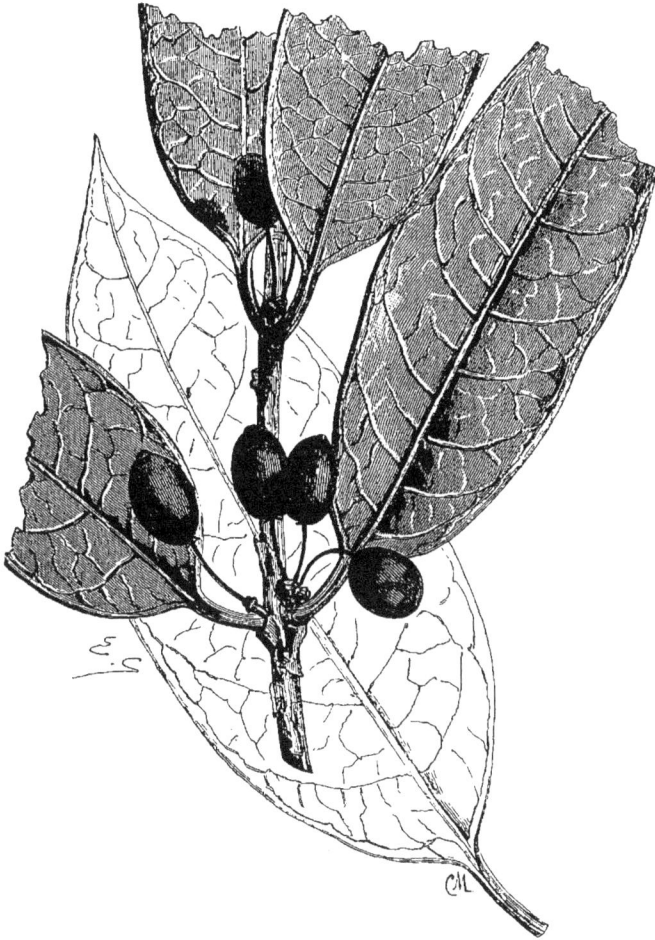

Fig. 14. — PHILLYREA DECORA.

— *__humile__ L. (*J. chrysanthum* Roxb. ; *J. revolutum* Hort.). — Himalaya.

JASMINUM

- **nudiflorum** L. — Chine et Japon.
- **officinale** L. — Perse, Indes.
- **primulinum** Hemsl. (*spec. nov.*). — Yunnan.

> Ce Jasmin, introduit récemment par la Maison Veitch, de Londres, et qui sera probablement rustique, a des fleurs jaunes, beaucoup plus grandes que celles du *Jasminum nudiflorum*, mais s'épanouissant aussi plus tard. (Voir fig. 13, et *Revue Horticole*, 1904, p. 146 et 182, fig. 72 et 73.)

- **Sieboldianum** Blume (*J. nudiflorum* var.?). — Japon.

> Malgré ses étroites affinités avec le *Jasminum nudiflorum*, l'exemplaire que j'ai rapporté du Japon semble en différer légèrement.

FORSYTHIA

- **suspensa** Vahl. — Chine.
- **viridissima** Lindl. — Chine.

SYRINGA

- **amurensis** Rupr. (*Ligustrina amurensis* Rupr.). — Chine, Japon, Mandchourie.
- — var. JAPONICA Dene. — Japon.
- **Emodi** Wall. — Himalaya, Chine.
- — var. ROSEA Cornu (*S. Bretschneideri* Hort.). — Chine septentrionale.
- **pekinensis** Rupr. (*Ligustrina pekinensis* Regel). — Chine.
- **persica** L. — Afghanistan.
- — var. LACINIATA Vahl.
- **vulgaris** L. — Europe orientale. — Variétés horticoles.
- **villosa** Vahl (*S. pubescens* Turcz.). — Nord de la Chine.

FRAXINUS

- **excelsior** L. — Europe, nord de l'Afrique.
- — var. PENDULA Hort.
- **Ornus** L. (*Ornus europæa* Pers.). — Région méditerranéenne.
- **oxycarpa** Willd., var. OLIGOPHYLLA Boiss. — Liban.

FORESTIERA

- **ligustrina** Poir. — Géorgie, Caroline.

FONTANESIA

- **phillyreoides** Labill. — Asie Mineure.

PHILLYREA

- **angustifolia** L. — Région méditerranéenne.
- **decora** Boiss. et Bal. (*P. Vilmoriniana* Boiss.). — Lazistan.

> (Voir fig. 14, et *Rev. Hort.*, 1880, p. 190, fig. 52; 1895, p. 204, fig. 58-59.)

PHILLYREA
- **latifolia** L. — Région méditerranéenne.
- **media** Loud. — Région méditerranéenne.

OSMANTHUS
- **Aquifolium** Sieb. var. ILICIFOLIA Hort. — Japon.

Fig. 15. — LIGUSTRUM REGELIANUM.

CHIONANTHUS
- **virginica** L. — Amérique septentrionale.

LIGUSTRUM
- **Delavayanum** Hariot. — Yunnan.
- **japonicum** Thunb. — Chine et Japon.
- **lucidum** Ait. — Chine.
- — var. CORIACEUM Carr. — Chine.
- **ovalifolium** Hassk. (*L. californicum* Hort.). — Japon.
- — var. VARIEGATUM Hort.
- **Regelianum** Sieb. — Japon.
  (Voir fig. 15, et *Revue Horticole*, 1904, p. 433, fig. 478-479.)

LIGUSTRUM

— **sinense** Lour. (*L. Ibota* var. *villosum* Hort.). — Chine.
— **vulgare** L. — Europe et nord de l'Afrique.

APOCYNACÉES

TRACHELOSPERMUM

— **jasminoides* Lem. (*Rhynchospermum jasminoides* Lindl.).
— Chine et Japon. (Voir *Revue Horticole*, 1902, p. 366, fig. 153.)

ASCLÉPIADÉES

PERIPLOCA

— **græca** L. — Europe australe, Orient.

LOGANIACÉES

BUDDLEIA

— **Colvillei** Hook. f. et Thoms. — Sikkim.

> Cette espèce, à grand feuillage velu et glauque, dont la floraison s'est
> rarement produite jusqu'ici dans les cultures, a donné l'an dernier, pour
> la première fois à Verrières, trois inflorescences de fleurs roses. L'arbuste
> est palissé contre un mur très chaud, et il se peut que cette exposition
> ait favorisé sa floraison ; les *Buddleia*, en général, aimant le plein soleil
> et les terres plutôt sèches. (Voir *Revue Hort.*, 1893, p. 520, avec pl.)

— **japonica** Hemsl. — (*B. curviflora* Ed. André). — Japon.
— **Lindleyana** Fortune. — Chine et Japon.
— **variabilis** Hemsl. — Chine et Thibet.

> Introduit simultanément en France, en 1893, par le Muséum et par
> M. M. L. de Vilmorin, ce *Buddleia* est une des meilleures additions faites
> en ces derniers temps à la flore de nos jardins, dans lesquels il s'est
> répandu très rapidement. (Voir fig. 16, et, pour descriptions, *Revue Horti-*
> *cole*, 1898, p. 132, avec planche, et *Fruticetum Vilmorinianum*, p. 189.)

BORAGINÉES

EHRETIA

— **macrophylla** Wall. — Himalaya.

> C'est un des rares représentants arborescents de la famille des Borragi-
> nées qui soient rustiques sous notre climat. Les exemplaires de Verrières
> proviennent de graines reçues de Chine par M. M. L. de Vilmorin, à plu-
> sieurs reprises. Les plus anciens, âgés de cinq à six ans, sont aujourd'hui
> de grands arbrisseaux, presque de petits arbres lorsqu'ils sont élagués, très
> vigoureux, à beau feuillage rude, et bien rustiques, mais qui n'ont pas
> encore fleuri.

MOLTKIA
— **petræa** Boiss. — Europe orientale.

SOLANACÉES

SOLANUM
— *****crispum** Ruiz et Pav. — Chili.
— **Dulcamara** L. — Europe. — Variété.
— *jasminoides** Paxt. — Brésil.

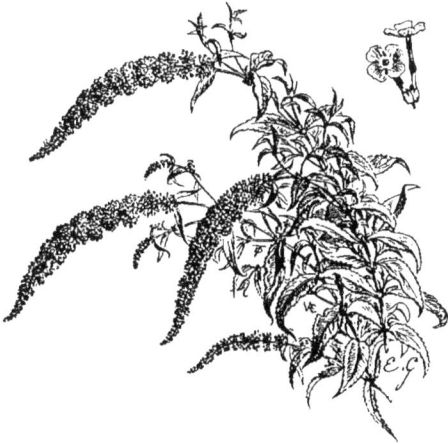

Fig. 16. — BUDDLEIA VARIABILIS.

— *****Seaforthianum** André. — Amérique tropicale.
(Voir aussi Partie II, *Plantes herbacées.*)

LYCIUM
— **chinense** Mill. (*L. barbarum* Hort.). — Chine.

FABIANA
— *imbricata** Ruiz et Pav. — Pérou.

SCROPHULARINÉES

PAULOWNIA
— **imperialis** Sieb. et Zucc. — Japon.

VERONICA

— **Traversii** Hook. f. — Nouvelle-Zélande.

> Cette espèce, qui forme un joli petit arbuste de 50 à 60 centimètres, à port symétrique, feuillage persistant et petites fleurs blanches, résiste, depuis plusieurs années à Verrières, à des froids qui ont dépassé quelquefois 12 degrés. D'autres espèces, également néo-zélandaises et suffrutescentes, qu'on trouvera citées dans la Partie II, *Plantes herbacées*, résistent également à des froids assez rigoureux.

BIGNONIACÉES

BIGNONIA

— *****capreolata** L. — Sud des États-Unis.

CATALPA

— **bignonioides** Walt. — Sud des États-Unis.
— **cordifolia** Jaume (*C. speciosa* Ward.). — Amérique septent.
> (Voir *Revue Horticole*, 1895, p. 136, avec planche.)

TECOMA

— **grandiflora** Loisel. — Chine et Japon.
— **radicans** Loisel. — Chine et Japon.

VERBÉNACÉES

CALLICARPA

— **japonica** Thunb. — Chine, Japon, Corée.

CLERODENDRON

— **trichotomum** Thunb. — Japon.

VITEX

— **incisa** Lamk. — Chine.

CARYOPTERIS

— **Mastacanthus** Schauer. — Chine et Japon.

> Cette espèce est intéressante par sa floraison automnale très abondante et par la jolie couleur bleue de ses fleurs. (Voir *Revue Horticole*, 1892, p. 323, avec planche; 1903, p. 15, fig. 4.)

LABIÉES

LAVANDULA

— **Spica** DC. — Région méditerranéenne.
— **vera** DC. — Région méditerranéenne.
— — var. ALBA Hort.

THYMUS
- **citriodorus** Schreb. Europe mérid. Var. FOL. VARIEGATIS Hort.
- **vulgaris** L. — Europe méridionale.

ROSMARINUS
- **officinalis** L. — Europe méridionale.

PHLOMIS
- **chrysophylla** Boiss. — Syrie.
  (Voir aussi Partie II, *Plantes herbacées*.)

CHÉNOPODIACÉES

ATRIPLEX
- **Halimus** L. — Europe méridionale.

PHYTOLACCACÉES

ERCILLA
- *spicata Moq. (*E. volubilis* A. Juss.). — Chili, Pérou.

POLYGONACÉES

POLYGONUM
- **baldschuanicum** Regel. — Turkestan.
  (Voir *Revue Horticole*, 1900, p. 34, f. 10.)
- **multiflorum** Thunb. — Chine et Japon.
  (Voir aussi Partie II, *Plantes herbacées*.)

MUEHLENBECKIA
- **axillaris** Hook. f. (*M. nana* Hort.). — Nouvelle-Zélande.
- **varians** Meissn. — Origine inconnue.

ARISTOLOCHIACÉES

ARISTOLOCHIA
- **Sipho** L'Hérit. — États-Unis.
- **tomentosa** Sims. — Sud des États-Unis.
  (Voir aussi Partie II, *Plantes herbacées*.)

LAURACÉES

LAURUS
- *nobilis L. — Région méditerranéenne.

SASSAFRAS
- **officinale** Nees (*Laurus Sassafras* L.). — États-Unis.

4.

LINDERA

— **Benzoin** Blume (*Laurus Benzoin* L.). — États-Unis.

— **sericea** Blume. — Japon.

THYMÉLÉACÉES

DAPHNE

— **alpina** L. — Europe méridionale.

— **Blagayana** Freyer. — Carniole.

— **Cneorum** L. — Europe méridionale.

—   — var. VENLOTI Gren. et Godr. — France.

> (Voir fig. 17 et *Revue Horticole*, 1901, p. 304, fig. 129-130; 1902, p. 552, avec planche.)

— *****Genkwa** Sieb. et Zucc. (*D. Fortunei* Lindl.). — Japon.

— **Laureola** L. — Europe, Afrique, Asie.

— **Mezereum** L. — Europe, Sibérie.

—   — var. FLORE ALBO Hort.

> Cette variété est non seulement plus jolie que le type par la blancheur de ses fleurs, mais encore plus vigoureuse et elle se reproduit franchement par le semis.

EDGEWORTHIA

— *****chrysantha** Lindl. — Chine et Japon.

ÉLÉAGNÉES

ELÆAGNUS

— **angustifolia** L. — Région méditer., Orient.

— *****pungens** Thunb. (*E. reflexa* Morr. et Dene). — Chine et Japon.

—   — var. SIMONII Carr.

— **longipes** A. Gray (*E. edulis* Sieb.). — Chine et Japon.

> Arbuste à feuilles petites et argentées en dessous. Les fruits, très abondants, oblongs, rouge orangé et parsemés de squamules brillantes, sont comestibles, quoique leur saveur très acidulée et astringente soit généralement peu appréciée chez nous.

— **umbellata** Thunb. — Japon.

HIPPOPHAE

— **rhamnoides** L. — Europe, Asie.

SHEPHERDIA

— **argentea** Nutt. — Amérique septentrionale.

LORANTHACÉES

VISCUM
— **album** L. — Europe, Asie septentrionale.

> Ce parasite existe à Verrières, comme ailleurs, sur divers arbres, mais en particulier sur un grand Chêne hétérophylle, fait très rare.

Fig. 17. — DAPHNE CNEORUM, var. VERLOTI.

EUPHORBIACÉES

SARCOCOCCA
— **pruniformis** Lindl. — Indes.

BUXUS
— **balearica** Lamk. — Iles Baléares.
— **sempervirens** L. — Europe, Afrique, Asie. — Variétés hort.

DAPHNIPHYLLUM
- **macropodum** Miquel. — Chine et Japon.

SAPIUM
- *__sebiferum__ Roxb. (*Stillingia sebifera* Michx). — Chine et Japon.

URTICACÉES

ULMUS
- **campestris** L. — Europe, Sibérie.
- **parvifolia** (vel *parviflora*) Jacq. (*U. chinensis* Pers.; *U. pumila* Hort.). — Chine et Japon.

> Petit arbre très distinct par son port presque buissonneux, par ses ramilles nombreuses, généralement palmées, et par son petit feuillage épais, tombant très tard. La floraison est, en outre, notable par ce fait qu'elle se produit en octobre seulement, et les fruits ne parviennent pas à mûrir avant les gelées. Sa croissance est très rapide, car les exemplaires de Verrières, âgés seulement d'une douzaine d'années, mesurent déjà 8 mètres de hauteur, avec une circonférence de tronc de 0ᵐ,70.

- **cratægifolia** ex Sargent.?

ZELKOVA
- **acuminata** Planch. (*Planera acuminata* Lindl.; *Ulmus Keaki* Sieb.). — Japon.
- **crenata** Spach (*Planera crenata* Desf.). — Caucase.

> L'exemplaire de Verrières est remarquable par sa belle venue et sa force peu commune. Il mesure 21 mètres de hauteur et son tronc, anguleux, a 2ᵐ,50 de circonférence. Son bois est un des plus durs que l'on connaisse.

CELTIS
- **australis** L. — Région méditerranéenne.
- **occidentalis** L. — Amérique septentrionale.
- **Tournefortii** Lamk (*C. orientalis* Mill.). — Orient.

PTEROCELTIS
- **Tatarinowi** Maxim. — Mongolie.

> (Voir description et figure dans le *Fruticetum Vilmorinianum*, p. 204-205.)

BROUSSONETIA
- **papyrifera** Vent. — Chine et Japon. — Variété.

MACLURA
- *__aurantiaca__ Nutt. — Sud des États-Unis.

MORUS
- **alba** L. — Asie tempérée.
  - var. FASTIGIATA Hort.

JUGLANS VILMORINIANA.

MORUS

— **nigra** L. — Origine inconnue.

— — var. MACROCARPA Hort.

FICUS

— *****Carica** L. — Europe, Orient, Afrique sept. — Variétés hort.

PLATANACÉES

PLATANUS

— **orientalis** L. — Orient.

JUGLANDACÉES

CARYA

— **olivæformis** Nutt. — Sud des États-Unis.

JUGLANS

— **cinerea** L. — Amérique septentrionale.

— **nigra** L. — Amérique septentrionale.

> L'exemplaire de Verrières est un bel arbre, à fût haut et très droit, mesurant près de 2 mètres de circonférence et portant sa grande cime arrondie à 20 mètres de hauteur. Sa plantation remonte à 1815-1820. Étant seul, sa fructification, depuis quelques années surtout, est devenue bien moins abondante que dans les endroits où existent plusieurs exemplaires. On sait que la noix de cette espèce est pratiquement inutilisable, à cause de sa coque très dure et de ses cloisons franchement ligneuses.

— **regia** L. — Caucase, Himalaya.

— — var. LACINIATA Hort.

— **Sieboldiana** Maxim. (*J. mandschurica* Lavallée). — Japon.

— **Vilmoriniana** Carr. (*J. nigra × regia* Hort. Vilm.).

> Cet arbre est un des plus intéressants de la collection de Verrières. Son origine, cependant, n'est pas parfaitement connue. On suppose, et c'est l'avis du Dr Engelmann, que cet arbre est un hybride entre *Juglans nigra* et *Juglans regia*. Tous les caractères des feuilles et des fruits viennent confirmer cette hypothèse, car ils sont parfaitement intermédiaires entre ceux des parents présumés. L'arbre ne fructifie que rarement, mais ses noix sont fertiles, et il existe dans plusieurs Arboretum de jeunes arbres issus de celui de Verrières. Ce dernier, en tout cas, doit être le premier de sa race, quelle qu'en soit l'origine, car il n'en existe nulle part d'exemplaire aussi vieux. Il a été planté en 1816, par mon arrière-grand-père, en souvenir de la naissance de son fils aîné. A l'heure actuelle, il est le plus élevé de tous les arbres de Verrières, atteignant 28 mètres de hauteur avec 3ᵐ,10 de circonférence. (Voir planche VI, et pour description, le *Garden and Forest*, 1891, p. 52.)

PTEROCARYA

— **caucasica** C.-A. Mey. (*P. fraxinifolia* Spach). — Caucase.

MYRICACÉES

MYRICA
- **cerifera** L. — États-Unis.

CUPULIFÈRES

BETULA
- **alba** L. — Europe septentrionale.
- — — var. CRENATA NANA Hort.
- — — var. VARIEGATA Hort.
- **Ermani** Cham. — Japon.
- **nana** L. — Hémisphère septentrional.
- **occidentalis** Sargent. — Amérique septentrionale.

ALNUS
- **cordifolia** Tenore. Europe méridionale.

> Mieux que l'Aulne commun, cette espèce devient, avec l'âge, un arbre haut de fût et à cime largement pyramidale, ainsi qu'en témoignent les deux exemplaires de Verrières, qui atteignent 18 mètres de hauteur, 1ᵐ,70 de circonférence de tronc et dont l'âge est approximativement de quatre-vingts ans. Ils semblent toutefois avoir depuis longtems atteint leur apogée.

- **japonica** Sieb. et Zucc. — Japon.

CARPINUS
- **Betulus** L. — Europe, Asie occidentale.
- **Ostrya** L. — Europe. — Var. à LARGES FEUILLES. — Chine.

CORYLUS
- **Avellana** L. — Europe, Asie occidentale.
- **Colurna** L. — Europe méridionale.
- — — var. CHINENSIS Burkhill. — Chine.
- **maxima** Mill. (*C. tubulosa* Willd.?). — Europe mérid.
- — — var. ATROPURPUREA Hort.
- **rostrata** Ait. — Amérique septentrionale.

QUERCUS
- **Ægilops** L. — Europe australe, Orient.
- — var. MACROLEPIS Boiss. — Grèce.
- **alba** L. — Amérique septentrionale.
- **bicolor** Willd. (*Q. Prinus tomentosa* Michx). — Am. sept.
- **Cerris** L. — Europe méridionale, Asie Mineure.
- — — var. FULHAMENSIS Loud.

QUERCUS

— **gilva** Blume? — Japon.

— **heterophylla** Michx (*Q. Phellos* × *velutina*). — États-Unis.

Quoique moins fort que l'exemplaire de l'École forestière des Barres-Vilmorin, qui a été planté en 1822 et dont il est probablement contemporain, celui de Verrières est un très bel arbre à fût élancé, mesurant 2ᵐ,50 de circonférence et à cime arrondie, touffue, atteignant plus de 22 mètres de hauteur. Il est resté complètement stérile jusqu'ici. La touffe de Gui qu'il porte depuis longtemps sur une de ses grosses branches mérite d'être signalée, car le fait est considéré comme très rare.

— **ilicifolia** Wangenh. (*Q. Banisteri* Michx). — États-Unis.

— **lanuginosa** Thuill. (*Q. pubescens* Willd.). — Europe, Asie occ.

· — **macrocarpa** Michx. — Amérique septentrionale.

C'est un des plus grands arbres de la collection et probablement planté vers 1820-1825. Il atteignait, il y a deux ans encore, 20 mètres de hauteur, avec une circonférence de 2ᵐ,25 et sa cime, très élancée, offrait beaucoup de prise aux vents. Miné à la base par des champignons, il a dû être rabattu assez vigoureusement.

— **palustris** Du Roi. — États-Unis.

Quoique planté dans un terrain plutôt sec et surélevé relativement à la route qu'il borde, cet arbre, contemporain de ceux de l'École forestière des Barres-Vilmorin, est de belle venue, portant sa cime arrondie et touffue à 21 mètres de hauteur sur un tronc haut et bien droit, mesurant 2 mètres de circonférence.

— **pedunculata** Ehrh. — Europe, Asie.

—   — var. FASTIGIATA DC.

— **Phellos**]L. — États-Unis.

— **rubra** L. — Amérique septentrionale.

· — **serrata** Thunb.? — Japon, Chine, etc.

L'identité des *Quercus gilva* et *Quercus serrata* n'est pas certaine. Les graines ayant été reçues de Chine par M. M. L. de Vilmorin, il y a quelques années seulement, les exemplaires sont encore trop jeunes pour pouvoir être déterminés sûrement.

— **sessiliflora** Salisb. — Europe.

— *Suber** L. — Sud de l'Europe, Nord de l'Afrique.

L'exemplaire ici mentionné a été planté tout récemment, en remplacement d'un très beau spécimen âgé et ayant, par suite, supporté de grands hivers, dont le tronc, haut et droit, atteignait plus de 50 centimètres de circonférence, mais qui a brusquement péri.

CASTANEA

— **pumila** Mill. — Pensylvanie et Floride.

Des deux arbres existant à Verrières, l'un est petit, avec un tronc curieusement tordu, penché et de longues branches étalées, défléchies, lu donnant l'aspect d'un arbre nanifié par les Japonais. L'autre, beaucoup plus fort, est formé de deux grosses branches ayant environ 0ᵐ,70 de circonférence, dont la cime très déprimée n'atteint que 5ᵐ,50 de hauteur. Les fruits que produit ce dernier, souvent en abondance, sont petits, à coque épineuse et amande à peine plus grosse qu'une noisette. En outre, les feuilles sont plus ou moins blanches en dessous, ce qui le distingue du Châtaignier commun.

CASTANEA

— **vesca** Gærtn. — Europe.

— — var. HETEROPHYLLA Hort.

> Cette variété, ou au moins l'exemplaire ici mentionné, qui mesure 8 mètres de hauteur, avec un tronc de 1ᵐ,50 de circonférence, est notable pour le dimorphisme de son feuillage; certains rameaux, quoique en petit nombre, portent chaque année les grandes feuilles entières du type, alors que toutes les autres sont profondément et diversement laciniées. Et ces rameaux, si différents, donnent des fruits semblables, reproduisant chacun la forme de feuillage dont ils proviennent.

FAGUS

— **silvatica** L. — Europe, Asie Mineure.

— — var. ATROPURPUREA Hort.

SALICINÉES

SALIX

— **alba** L. — Afrique septentrionale.

— — var. CÆRULEA Syme.

— **babylonica** L. — Japon.

— **herbacea** L. — Hémisphère septentrional.

> C'est la plus petite espèce du genre. Ses rameaux, parfaitement ligneux, mais très grêles, ne dépassent guère 5 à 8 centimètres de hauteur. Par contre, ce petit Saule est de culture très facile et traçant au point de devenir presque envahissant.

— **Lapponum** L. — Europe et Asie.

— **pentandra** L. — Europe, Asie.

— **phylicifolia** L. — Europe centrale.

— **polaris** Wahl. — Régions arctiques.

— **repens** L. — Europe, Asie septentrionale.

— **reticulata** L. — Hémisphère septentrional.

— **retusa** L. — Europe, Asie.

— **rosmarinifolia** L. — Europe.

POPULUS

— **alba** L. — Europe, Asie, Afrique.

— **australis** Tenore. — Orient.

— **Bertinensis** ex Sargent — ?

— **deltoidea** Marsh. (*P. monilifera* Ait.). — Amérique septentr.

POPULUS

— **denudata**? — Orient.

> Les *Populus australis* et *Populus denudata* ici mentionnés sont de jeunes arbres provenant de boutures rapportées par mon père d'un voyage qu'il fit en Syrie quelques années avant sa mort et dont je dois la détermination probable à M. Dode, qui n'a eu, toutefois, à sa disposition que des rameaux feuillés.

— **nigra** L. (*P. fastigiata* Pers.). — Europe, Asie.

— — var. PYRAMIDALIS Spach.

EMPÉTRACÉES

EMPETRUM

— **nigrum** L. — Hémisphère septentrional.

MONOCOTYLÉDONES

PALMIERS

TRACHYCARPUS

— *excelsus Wendl. — Japon.

LILIACÉES

SMILAX

— **aspera** L. — Région méditerranéenne. — Var. MACULATA Roxb. — Indes Orientales.

RUSCUS

— **aculeatus** L. — Europe.

— *Hypoglossum L. — Europe méridionale. — (Voir fig. 18.)

DANAE

— **Laurus** Medic. (*Ruscus racemosus* L.). — Asie Mineure.

YUCCA

— **aloifolia** L. — Amérique centrale. — Var. TRICOLOR Hort.

— **filamentosa** L. — Sud des États-Unis.

— **gloriosa** L. — Sud des États-Unis.

GRAMINÉES

ARUNDO
— *Donax L. — Région méditerranéenne. — Var. VARIEGATA Hort.

ARUNDINARIA
— **Fortunei** A. et C. Rivière (*Bambusa Fortunei* Hort.). — Japon.
— — var. VARIEGATA Hort.
— **japonica** Sieb. et Zucc. (*Bambusa Metake* Sieb.). — Japon.
— **palmata** Pfitzer (*Bambusa palmata* F. Mitf.). — Japon.
— **Veitchii** N. E. Brown (*Bambusa albo-marginata*, Hort. ; *B. Veitchii*, Carr. ; *B. Ko-Kumazasa*, Hort. Jap.). — Japon.

PHYLLOSTACHYS
— **viridi-glaucescens** A. et C. Rivière (*Bambusa viridi-glaucescens* Carr.). — Chine.

GYMNOSPERMES

GNÉTACÉES

EPHEDRA
— **distachya** L. — Europe, Asie Mineure.

CONIFÈRES

Tribu I. — CUPRESSINÉES

Sous-tribu I. — JUNIPÉRINÉES

JUNIPERUS
— **chinensis** L. — Chine et Japon.
— — var. JAPONICA Hort. — Japon.

> Ce Genévrier est une forme juvénile du *Juniperus chinensis*, que les Japonais élèvent en sujets nanifiés et dont il se fait de fréquentes importations en Europe.

— **communis** L. — Europe, Sibérie.
— — var. FASTIGIATA Hort. (*J. hibernica* Gord.).
— — var. AUREA Hort.

JUNIPERUS

— **drupacea** Labill. — Orient.

> Espèce remarquable par les beaux sujets columnaires qu'elle forme rapidement. (Voir *Revue Horticole*, 1904, p. 256, fig. 117.)

— **littoralis** Maxim. — Japon.

— **nana** Willd. (*J. alpina* Gaud.). — Europe, Asie, Amérique sept.

— **prostrata** Pers. - - Canada.

— **Sabina** L. — Europe, Amérique septentrionale.

— — var. TAMARISCIFOLIA Ait.

Fig. 18. — RUSCUS HYPOGLOSSUM.

— **virginiana** L. — Amérique septentrionale.

— var. GLAUCA Hort.

> Ce Genévrier, très largement dispersé dans l'Amérique du Nord, où il atteint jusqu'à 30 mètres, fournit un bois odorant, connu sous le nom de « Red cedar », qu'on emploie à de nombreux usages, notamment à la fabrication des crayons. Il est très rustique, s'accommode bien de notre climat, et les jeunes exemplaires du type et de ses variétés sont d'un emploi fréquent pour l'ornement des parcs. Ils perdent toutefois leur élégance et se déforment fréquemment avec l'âge. Les exemplaires de Verrières, quoique anciens, n'ont que 12 mètres de hauteur et 90 centimètres de circonférence de tronc.

Sous-tribu II. — CALLITRINÉES

WIDDRINGTONIA
— *Whytei Rendle. — Afrique centrale.

Sous-tribu III. — THUINÉES

CUPRESSUS
— *Benthami Endl. (*C. thurifera* Schlecht.). — Mexique.
—   — var. ARIZONICA Greene. (*Var. nov.*). — Arizona.

Cette variété, encore peu répandue, est rustique, bien distincte par son feuillage glauque et fera sans doute un bel arbre d'ornement.

    —*var. KNIGHTIANA Masters. — Origine inconnue.
— *funebris Endl. — Chine.
— *macrocarpa Hartw. (*C Lambertiana* Carr.). — Californie.
— *sempervirens L. (*C. horizontalis* Mill.). — Région méditer.
—   — var. FASTIGIATA DC. — Région méditerranéenne.

CHAMÆCYPARIS
— Lawsoniana Parlat. (*Ch. Boursieri* DC.; *Cupressus Lawsoniana* Murr). — Californie septentrionale. (Voir planche I.)
—   — var. GLOIRE DE BOSKOOP Hort.
—   — var. FILIFERA GLOBOSA Hort.
—   — var. MINIMA Hort.
    — var. NIDIFERA NANA Hort.

nutkaensis Spach (*Cupressus nootkaensis* Lamb.; *Thuyopsis borealis* Fisch.). — Amérique septentrionale.
— obtusa Sieb. et Zucc. (*Cupressus obtusa* C. Koch; *Retinospora obtusa* Sieb. et Zucc.). — Japon.
    — var. ERICODES Hort. (*Retinospora Sanderi* Hort.) (*var. nov.*). — Japon.

(Voir description et figure dans la *Revue Horticole*, 1903, p. 398, fig 158.)

—   — var. NANA Hort.
—   — var. PYGMÆA Hort.
— pisifera Sieb. et Zucc. (*Cupressus pisifera* C. Koch; *Retinospora pisifera* Sieb. et Zucc.). — Japon.
—   — var. GLAUCA Hort.
—   — var. SQUARROSA Hort.
—   — var. PLUMOSA Hort.
— sphæroidea Spach (*Cupressus thyoides* L.; *Thuya sphæroidea* Spreng.). — Amérique septentrionale.

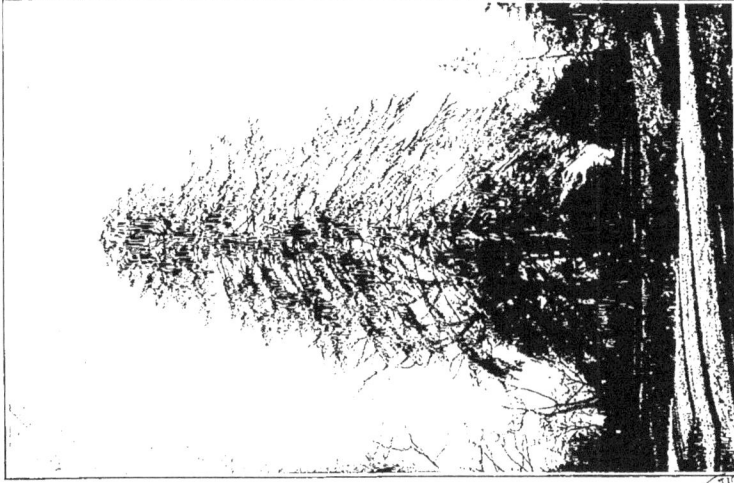

ABIES PINSAPO.

LIBOCEDRUS DECURRENS.

THUYA
— **occidentalis** L. — Amérique septentrionale.
— — var. Boothii Hort.
— **orientalis** L. (*Biota orientalis* Endl.). — Chine et Japon.
— **gigantea** Nutt., non Hort. (*Th. Lobbii* Hort.; *Th. Menziesii* Dougl.). — Amérique nord-ouest.
— **japonica** Maxim. (*Thuyopsis Standishii* Hort.). — Japon.

THUYOPSIS
— **dolabrata** Sieb. et Zucc. — Japon.
— — var. LÆTEVIRENS Mast. — Chine.

LIBOCEDRUS
— **decurrens** Torr. (*Thuya gigantea* Hort., non Nutt.). — Orégon, Californie. (Voir planche VII.)
— **macrolepis** Bentham et Hooker f. (*species nov.*). — Formose, Yunnan.

Le jeune exemplaire que je possède de cette espèce, dont l'introduction est toute récente, se distingue déjà et très nettement de son congénère par ses feuilles distiques, beaucoup plus grandes, vert foncé et vernissées en dessus, mais surtout notables par leur teinte très glauque sur la face inférieure. D'après le Dr Masters, cette nouvelle espèce fournit le meilleur bois de l'île Formose. On ne sait rien encore sur sa rusticité.

Tribu II. — TAXODINÉES

SCIADOPITYS
— **verticillata** Sieb. et Zucc. — Japon.

SEQUOIA
— **gigantea** Torr. (*Wellingtonia gigantea* Lindl.). — Californie.

Cet arbre, dont la plantation doit remonter aux premiers temps de l'introduction de l'espèce (1853), a résisté aux grands hivers, alors que tant d'autres ont péri. Il mesure 21 mètres de hauteur et son tronc, très fort à la base, atteint déjà 2m,75 de circonférence.

— — var. GLAUCA Hort.
— **sempervirens** Endlicher (*Taxodium sempervirens* Lambert). — Californie.

Agé de plus de quatre-vingts ans, cet exemplaire mesure actuellement 16 mètres de hauteur et son tronc près de 2 mètres de circonférence à 1 mètre du sol. L'espèce est, on le sait, imparfaitement rustique sous le climat parisien. L'arbre a souffert plusieurs fois des grands hivers et en particulier de celui de 1878, durant lequel ses branches furent toutes gelées. Le tronc, ayant encore trace de vie, fut complètement élagué, et aujourd'hui les branches qui le garnissent de haut en bas forment une grande pyramide élancée. On sait d'ailleurs que les Taxodinées, en général, présentent cette faculté d'émettre facilement de nouvelles branches sur leur tronc lorsqu'il est élagué; faculté qui manque à beaucoup d'autres Conifères, notamment aux Abiétinées.

CRYPTOMERIA
— **japonica** D. Don. — Chine et Japon.

Cet arbre, qui, au Japon, devient très beau et atteint 40 mètres, n'a pas une grande valeur en France, car, avec l'âge, il se dénude assez haut, ses ramilles brûlent au grand soleil et tombent prématurément. Il lui faut évidemment une atmosphère humide et un climat pas trop rigoureux.

TAXODIUM
— **distichum** Rich. — Sud des États-Unis.

GLYPTOSTROBUS
— **heterophyllus** Endl. (*G. sinensis* Hort.; *Taxodium heterophyllum* Brongn.). — Chine.

Il se peut que l'arbre ici mentionné soit génériquement distinct du Cyprès chauve, mais l'exemplaire de Verrières, jeune il est vrai, lui ressemble beaucoup comme port et comme feuillage.

Tribu III. — ABIÉTINÉES

Sous-tribu I. — PINÉES

PINUS
— **Armandi** Franch. (*spec. nov.*). — Chine.

Ce Pin, décrit par Franchet en 1884, est une nouvelle espèce habitant le Se-Tchuen et le Yunnan, rentrant dans la section *Cembræ* par ses gaines pentaphylles, trigones, longues de 10 à 15 centimètres, assez raides et un peu glauques. Le cône, cylindrique, court et à écailles épaisses, rappelle, d'après le Dr Masters, celui du *Pinus flexilis*. Le tout jeune exemplaire ici mentionné provient des graines reçues par M. M. L. de Vilmorin, il y a quelques années seulement. Haut de 1 mètre environ, il s'élargit plus qu'il ne monte et tend à devenir plus buissonneux que touffu, rappelant, sous ce rapport, l'aspect du *Pinus Bungeana*. Il n'a pas encore fleuri.
(Voir, pour descriptions plus complètes et figures, *Nouvelles archives du Museum*, série 2, t. VIII, planche XII (1884); *Gardeners' Chronicle* 1903, part. I, p. 66, figures 30-31.)

— **Banksiana** Lamb. — Amérique septentrionale.

— **Balfouriana** Murr. — Californie.

— var. ARISTATA Engelm. — Colorado.

— **Bungeana** Zucc. — Nord de la Chine.

Espèce très curieuse par son écorce lisse et blanchâtre, qui se détache par plaques comme celle d'un Platane. Ses cônes sont petits, ovoïdes, renfermant des graines très grosses, presque aptères. Contrairement à ce qui se passe dans son pays d'origine, le *Pinus Bungeana* forme généralement en Europe de gros buissons à tronc et branches tortueux et extrêmement cassants. (Voir Planche I.)

— **Cembra** L. — Europe centrale, Asie.

— **cembroides** Zucc. (*P. osteosperma* Engelm). — Mexique.

— **Coulteri** Don. — Californie.

— **contorta** Dougl. — Amérique nord-ouest.

— **densiflora** Sieb. et Zucc. — Japon.

PINUS LARICIO AUSTRIACA.

PINUS INOPS.

PINUS PARVIFLORA.

PINUS PONDEROSA JEFFREYI.

PINUS

— **edulis** Engelm. — Montagnes Rocheuses.

— **excelsa** Wall. — Himalaya.

— **inops** Soland. — Nord-est des États-Unis. (Voir Planche XIII.)

— ***insignis** Loud. (*P. radiata* Don). — Californie.

— **koraiensis** Sieb. et Zucc. — Corée.

— **Laricio** Poir. — Europe australe et Orient.

> Il existe à Verrières deux exemplaires du type de Calabre, qui justi-
> fient la réputation de cette espèce si précieuse par la hauteur et la recti-
> tude de son fût. Parfaitement droits, très élancés et à ramure réduite, ils
> atteignent, en effet, 27 mètres de hauteur pour 2 mètres seulement de cir-
> conférence de tronc, dominant de quelques mètres un grand Cèdre du
> Liban planté à côté et sans doute contemporain, dont le tronc a pourtant
> plus du double de circonférence. (Voir *Revue Horticole*, 1889, p. 273 ; 1897,
> p. 354, fig. 123-124.)

— — var. AUSTRIACA Endlicher (*P. Laricio nigricans* Parla-
tore). — Autriche.

> Ce Pin, la plus importante sans doute des formes de Laricio, tant au point
> de vue forestier qu'ornemental, se distingue surtout du type de Corse par
> son fût moins élancé, sa ramure plus forte, prenant, lorsqu'il est isolé, une
> forme arrondie, très pittoresque, que montre bien d'ailleurs la figure de la
> planche VIII. Cet exemplaire, le plus fort des deux qui existent à Ver-
> rières, atteint 20 mètres de hauteur et 2m,30 de circonférence de tronc.

— — var. BOSNIACA Elwes. — Bosnie.

> Variété récemment découverte par M. Elwes, à qui je dois les graines
> d'où sont issues les jeunes plantes ici mentionnées.

— — var. MONSPELIENSIS Salzm. (*P. pyrenaica* Hort., non
Lapeyr.; *P. Salzmanni* Dunal). — Pyrénées.

> Ce Pin, spécial à la chaîne des Pyrénées, se retrouve toutefois en France
> dans deux localités : Bénèze, et Saint-Guilhem, sa localité classique. Il
> a été longtemps confondu avec une espèce franchement orientale, le *Pinus
> brutia* Tenore, auquel appartient, par date de priorité, le nom de *Pinus
> pyrenaica* Lapeyr. (non hort.) que devrait logiquement porter, l'arbre ici
> envisagé. Mon père a entrepris plusieurs voyages d'études, à l'effet d'éclair-
> cir cette confusion et l'a nettement démontrée dans une Note qu'il a publiée
> à l'occasion de la Session botanique de Montpellier, en 1893 [1], Note dans
> laquelle il dit : « J'affirme n'avoir jamais trouvé le *Pinus pyrenaica* Lapeyr.
> dans la grande chaîne des Pyrénées ; je dirai, de plus, que je doute abso-
> lument qu'il y existe à l'état spontané. » L'arbre de Verrières se distingue
> assez nettement par son feuillage plus glauque, plus souple et surtout par
> ses cônes plus gros que ceux d'aucune autre forme de Laricio. Il mesure
> 18 mètres de hauteur et 1m,50 de circonférence. Son âge m'est inconnu.

— — var. MOSERI Hort. Moser.

— — var. PALLASIANA Endlicher (*Pinus Laricio caramanica*
Hort.). — Tauride.

— **mitis** Mich. — Amérique nord-ouest.

— **monophylla** Torr. (*P. Fremontiana* Endl.). — États-Unis.

[1] *Bulletin de la Société botanique de France*, t. XL, p. 77.

PINUS

- **montana** Du Roi (*P. Pumilio* Hœnke). — Europe centrale.
- — var. UNCINATA Ram. — Pyrénées.
- **monticola** Dougl. — Californie.
- **muricata** Don. — Californie.
- **parviflora** Sieb. et Zucc. — Japon.

> Joli Pin japonais, de petite taille, appartenant à la section *Cembræ*, assez nettement caractérisé par son feuillage fin, abondant, comme frisé et d'un vert glauque. L'exemplaire de Verrières atteint près de 10 mètres de hauteur, quoique mal placé près d'un mur, qu'il surmonte depuis longtemps. Il produit toujours des cônes très abondants, ne renfermant toutefois qu'un très petit nombre de graines fertiles, mais ils persistent longtemps sur l'arbre. (Voir planche XIII.)

- **Peuce** Griseb. — Macédoine. (Voir planche XI.)
- **Pinaster** Soland. (*P. maritima* Lamk). — Région médit.
- **Pinea** L. — Région méditerranéenne.
- **ponderosa** Dougl. (*P. Benthamiana* Hartw.). — Colombie.
- — var. JEFFREYI Engelm.

> Ce Pin, très répandu en Amérique, où il fournit un bois très estimé pour sa grande densité et qui passe souvent pour du pitchpin, est représenté à Verrières par un bel arbre haut de fût, à ramure sombre et touffue, atteignant 17 mètres de hauteur et 1^m,50 de circonférence de tronc. Il fructifie rarement. Le *Pinus Benthamiana*, dont un exemplaire assez fort figure dans la collection de Verrières, ne s'en différencie pas assez nettement pour qu'on puisse l'admettre, même comme variété distincte. Quant à l'exemplaire de *Pinus Jeffreyi* ci-dessus mentionné et qu'on voit bien dans la planche I, il atteint 15 mètres de hauteur et produit en abondance des cônes, dont un est figuré planche XIII, qui sont notablement plus gros que ceux du *Pinus ponderosa*, mais toujours stériles, et son feuillage est aussi bien plus long, plus raide.

- **resinosa** Soland. (*P. rubra* Michx). — Amér. septentrionale.

> L'arbre ici mentionné est un jeune exemplaire récemment planté en remplacement d'un spécimen qui a vécu à Verrières de nombreuses années sans jamais y devenir remarquable. L'espèce qui, en Amérique, remplace notre Laricio, est, chez nous, peu vigoureuse et sans intérêt forestier ni décoratif.

- **Sabiniana** Dougl. — Californie.
- **scipioniformis** Masters. — Upeh (Chine).

> Je dois ce nouveau Pin à l'obligeance de M. Lynch, curateur du Jardin botanique de l'Université de Cambridge. Il a été découvert en Chine, par le Dr Henry et décrit par le D. M. T. Masters, dans le *Bulletin de l'Herbier Boissier*, en 1898, page 270. Il rentre dans la section *Strobus* par ses gaines pentaphylles, et ses petits cônes, longs seulement de 3 à 5 centimètres, rappelant de courtes baguettes, justifient son nom spécifique.

- **silvestris** L. — Europe centrale.
- — var. MONOPHYLLA Hort.
- — var. BEUVRONENSIS Hort.

PSEUDOLARIX KAEMPFERI.

1. Chatons mâles. — 2. Cônes.

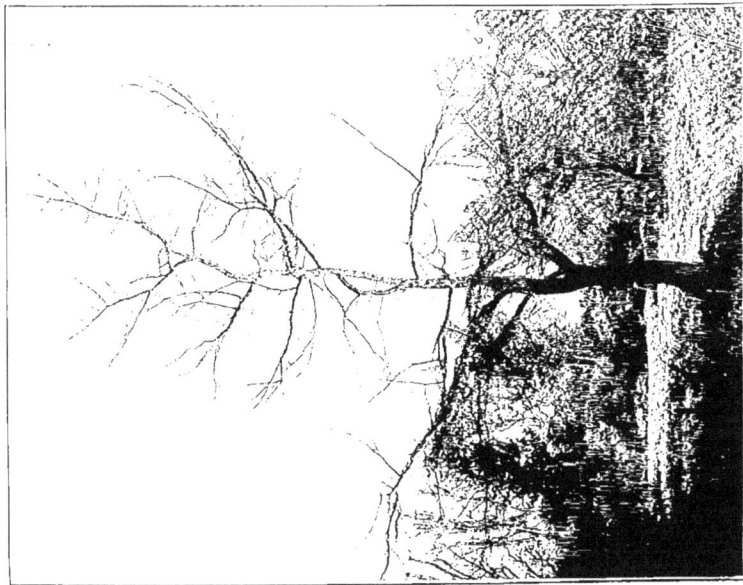

Port de l'arbre.

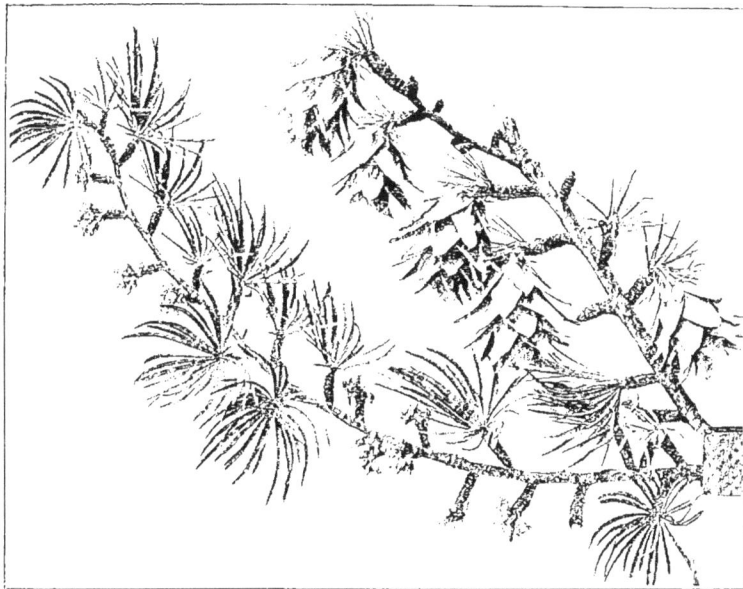

PINUS

- **Strobus** L. -- Amérique nord-est, Canada.
- **Tæda** L. — Amérique septentrionale.
- **Thunbergii** Parlat. (*P. Massoniana* Sieb. et Zucc.). — Japon.
- **Torreyana** C. Parry. — Californie.
- ***tuberculata** Gord. — Californie.

> C'est un jeune exemplaire élevé de semis, mais il a existé à Verrières un arbre dont le tronc mesurait, en 1876, 1^m,10 de circonférence.

Sous-tribu II. — LARICÉES

CEDRUS

- **atlantica** Manetti. — Afrique septentrionale.
- — — var. GLAUCA Hort.

> L'exemplaire de la variété glauque a plus de cinquante ans et, quoique très mal placé, il atteint néanmoins 21 mètres de hauteur et 1^m,65 de circonférence.

- — — var. PENDULA Hort.
- **Deodara** Loud. — Himalaya.

> Ce Cèdre, si fréquent dans les plantations d'ornement, à cause de son joli port et surtout de sa teinte bleutée à l'état de jeune sujet, est reconnu incapable de résister aux grands hivers du climat parisien. Pourtant, il en existe un à Verrières, dont l'âge n'est pas inférieur à un demi-siècle et qui a, par conséquent, supporté plusieurs fois des froids extrêmement intenses. C'est d'ailleurs le seul des exemplaires plantés par mon arrière-grand-père qui ait résisté. Ayant perdu sa flèche de bonne heure, sans doute durant un grand hiver, il n'atteint que 13 mètres de hauteur, mais son tronc, haut et nu, mesure 1^m,70 de circonférence. A cet âge, l'arbre a depuis longtemps perdu sa teinte bleue juvénile et pourrait être pris pour un Cèdre du Liban. On sait d'ailleurs que les trois espèces de Cèdres citées ici sont si voisines qu'elles diffèrent surtout entre elles par des caractères physiques, et que certains descripteurs les considèrent comme des formes géographiques d'un même type spécifique.

- — — var. ROBUSTA Hort.
- **Libani** Barrel. — Syrie.

> Les deux grands Cèdres du Liban de Verrières sont, selon toutes probabilités, les premiers arbres plantés par mon arrière-grand-père, en 1815 ou 1816, et sans doute à l'état de sujets déjà âgés de quelques années ; car, étant données leurs dimensions, il est difficile d'admettre qu'ils ne soient pas au moins centenaires. Ils mesurent, l'un 25 mètres de hauteur et 4 mètres de circonférence, l'autre 20 mètres de hauteur et 2^m,80 de circonférence. Ce dernier est couronné depuis au moins vingt-cinq ans ; le premier, au contraire, l'est depuis une quinzaine d'années à peine Tous deux sont remarquables par leurs troncs très garnis de branches, les plus basses traînant par terre, formant une masse de verdure réellement imposante.

LARIX

- **americana** Michx (*L. microcarpa* Forbes). — Amér. septent.

5

LARIX

— **chinensis** Beissn. (*spec. nov.*). — Chine.

> L'unique exemplaire de cette espèce, toute nouvelle, que je dois à l'obligeance de M. Beissner, est encore trop jeune (quatre ans) pour qu'il soit possible de formuler une opinion sur ses caractères distinctifs, ni sur sa valeur culturale ou décorative.

— **dahurica** Turcz. — Sibérie.

> Cet arbre, dont la détermination laisse quelques doutes, par suite de l'ambiguïté des caractères distinctifs avec le *L. sibirica*, est abondamment chargé de cônes, stériles toutefois. Il mesure 12 mètres de hauteur sur 0ᵐ,75 de circonférence, et forme, comme d'ailleurs la plupart de ses congénères, une pyramide très élancée.

— **europæa** DC. — Europe.

— **leptolepis** Endl. — Japon.

— **occidentalis** Nutt. — Amérique nord-ouest.

> Cette espèce, qui passe pour être très rare dans les cultures, n'est représentée à Verrières que par un seul exemplaire, encore jeune et dont l'âge comme aussi la provenance me sont inconnus, mais qui, de l'avis de plusieurs dendrologistes distingués, serait bien authentique. Ses cônes, qu'il produit déjà en abondance, sont, en effet, distincts par leurs bractées plus longuement saillantes que chez aucun des autres Mélèzes ici mentionnés.

— **sibirica** Ledeb. — Sibérie.

PSEUDOLARIX

— **Kæmpferi** Gord. — Chine.

> Découvert dans la Chine orientale par Robert Fortune, en 1853, et introduit en cultures quelques années après, le Mélèze de la Chine, dont la nomenclature a subi pas mal de vicissitudes, est longtemps resté rare dans les cultures, faute de graines et d'autre moyen rapide de le multiplier. On n'en connaît encore qu'un petit nombre d'exemplaires fructifères, dont les premiers furent ceux de M. Rovelli, à Pallanza, en Italie. Celui de Verrières, dont la planche IX représente le port, les chatons mâles et les cônes, semble remonter, comme date de plantation, à l'introduction de l'espèce. C'est un des plus forts que je connaisse en France. Il est depuis longtemps fructifère, donnant même, quoique en petit nombre, des graines fertiles. Il atteint 10 mètres de hauteur et son tronc mesure 90 centimètres de circonférence. Son port est étalé et son aspect léger et gracieux. Ses petits cônes, rappelant en miniature une tête d'artichaut et qu'il produit chaque année, sont un objet de vif intérêt pour mes visiteurs dendrologistes.

Sous-tribu III. — PICÉES

PICEA

— **alba** Link. — Amérique nord-est.

—   — var. CÆRULEA Carr.

—   — var. ELEGANS CÆRULEA Hort.

— **ajanensis** Fisch. — Japon. — (Voir planche IX.)

— **Alcockiana** Carr. — Japon.

> Une confusion malheureuse entre les *Picea ajanensis* et les *Picea Alcockiana*, remontant à la récolte des graines de la première introduction et sans doute aussi aux suivantes, a fait confondre ces deux espèces, pourtant si distinctes, et propager plus abondamment le *Picea ajanensis*. Nettement caractérisé par ses feuilles entièrement glauques en dessous, ce der-

PICEA ENGELMANNI.   PICEA SITCHENSIS.

PICEA OBOVATA.   PICEA OMORICA

PICEA

nier s'accommode mal de notre climat trop sec et reste chétif, tandis que le *Picea Alcockiana*, plus robuste et plus vigoureux, devient un bel arbre à port effilé, à feuillage vert foncé, à cônes beaucoup plus gros, et d'ailleurs entièrement distinct, mais malheureusement bien plus rare. (Voir *Revue Horticole*, 1903, p. 339, fig. 137-140.)

— **Engelmanni** Engelm. — Am. septentr. — (Voir planche X.)

— **excelsa** Link (*Abies excelsa* DC.). — Europe.

—   — var. CLANBRASILIANA Hort.

—   — var. KRANSTONI Hort.

—   — var. INVERTA PENDULA Hort.

—   — var. MAXWELLII Hort.

—   — var. PROCUMBENS Hort.

—   — var. PUMILA GLAUCA Hort.

— **Glehnii** Mart. — Région Amour.

— **Morinda** Link (*Abies Khutrow* Loud.). — Himalaya.

— **Moseri** Mast. (*P. ajanensis* × *nigra Doumeti*, Hort. Moser).

— **nigra** Link. — Amérique nord-est.

— **obovata** Ledeb. — Russie et Sibérie. — (Voir planche X.)

- **Omorica** Mast. — Serbie, Bosnie.

Cette espèce, introduite seulement vers 1872, et par suite encore rare et jeune dans les cultures, s'annonce comme devant être une belle Conifère d'ornement. Le jeune exemplaire de Verrières pousse très vigoureusement et prend une forme pyramidale élancée, en même temps qu'il conserve bien son feuillage spécial, qui l'a fait prendre comme type d'une section du genre ; ses feuilles étant aplaties (non tétragones comme celles de la plupart de ses congénères) et stomatifères sur la face supérieure. — (Voir planche X.)

— **orientalis** Carr. — Taurus et Caucase.

— **Parryana** Sargent (*P. pungens* Engelm.; *Abies Parryana* Ed. André). — Utah et Californie.

—   — var. GLAUCA Hort.

—   — var. KOSTERI Hort.

Fréquemment désignée sous le nom de *Picea pungens*, cette espèce, introduite en 1877 seulement, s'est vite répandue dans les cultures, à cause de sa parfaite adaptation à notre climat et de sa teinte bleu-glauque ; cette teinte varie toutefois d'un individu à l'autre et s'exagère parfois, chez certaines variétés : *Kosteri*, *Kœnig Albert*, etc., au point de les rendre absolument glauques et d'en faire les Conifères les plus bleues qui existent. — (Voir *Revue Horticole*, 1901, p. 181, fig. 67.)

— **polita** Carr. — Japon.

— **sitchensis** Trautv. et Mey. (*P. Menziesii* Carr.). — Am. sept.

Très remarquable par sa teinte glauque et son port léger, dans certaines régions à climat humide, le *Picea sitchensis*, plus connu sous le nom de *P. Menziesii*, ne convient pas pour le Midi, ni même pour la région parisienne, sauf peut-être en jeune exemplaire ; car, avec l'âge, il se dénude et prend un aspect misérable. — (Voir planche X.)

PICEA

— **Schrenkiana** Fisch. et Mey. — Turkestan.

TSUGA

— **canadensis** Carr. — Amérique nord-est.
— **Sieboldii** Carr. — Japon. — (Voir planche I.)
— **Mertensiana** Carr. — Amérique nord-ouest.

> Grande et belle espèce à port élancé, ramure légère et étalée, avec des ramilles gracieusement pendantes, souvent chargées de petits cônes pointus. Le plus fort des exemplaires de Verrières mesure 15 mètres de hauteur, pour une circonférence de tronc qui n'atteint que 75 centimètres à 1 mètre du sol.

— **Pattoniana** Engelm. (*Tsuga Hookeriana* Hort.). — Californie.

PSEUDOTSUGA

— **Douglasii** Carr. — Amérique nord-ouest.
— — var. GLAUCESCENS Roezl. — Colorado.
> (Voir *Revue Horticole*, 1895, p. 88, avec planche; 1903, p. 208, p. 85).

— — var. STAIRI Hort.

Sous-tribu IV. — SAPINÉES

ABIES

— **balsamea** Mill. — Amérique nord-est.
— **bracteata** Nutt. — Californie.

> Rare en culture et peut-être plus encore dans son habitat, qui est très restreint, ce Sapin, que l'on dit n'être pas très rustique, est très beau par son grand feuillage vert foncé et très piquant, et surtout par ses petits cônes globuleux, à bractées longuement saillantes.

— **cephalonica** Loud. — Grèce.
— — var. REGINÆ-AMALIÆ Heldr.
— — var. MONTE-DRACO Hort.
— **cilicica** Carr. — Taurus, Cilicie. — (Voir planche I.)
— **concolor** Lindl. et Gord. — Colorado, Arizona, etc.
— — var. VIOLACEA Hort.

> Ce Sapin est remarquable par la belle teinte bleu-glauque que revêt son feuillage, teinte qui varie toutefois chez les exemplaires provenant de semis. Rustique, peu exigeant sur la nature du sol, résistant à la sécheresse et se formant vite et bien, l'*Abies concolor* est un des plus répandus et des plus beaux Sapins d'ornement. L'exemplaire de Verrières, âgé d'environ vingt-cinq ans, mesure déjà 15 mètres de hauteur et forme une pyramide très régulière.

— **firma** Sieb. et Zucc. (*A. bifida* Sieb. et Zucc.). — Japon.
— **grandis** Lindl. (*A. Gordoniana* Carr.). Vancouver, Californie.

> Connue aussi sous les noms de *Abies Gordoniana* et Sapin de Vancouver, cette très grande espèce se différencie de ses congénères par son port extrêmement élancé, son fût très droit et sa ramure courte et très espacée.

Planche XI.

Hort. Vilm.

PINUS PEUCE.

GINKGO BILOBA.
Rameau fructifère.

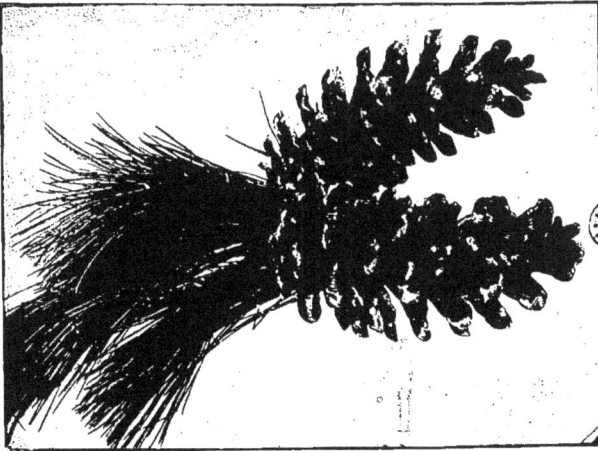

PICEA AJANENSIS.

ABIES

L'arbre qui le représente à Verrières, et qu'on voit bien dans la planche I, mesure, en effet, 15 mètres de hauteur pour une circonférence de tronc qui ne dépasse pas 90 centimètres. Cette précieuse particularité permet de le signaler à l'attention des forestiers.

— **lasiocarpa** Hort., non Nutt. (*A. concolor*, var. *lasiocarpa* Sargent; *A. Lowiana* Murr.). — Californie.

D'après le professeur Sargent, l'arbre ici mentionné, comme d'ailleurs ceux existant dans la plupart des cultures françaises, n'est pas l'espèce à laquelle appartient légalement le nom de *lasiocarpa*. Pour lui, c'est une variété géographique de l'*Abies concolor*, opinion que je ne conteste pas au point de vue purement botanique; mais, au point de vue physique, l'arbre est suffisamment distinct et présente des exigences particulières, qui l'empêchent souvent de prospérer où l'*Abies concolor* ne paraît nullement souffrir. Le plus fort des exemplaires de Verrières est un très bel arbre, haut de 15 mètres et mesurant 1ᵐ,50 de circonférence de tronc.

— **homolepis** Sieb. et Zucc. (*A. Tschonoskiana* Hort.). — Japon.
— **magnifica** Murr. — Californie.
— — var. GLAUCA Hort.
— **nobilis** Lindl. — Orégon, Californie.
— — var. GLAUCA Hort.
— **Nordmanniana** Spach. — Caucase.
— **numidica** De Lan. (*A. Pinsapo* var. *baborensis* Coss.). Algérie.

La collection de Verrières compte deux beaux exemplaires de cette espèce algérienne, dont la plantation doit remonter au temps de son introduction (1862). Ils mesurent 14 mètres de hauteur et 1ᵐ,30 de circonférence de tronc. Depuis longtemps fructifères, leurs beaux cônes sont les derniers à mûrir parmi leurs voisins. — (Voir planche I.)

— **pectinata** DC. — Europe.
— **Pinsapo** Boiss. — Espagne.

L'arbre que représente la planche VII est âgé de soixante-sept ans. Il mesure 21 mètres de hauteur et 2ᵐ,20 de circonférence de tronc à 1 mètre du sol. Cet arbre, de belle venue et encore plein de vie, est surtout notable par ce fait qu'il est né, à la place qu'il occupe, d'une demi-douzaine de graines que Boissier envoya à mon arrière-grand-père lorsqu'il découvrit l'espèce en Espagne en 1837, avant même qu'elle fût nommée. Il peut donc être considéré comme le doyen des Pinsapo existant en cultures. Ses caractères si nettement tranchés dans son feuillage, sa rusticité et sa belle venue ont vite fait apprécier et répandre le Pinsapo dans les cultures, car il s'accommode facilement des terres calcaires et, mieux qu'aucun autre, peut-être, il résiste à la grande chaleur sèche du Midi.

— **Pinsapo × Nordmanniana** Hort. Moser.
— **sachalinensis** Masters. — Ile Sachalin.
— **Veitchii** Lindl. — Japon.
— **Vilmorini** Mast. (*A. Pinsapo × cephalonica* Hort. Vilm.).

Cet hybride est né de l'unique graine résultant d'un croisement effectué par mon père, en 1867, à Verrières, entre les *Abies Pinsapo* (mère) et *Abies*

ABIES

cephalonica (père), dans le but d'être fixé sur la fertilité des Conifères hybrides. C'est, à ma connaissance du moins, le premier hybride obtenu artificiellement en cultures. L'arbre, que représente la planche XII, mesure actuellement 15 mètres de hauteur et 1^m,50 de circonférence de tronc. Divers accidents ont fait développer trois branches principales, dont une encore a été cassée, il y a deux ans, par un ouragan. Par son port et son feuillage, l'arbre, que le Dr Masters a dédié à la mémoire de mon père, se rapproche de l'*Abies Pinsapo*. Ses feuilles sont toutefois plus longues, plus souples, stomatifères en dessous seulement et absentes de la face inférieure des rameaux. Les cônes, qu'il produit abondamment et qui renferment aujourd'hui des graines parfaitement fertiles, sont plus semblables à ceux de l'*Abies cephalonica*, particulièrement dans leur teinte rousse, leur sommet acuminé et dans les bractées qui sont saillantes certaines années, presque toutes incluses d'autres. Les pieds obtenus de semis, aujourd'hui âgés de quatre ans, présentent un feuillage acuminé, aigu, qui rappelle celui de l'*Abies cephalonica*, confirmant ainsi l'hybridité, ce dernier ayant rempli le rôle de père. Un fait cependant est déjà acquis, à savoir que les hybrides d'espèces de Conifères peuvent être fertiles. (Voir *Revue Horticole*, 1889, p. 115; 1902, p. 162, fig. 66. — Masters, *Hybrid Conifers, Journ. Roy. hort. Soc.* (Londres) 1901, vol. XXVI, part. 1-2).

— **subalpina** Engelm. (*A. lasiocarpa* Nutt., non Hort.); *A. bifolia* Murr.). — Amérique septentrionale.

—   — var. ARIZONICA Lem.(*A. arizonica* Merriam) GLAUCA Hort.

L'arbre ici mentionné, que je ne possède qu'en tout jeune exemplaire, est, d'après le professeur Sargent, le véritable *A. lasiocarpa*. Sa variété *arizonica*, introduite en cultures pendant ces dernières années seulement, est surtout notable par son écorce subéreuse, qui, dans son pays natal, atteint plusieurs centimètres d'épaisseur. — (Voir *Le Jardin*, 1901, p. 101, fig. 63; *Revue Horticole*, 1901, p. 133, fig. 46-48.)

— **sibirica** Ledeb. (*A. Pichta* Forbes). — Sibérie.

Tribu IV. — ARAUCARINÉES

CUNNINGHAMIA

— **sinensis** R. Br.— Sud de la Chine.

Seul représentant de la tribu des Araucarinées qui soit rustique dans le Nord de la France, le *Cunninghamia sinensis* intéresse à ce titre autant qu'à celui d'arbre décoratif, ce qu'il est particulièrement à l'état de jeune sujet, rappelant même de près certains *Araucaria*. Plus tard, les feuilles des branches âgées et certaines ramilles, qui se dessèchent prématurément, ont le défaut de persister sur l'arbre et de le faire paraître plus malade qu'il ne l'est en réalité. Dans les régions à climat humide, cet inconvénient se trouve de ce fait beaucoup amoindri. Sa rusticité, mise en doute, est aujourd'hui prouvée par les trop rares exemplaires que l'on cite sur différents points de la France, notamment au parc de Baleine et à l'École forestière des Barres-Vilmorin, et qui ont résisté aux plus grands hivers. Le jeune sujet de Verrières, que représente la figure 19, a déjà supporté plusieurs fois plus de 12 degrés. (Voir *Revue Horticole*, 1903, p. 549, figure 232; 1904, p. 197.)

Cône, rameau, écailles vues de face et de dos.

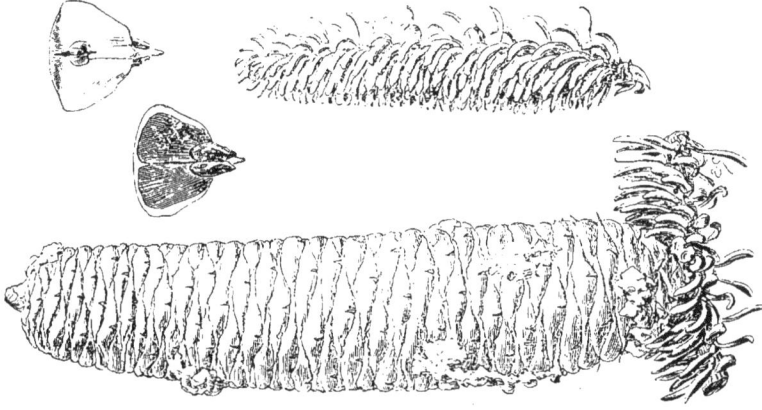

ABIES VILMORINI.

Hort. Vim.

Port de l'arbre.

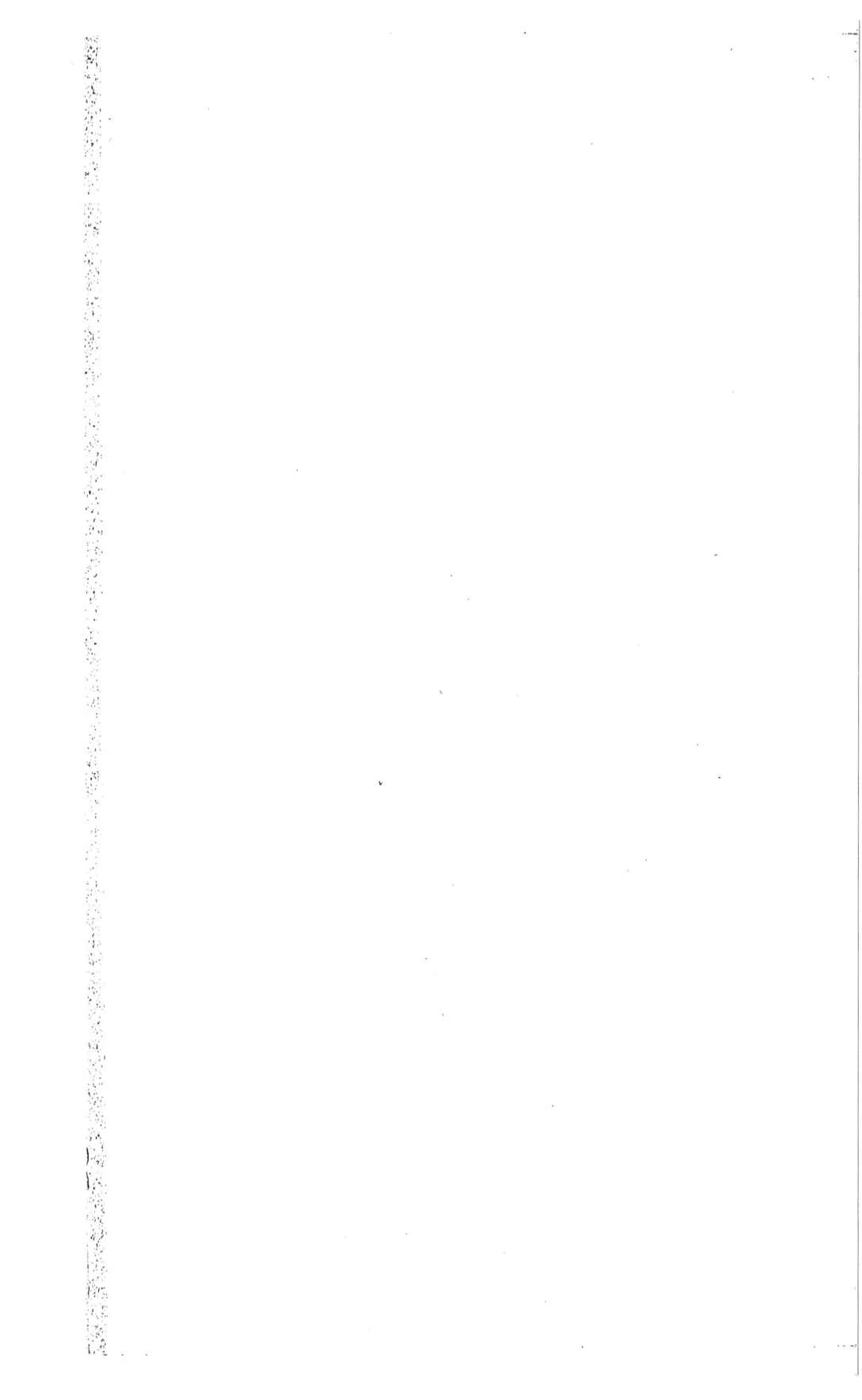

TAXACÉES

Tribu I. — SALISBURINÉES

GINKGO
— **biloba** L. — Chine. — (Voir planche XI.)

CEPHALOTAXUS
— **Fortunei** Hook. — Nord de la Chine, Japon.

Fig. 19. — CUNNINGHAMIA SINENSIS.

— **pedunculata** Sieb. et Zucc. — Japon.
— — var. FASTIGIATA Carr. (*Podocarpus koraiensis* Hort.). Japon.

TORREYA
- **californica** Torr. (*T. Myristica* Hook.). — Californie.
- **grandis** Fortune. — Nord de la Chine.

Tribu II. — TAXINÉES

TAXUS
- **baccata** L. — Europe et Chine septentrionale.
  - — var. ADPRESSA Carr. (*Cephalotaxus tardiva* Hort.).
  - — var. DOVASTONI Loud.
  - — var. FASTIGIATA Loud. (*T. hybernica* Hort.).
  - — HORIZONTALIS AUREA Hort.
- **cuspidata** Sieb. et Zucc. — Japon.

Tribu III. — PODOCARPÉES

PRUMNOPITYS
- **elegans* Philippi. — Chili.

Hort. Vilm.

Vue d'une partie du rocher (côté ouest)

PARTIE II

PLANTES HERBACÉES

DICOTYLÉDONES

POLYPÉTALES

RENONCULACÉES

CLEMATIS
- **coccinea* Engelm. (*C. texensis* Buckl.). — ♃. Texas.
- **Davidiana** Dcne. — ♃. Chine et Japon.
- **heracleifolia** DC. — ♃. Chine.
- **integrifolia** L. — ♃. Europe méridionale.
- **recta** L. — ♃. Europe méridionale.
- **tubulosa** Turcz. — ♃. Chine.
- **tubulosa floribunda** Hort. (*C. Davidiana* × *C. tubulosa*).

> Cette plante, dont la planche XIV représente un rameau, est un hybride obtenu par M. Desfossé-Thuillier; ses fleurs bleu ciel sont plus grandes, plus foncées, plus abondantes que celles du *C. Davidiana*. Elle justifie bien, par ses divers caractères, la parenté sus-indiquée.
>
> (Voir aussi Partie I, *Plantes ligneuses*.)

THALICTRUM
- **angustifolium** L. — ♃. Europe.
- **aquilegifolium** L. — ♃. Europe.
-      — var. ROSEUM Hort.
- **baikalense** Turcz. — ♃. Sibérie.
- **corynellum** DC. — ♃. Amérique septentrionale.
- **cultratum** Wall. — ♃. Himalaya.
- **flavum** L., var.? — ♃. Environs de Paris.
- **fœtidum** L. — ♃. Europe.
- **glaucum** Desf. — ♃. Europe méridionale.
- **tuberosum** L. — ♃. Europe occidentale.

ANEMONE

- **alpina** L. — ♃. Europe.
- **angulosa** Lamk (*Hepatica angulosa* DC.). ♃. — Europe orientale.
- **apennina** L. — ♃. Europe méridionale.
    - — var. BLANDA Hort. (*A. blanda* Schott et Kotschy). — Grèce, Asie Mineure.

> Cette espèce, quoique bien distincte de l'*A. nemorosa*, se rapproche de la variété *cærulea* par ses fleurs plus grandes, à pétales plus nombreux et plus foncés, mais la plante est aussi plus délicate. Sa variété *blanda* présente des fleurs d'abord presque blanches qui se teintent ensuite.

- **baldensis** L. — ♃. Alpes.
- **coronaria** L. — ♃. Région méditerr. — Variétés horticoles.

> (Voir *Revue Horticole*, 18 3, p. 232, avec planche.)

- *** fulgens** J. Gay (*A. hortensis*, var. *fulgens* Rev. Hort.). — ♃. France mérid. — Variétés horticoles. — (Voir fig. 20.)
- **Hepatica** L. (*Hepatica triloba* Chaix). — ♃. Hémisph. sept.
- *** hortensis** L. — ♃. Europe méridionale.
    - var. STELLATA Lamk. — Variétés horticoles.
- **japonica** Sieb. et Zucc. — ♃. Japon. — Variétés horticoles.

> (Voir *Revue Horticole*, 1901, p. 380, avec planche.)

- **multifida** Poir. — ♃. Amérique septentrionale.
- **narcissiflora** L. — ♃. Hémisphère septentrional.

> Cette espèce, comme d'ailleurs ses congénères des hautes régions, notamment l'*A. glacialis*, est pratiquement incultivable dans les jardins de plaine, où elle ne fleurit bien qu'en belles touffes d'importation récente.

- **nemorosa** L. — ♃. Hémisphère septentrional.
    - — var. CÆRULEA Hort.
    - — var. FLORE PLENO Hort.
    - — var. ROBINSONIANA Hort.

> Des diverses variétés horticoles de la Sylvie, l'*An. Robinsoniana* est la plus remarquable par ses grandes fleurs d'un beau bleu tendre.

- **palmata** L. — ♃. Région méditerranéenne.
- **Pulsatilla** L. — ♃. Europe.
    - — var. FLORE ALBO Hort.
- **ranunculoides** L. — ♃. Europe.
- **rivularis** Buchan. — ♃. Himalaya.
- **silvestris** L. — ♃. Europe.
    - — var. FLORE PLENO Hort.

ANEMONE

— **sulfurea** L. — ♃. Europe.

> Cette belle forme de l'*A. alpina*, que certains auteurs considèrent, peut-être avec raison, comme une espèce distincte, est remarquable par ses grandes fleurs jaune soufre, mais malheureusement elle est fort difficile à conserver dans les jardins de plaine. Il lui faut en tout cas de la terre de bruyère pure.

— **vernalis** Mill. — ♃. Europe.

— **vitifolia** Hamilt. — ♃. Himalaya.

ADONIS

— **amurensis** Regel. — ♃. Mandchourie.

Fig. 20. — ANEMONE FULGENS.

— **autumnalis** L. — ①. Europe.

— **pyrenaica** DC. — ♃. Pyrénées.

— **vernalis** L. — ♃. Europe, etc.

RANUNCULUS

— **aconitifolius** L. — ♃. Europe.

— — var. FLORE PLENO Hort.

RANUNCULUS

— **acris** L. — ♃. Europe. — var. FLORE PLENO Hort.

— ***asiaticus** L. — ♃. Orient. — Variétés horticoles.

— **baldschuanicus** Regel. — ♃. Turkestan.

— **calthæfolius** Jordan (*Ficaria calthæfolia* Reichenb.). — ♃.
     Europe méridionale.

> Je cultive à Verrières quelques pots de cette Ficaire méridionale, qui se distingue de l'espèce si commune dans le Nord par ses proportions beaucoup plus grandes. Elle fleurit sous châssis dès la fin de janvier.

— **Cymbalaria** Pursh. — ♃. Amérique septentrionale.

> Cette petite espèce est curieuse par les nombreux stolons qu'elle émet comme un Fraisier. Mais elle est trop grêle et à trop petites fleurs pour être ornementale.

— **glacialis** L. — ♃. Alpes.

> De toutes les Renoncules, celle-ci est la plus difficile à faire prospérer hors des hautes altitudes où elle se plaît.

— **gramineus** L. — ♃. Europe.

— **heucherifolius** Presl. — ♃. Région méditerranéenne.

— **lanuginosus** L. — ♃. Europe.

— **Lingua** L. — ♃. Europe.

— **monspeliacus** L. — ♃. Région méditerranéenne.

> Belle espèce méridionale, à feuillage glaucescent et grandes fleurs jaune vif et vernissées.

— **montanus** Willd. — ♃. Europe.

— **platanifolius** L. — ♃. Europe.

— **pyrenæus** L. — ♃. Europe.

— **Seguieri** Vill. — ♃. Europe.

CALTHA

— **biflora** DC. — ♃. Amérique septentrionale.

— **palustris** L. — ♃. Hémisphère septentrional.

—   — var. FLORE PLENO Hort.

TROLLIUS

— **altaicus** Mey. — ♃. Sibérie.

— **asiaticus** L. — ♃. Sibérie.

— **caucasicus** Stev. — ♃. Caucase.

— **chinensis** Bunge (*T. aurantiacus* Regel). — Chine.

— **europæus** L. — ♃. Europe.

—   — var. ORANGE GLOBE Hort.

> Notre espèce indigène est encore la plus intéressante du genre. Sa variété « Orange globe » est spécialement remarquable par les dimensions et le coloris de ses fleurs.

— **patulus** Salisb. — Sibérie.

HELLEBORUS

— **colchicus** Regel. — ♃. Colchide, etc.

— **fœtidus** L. — ♃. Europe.

— **guttatus** A. Br. — ♃. Caucase, etc.

— **lividus** Ait. — ♃. Corse.

Cette espèce est ornementale, malgré la couleur verte de ses fleurs, par la grande taille qu'elle atteint et le développement de ses larges feuilles trifoliolées. Les exemplaires que nous en possédons à Verrières proviennent des graines que j'ai rapportées de Corse en 1897.

— **macranthus** Hort. — ♃. Origine inconnue.

— **niger** L. — ♃. Europe. — Variétés horticoles.

— **odorus** Waldst. et Kit. — ♃. Hongrie. — Var. PURPURASCENS Willd. — Hongrie.

— **orientalis** Lamk. — ♃. Grèce, Asie Mineure. — Variétés hort.

C'est une des belles espèces, à grandes fleurs pendantes, pourpre clair, non maculées, et supérieure sous ce rapport à bien des variétés hybrides, à la production desquelles elle a sans doute contribué.
(Pour les descriptions et figures des espèces les plus répandues et des hybrides qui en ont été obtenus, voir *Fleurs de pleine terre*, éd. IV, p. 463-466, et *Revue Horticole*, 1902, p. 384, avec planche.)

ERANTHIS

— **cilicica** Schott et Kotschy. — ♃. Asie Mineure.

— **hyemalis** Salisb. — ♃. Europe.

Cette petite plante, abondamment naturalisée dans les bosquets à Verrières, est particulièrement intéressante par sa floraison, qui a lieu dès la mi-janvier. Ses fleurs, jaune vif, sont si nombreuses qu'elles forment par places de véritables tapis. Elles sont alors d'autant plus intéressantes que la nature autour d'elles est encore profondément endormie.

ISOPYRUM

— **fumarioides** L. — ①. Sibérie.

— **thalictroides** L. — ♃. Europe.

NIGELLA

— **damascena** L. — ①. Région méditerr. — Variétés horticoles.

— **hispanica** L. — ①. Afrique sept., Espagne. — Variétés hort.

— **sativa** L. — ①. Région méditerranéenne.

AQUILEGIA

— **alpina** L. — ♃. Europe.

— **atrata** Koch (*A. vulgaris* L., var. *atrata*). — ♃. Europe.

— **Bertolonii** Schott. — ♃. Italie septentrionale.

— **Buergeriana** Sieb. et Zucc. — ♃. Japon.

— **canadensis** L. — ♃. Amérique septentrionale.

— **cærulea** James. — ♃. Amérique nord-ouest. — Variétés horticoles. — (Voir fig. 21.)

AQUILEGIA

— **cærulea × chrysantha** Hort. Vilm. — ♃.

> Cette belle race hybride, obtenue dans les cultures de la maison Vilmorin-Andrieux et Cⁱᵉ, vers 1895, s'est depuis largement répandue dans les jardins, car elle unit, à la grandeur et l'élégance de ses fleurs, une extrême diversité de coloris. Il arrive même que l'on trouve des fleurs dont les divisions externes et les éperons sont bleus ou violacés et les divisions internes jaunes, fait très rare dans le règne végétal. (Voir *Revue Horticole*, 1895, p. 140; 1896, p. 108, avec planche.)

— **chrysantha** Gray. — ♃. Nouveau-Mexique.

— — var. ALBA Hort.

— **Einseleana** F. Schultz. — ♃. Europe.

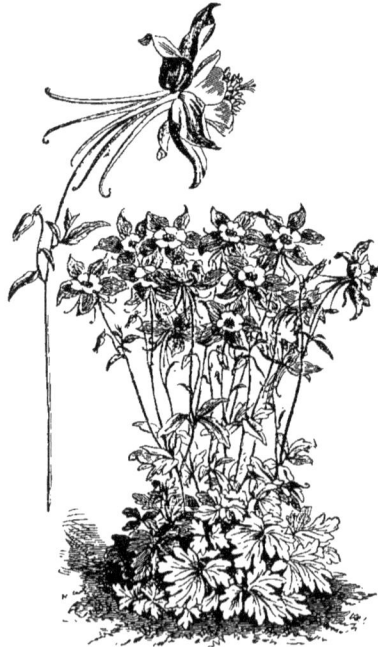

Fig. 21. — AQUILEGIA CÆRULEA.

— **flabellata** Sieb. et Zucc. — ♃. Japon.
— **formosa × chrysantha**? (*A. californica* Hort). — ♃.
— **glandulosa** Fisch. — ♃. Sibérie.
— **Kitaibelii** Schott. — ♃. Europe méridionale.
— **leptoceras** Nutt. — ♃. Sibérie.
— — var. FLORE PLENO Hort.

AQUILEGIA

— **nivea** Baumg. — ♃. Transylvanie.

— **olympica** Boiss. — ♃. Orient. — Variétés horticoles.

— **oxysepala** Trautv. et Mey. — ♃. Asie septentrionale.

Espèce naine, très intéressante par sa floraison, qui, à Verrières du moins, a lieu dès la fin de mars, avant celle de toutes les autres espèces. Les fleurs sont bleues, avec le sommet des divisions internes jaunes, mais souvent peu abondantes.

— **sibirica** Lamk. — ♃. Sibérie.

— — var. FLORE PLENO Hort.

Fig. 22. — DELPHINIUM ZALIL.

— **thalictrifolia** Schott (*A. Einseleana* F. Schultz, var. *thalictrifolia*). — ♃. Italie septentrionale.

— **truncata** Fisch. — ♃. Amérique sept. — var. VISCIDA Hort.

Espèce très curieuse par ses fleurs rouges, dont les sépales sont réduits à un éperon conique, court, glanduleux à l'extrémité et tronqué à l'insertion. Mais la plante est peu vigoureuse et ses fleurs sont rares. La variété *viscida* a ses tiges florales visqueuses au sommet.

— **viridiflora** Pall. — ♃. Sibérie.

Cette espèce, si curieuse par ses fleurs vertes, est peu vigoureuse et même difficile à conserver.

— **vulgaris** L. — ♃. Europe, etc. — Variétés horticoles.

ANEMONOPSIS

— **macrophylla** Sieb. et Zucc. — ♃. Japon.

DELPHINIUM

- **Ajacis** Reichb. — ①. L. — Variétés horticoles.
- **Brunonianum** Royle. — ♃. Himalaya.
- **cashmirianum** Royle. — ♃. Himalaya.
- **cardinale** Hook. — ♃. Californie.
- **cheilanthum** Fisch. (*D. sutchuenense* Franchet). — ♃. Sibérie

> Reçu de Chine par M. M. de Vilmorin, ce Pied-d'Alouette, quoique distinct, est resté plante de collection parce qu'il est trop voisin du *D. grandiflorum*, déjà répandu dans les cultures, et dont il existe d'ailleurs plusieurs variétés.

- **Consolida** L. — ①. Europe, etc. — Variétés horticoles.
- **elatum** L. — ♃. Europe, etc. — Variétés horticoles.
- **formosum** Boiss. et Huet. — ②. ♃. Arménie. — Variétés hort.
- **grandiflorum** L. — ♃. Sibérie. — Variétés horticoles.
- **Maackianum** Regel — ♃. Chine.
- **nudicaule** Torr. et Gray. — ♃. Californie.
- **Staphysagria** L. — ②. Région méditerranéenne.
- **tatsienense** Franch. — ♃. Chine.

> Petite espèce vivace, introduite, il y a plusieurs années déjà, par les soins de M. M. de Vilmorin. Ses feuilles sont profondément découpées et tachées de blanc dans l'angle des divisions. Les fleurs sont assez grandes, d'un bleu parfois rougeâtre, et réunies en grappes pauciflores.

- **Zalil** Aitch. et Hemsl. (*D. sulfureum* Hort.). — ♃. Afghanistan.

> Cette espèce, d'introduction encore récente, est toute spéciale, sinon unique dans le genre, par ses fleurs jaune soufre, disposées en longues grappes. La souche porte des grosses racines charnues, presque tuberculeuses. La maison Vilmorin-Andrieux en a obtenu une variété plus robuste que le type et à fleurs plus grandes, qui s'est répandue dans les cultures sous le nom de *D. sulfureum*. — (Voir fig. 22.)

ACONITUM

- **Anthora** L. — ♃. Europe, Asie septentrionale, etc.
- **autumnale** Lindl. — ♃. Chine.
- **barbatum** Patr. — ♃. Sibérie.
- **Cammarum** L. — ♃. Alpes.
- **japonicum** Thunb. — Japon.
- **Lycoctonum** L. — ♃. Europe, Asie septentrionale.
- **moldavicum** Hacq. — ♃. Europe orientale.
- **Napellus** L. — ♃. Hémisphère septentrional.
- **pyrenaicum** Lamk. — ♃. Pyrénées.
- **variegatum** L. — ♃. Europe.

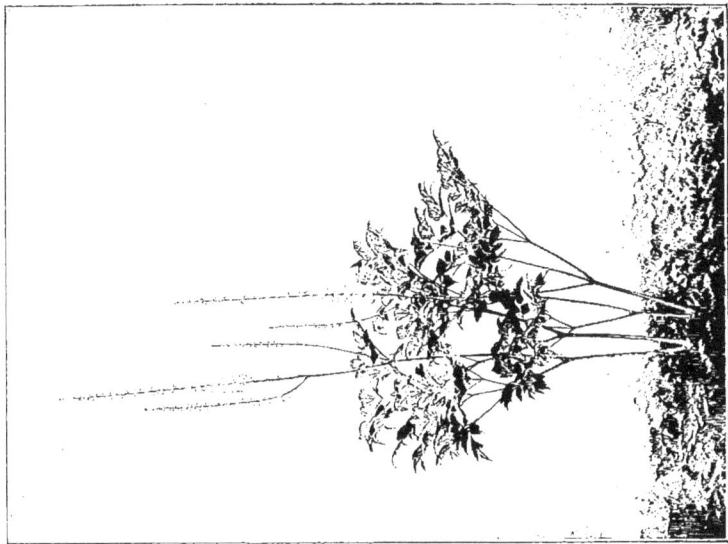

CIMICIFUGA RACEMOSA.

CLEMATIS TUBULOSA × DAVIDIANA.

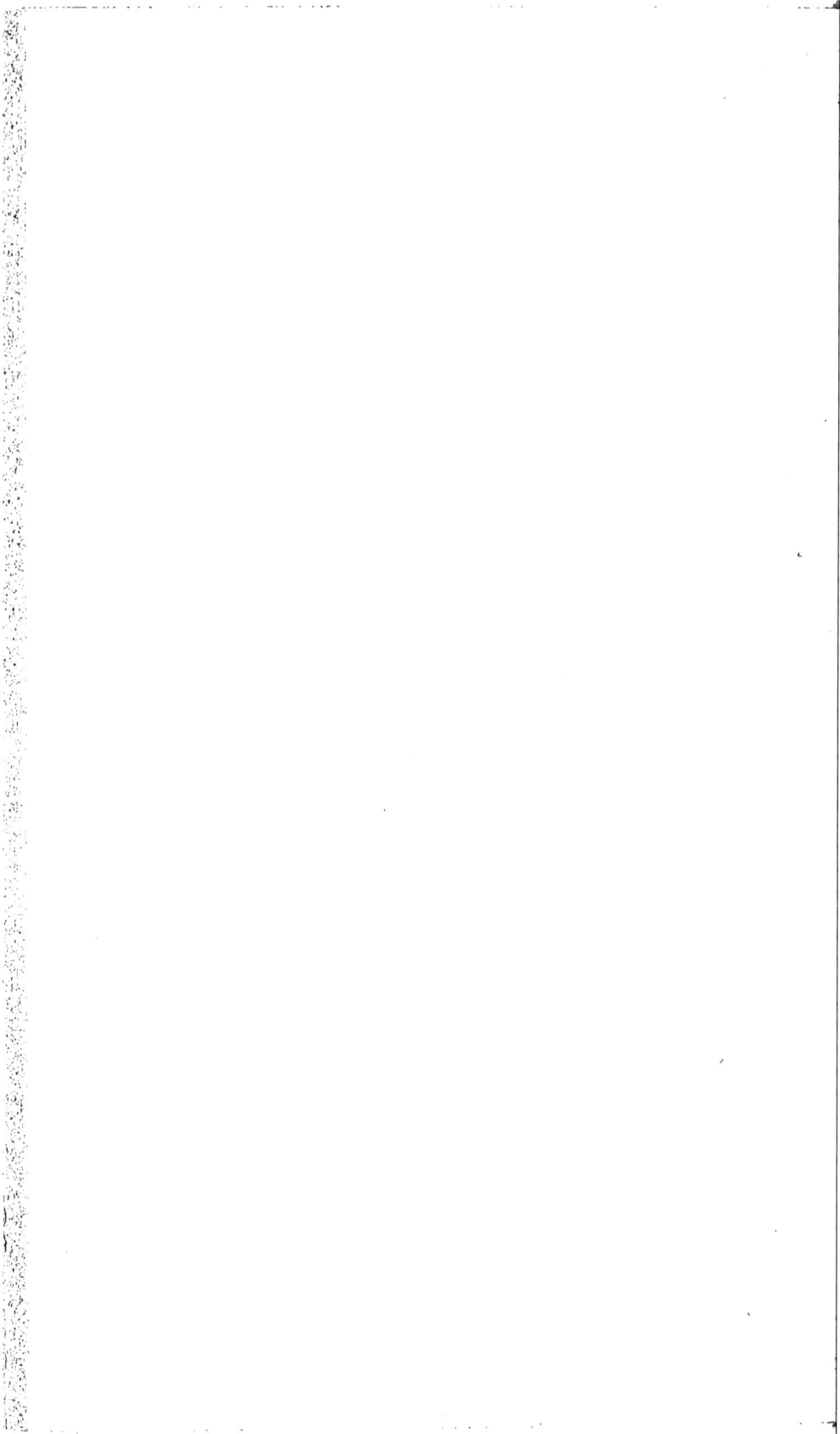

ACTÆA
— **alba** Mill. — ♃. Amérique septentrionale.
— **spicata** L. — ♃. Hémisphère septentrional.
— — var. FRUCTU RUBRO Ait.

CIMICIFUGA
— **cordifolia** Pursh. — ♃. Amérique septentrionale.

Fig. 23. — PÆONIA OBOVATA.

— **japonica** Miq. — ♃. Japon.
— **racemosa** Nutt. — ♃. Amérique septentrionale.

Cette espèce, que représente la planche XIV, est une jolie plante vivace et rustique, de bonne tenue, botaniquement voisine des *Actæa*, mais bien distincte par son port plus élancé et surtout par ses fleurs blanches, petites, mais très nombreuses et disposées en longs épis effilés.

— **simplex** Wormsk. — ♃. Japon.

PÆONIA
— **albiflora** Pall. — ♃. Sibérie, etc. — Variétés horticoles.
— **anomala** L. — ♃. Sibérie, etc.

6

PÆONIA

— **arietina** Anders. — ♃. Orient.
— **corallina** Retz. — ♃. Europe, etc.
— **officinalis** L. — ♃. Europe. — Variétés horticoles.
— **obovata** Maxim. — ♃. Mandchourie.

> Belle et rare espèce herbacée, dont les fleurs sont grandes, à pétales obovales et incurvés, ce qui leur donne une forme globuleuse, que montre bien la figure 23. La forme typique paraît être à fleurs rouges, mais M. M. de Vilmorin a reçu de Chine, il y a plusieurs années déjà, une forme à fleurs blanches, qui a fleuri à Verrières en 1899, mais qui a péri depuis. Je ne possède actuellement que des jeunes semis provenant de graines récoltées aux Barres. (Voir *Revue Horticole*, 1899, p. 565, fig. 238.)

— **paradoxa** Anders. — ♃. Europe méridionale.
— **peregrina** Mill. — ♃. Orient.
— **tenuifolia** L. — ♃. Europe orientale.
—   — var. FLORE PLENO Hort.
— **triternata** Pall. — ♃. Sibérie.
— **Wittmanniana** Hartwiss. — ♃. Orient.
— SPEC. ? — Mont Olympe.

> (Voir aussi Partie I, *Plantes ligneuses*.)

BERBÉRIDÉES

BONGARDIA

— **Rauwolfii** Mey. (*Leontice chrysogonum* L.) — ♃. Asie cent.

> Je cultive un seul pied de cette plante, provenant de Syrie et donnée à mon père, à Beyrouth, en 1898, par le Prince Alex. Gagarine. Elle forme, de bonne heure chaque année, une rosette de feuilles pennées, à folioles sessiles, curieusement tachées de brun à la base, et elle produit en mai plusieurs grappes de petites fleurs jaune vif, longuement pédonculées.

LEONTICE

— **Alberti** Regel. — ♃. Turkestan.
— CHRYSOGONUM L. — Voy. *Bongardia Rauwolfii*.

CAULOPHYLLUM

— **robustum** Maxim. — ♃. Mandchourie.

VANCOUVERIA

— **hexandra** Morr. et Dcne. — ♃. Amérique septentrionale.

EPIMEDIUM

— **alpinum** L. — ♃. Europe.
— **macranthum** Morr. et Dcne. — ♃. Japon.
—   — var. VIOLACEUM. — Japon.

EPIMEDIUM

— **Perralderianum** Coss. — ♃. Algérie.

Cette espèce est non seulement une des plus jolies et des plus distinctes par ses fleurs jaune vif, grandes et assez abondantes, mais encore et surtout recommandable par ce fait qu'elle est très robuste, rustique et prospère dans les endroits chauds et secs, alors que ses congénères demandent plutôt l'ombre et la fraîcheur.

EPIMEDIUM

— **rubrum** Morr. — ♃. Japon.

DIPHYLLEIA

— **cymosa** Michx. — ♃. Amérique septentrionale.

JEFFERSONIA

— **diphylla** Pers. — ♃. Amérique septentrionale.

PODOPHYLLUM

— **Emodi** Wall. — ♃. Himalaya.

— **versipelle** Hance (*spec. nov.*). — ♃. Chine.

Je ne possède cette rare espèce qu'en tout jeunes exemplaires, provenant des graines reçues de Chine, il y a quelques années seulement, par M. M. de Vilmorin. Ils n'ont pas encore fleuri et ne sont même pas jugeables au feuillage, leur développement étant très lent.

ACHLYS

— **triphylla** DC. — ♃. Amérique septentrionale.

NYMPHÉACÉES

NUPHAR

— **luteum** Sibth. et Smith. — ♃. Régions tempérées septent.

NYMPHÆA

— **alba** L. — ♃. Régions tempérées septentrionales.

— **Laydekeri lilacea** Hort. — ♃. Origine horticole.

— **odorata** Ait. — ♃. Amérique sept. — var. SULFUREA Hort.

De nombreuses et belles variétés ou hybrides de diverses espèces ont été obtenus, principalement par M. Latour-Marliac. Beaucoup sont décrits et figurés dans la *Revue Horticole*, 1890, p. 540, avec planche; 1891, p. 17; 1895, p. 258, avec planche; 1896, p. 352, avec planche; 1897, p. 513 et 328, avec planche; 1899, p. 136, avec planche; 1900, p. 476.

PAPAVÉRACÉES

PLATYSTEMON

— **californicus** Benth. — ⊕ ♃. Californie.

(Voir *Revue Horticole*, 1893, p. 377.)

Fig. 24. — ROMNEYA COULTERI.

ROMNEYA

— *Coulteri Harvey. — ♃. Californie.

Cette superbe Papavéracée, remarquable par la grandeur de ses fleurs blanches, atteignant 15 centimètres de diamètre, a des pétales accrescents, qui se redressent chaque soir durant trois ou quatre jours, fait plutôt rare parmi les plantes de cette famille, dont les fleurs sont en général très éphémères. La plante n'est pas rustique ; les exemplaires de Verrières sont cultivés en grands pots profonds. L'un d'eux a produit, l'an dernier, la belle fleur que représente la figure 24. — (Voir *Revue Horticole*, 1893, p. 375; 1904, p. 408, fig. 169.)

PAPAVER

— **alpinum** L. — ♃. Europe alpine et arctique.

— **bracteatum** Lindl. (*P. orientale* L., var. *bracteatum*). — ♃. Asie Mineure.

— **bracteatum × somniferum** var. Hort. Vilm. — ①. (Pavots annuels hybrides.)

Depuis 1890, et à plusieurs reprises, des croisements ont été tentés à Verrières, généralement avec succès, entre le *P. bracteatum* (vivace) et le *P somniferum* (annuel). Les plantes qui en sont résultées sont les unes vivaces et les autres annuelles; ces dernières étant de beaucoup les plus intéressantes. Le résultat le meilleur a été obtenu en prenant comme père une variété horticole double mauve du Pavot de la Chine. Plusieurs des races ainsi produites ont déjà conquis une place dans les cultures d'ornement; d'autres sont encore à l'étude, leur fixation étant rendue plus difficile par le fait qu'elles sont presque stériles. Une des plus curieuses est une plante vivace, rappelant assez le *P. bracteatum*, mais à tiges pluriflores et franchement remontantes. (Voir, pour de plus amples détails sur l'histoire de ces très intéressants hybrides, un mémoire présenté par mon père à la Conférence des Hybrides, tenue à Londres, en 1899, et publié dans le *Journal of the Royal Horticultural Society*, vol. XXIV « *Hybrid Conference Report* », p. 203, et *Revue Horticole*, 1895, p. 191.)

— **croceum** Ledeb. (*P. nudicaule* L., var.). — ♃. Sibérie. — Variétés horticoles. (Voir *Revue Horticole*, 1890, p. 60 avec planche.)

— **glaucum** Boiss. et Haussk. — ①. Syrie. — Variétés horticoles.

(Voir fig. 25, et *Revue Horticole*, 1892, p. 463, fig. 136.)

— **Heldreichii** Boiss. — ♃. Asie Mineure.

— **libanoticum** Boiss. — ♃. Syrie.

— **orientale** L. — ♃. Asie Mineure.

— **orientale** var. **lilacinum × bracteatum** Hort. Vilm. — ♃. (Pavot d'Orient vivace varié.)

Cette race de Pavot vivace a été obtenue à Verrières, vers 1892, en fécondant un *Papaver lilacinum*, reçu de M. Leichtlin, par le Pavot vivace à bractées, type. Ce *P. lilacinum*, aujourd'hui abandonné, n'était, au demeurant, qu'une variété du Pavot d'Orient, singulière toutefois par la couleur chocolat très clair de ses fleurs. De ce croisement sont sorties des plantes présentant une douzaine de coloris remarquables par leurs tons foncés ou éteints, qui s'étendent du rose pâle au rouge ponceau, au lilas au

PAPAVER

mauve et jusqu'au violet rougeâtre. Vers la même époque, quelques variétés de différentes couleurs, nommées et propagées par sectionnement, firent leur apparition en Angleterre. (Voir *Revue Horticole*, 1895, p. 58, fig. 17; p. 500, avec planche.)

Dans les cultures commerciales de ces Pavots, il se présente assez fréquemment, à Verrières, une curieuse monstruosité, désignée sous le nom de « Pavot campanulé », dont les pétales, soudés par leurs bords, forment par suite une sorte d'entonnoir renversé. J'ai essayé, sans succès jusqu'ici, de fixer cette singulière anomalie; les plantes à fleurs parfaitement campanulées une année en produisent souvent, les suivantes, à pétales imparfaitement soudés ou même entièrement libres.

— **pilosum** Sibth. et Smith. — ♃. Grèce.

— **Rhœas** L. — ①. Europe. — Variétés horticoles.

En outre des variétés doubles et de coloris variés, il existe une très belle race commercialement désignée sous le nom de Coquelicots simples à grandes fleurs variées, et en Angleterre sous celui de « Shirley Poppies ». Elle a été obtenue vers 1880, par le Révérend Wilks, par sélection du type sauvage. Les différences les plus remarquables résident non seulement dans la diversité des coloris, mais encore dans la disparition de la macule noire existant toujours à la base des pétales du Coquelicot des champs, et qui est devenue blanche, en même temps que la couleur des étamines est passée du noir au jaune. Depuis bientôt dix ans, on cultive à Verrières une collection de ces Coquelicots par couleurs séparées, dans le but de les fixer, et les résultats sont encore loin d'être parfaits, tant la variabilité est grande et la fécondation par le type sauvage facile par l'intermédiaire des vents et des insectes. (Voir *Revue Hort.*, 1900, p. 13, fig. 4, avec planche.)

— **somniferum** L. — ①. Chine. — Variétés horticoles.

— **tauricolum** Boiss. — ♃. Asie Mineure.

— **umbrosum** Hort. Petr. — ①. Caucase. — Variétés horticoles.

(Voir *Revue Horticole*, 1893, p. 12, avec planche.)

ARGEMONE

— **grandiflora** Sweet. — ①. Mexique.

— **mexicana** L. — ①. Mexique.

— **sulfurea** Sweet (*A. ochroleuca* Sweet). — ①. Mexique.

MECONOPSIS

— **cambrica** Vig. — ♃. Europe.

— — var. OCHROLEUCA Hort.

— — var. FLORE PLENO Hort.

— **heterophylla** Benth. — ①. Californie.

Cette espèce est spéciale par sa durée annuelle. Son feuillage est profondément découpé et ses fleurs sont petites, jaune orange vif, avec une macule brune à l'onglet des pétales. Elle n'a pas les qualités requises pour devenir une plante d'ornement, aussi a-t-elle été abandonnée peu après son introduction, qui remonte à quelques années seulement.

STYLOPHORUM

— **diphyllum** Torr. — ♃. Amérique septentrionale.

> La planche XV montre un exemplaire de cette Papavéracée vivace et
> rustique, qui a quelque analogie d'aspect avec la Chélidoine. Ses fleurs
> sont grandes, jaune vif, et la plante est de culture facile.

EOMECON

— **chionantha** Hance. — ♃. Chine.

Fig. 25. — PAPAVER GLAUCUM.

SANGUINARIA

— **canadensis** L. — ♃. Amérique septentrionale.

BOCCONIA

— **cordata** Willd. (*B. japonica* Hort.). — . ♃ Chine et Japon.
— **microcarpa** Franch. — ♃. Chine.

> Cette grande et belle espèce, introduite de Chine vers la fin du siècle dernier, par les soins de M. M. de Vilmorin, se distingue très nettement du *B. cordata* par ses panicules de fleurs bien plus amples, plus fournies, mais surtout par ses fruits beaucoup plus petits, simplement lenticulaires. (Voir fig. 26, et *Revue Horticole*, 1898, p. 362, fig. 125.)

Fig. 26. — BOCCONIA MICROCARPA.

GLAUCIUM

— **corniculatum** Curt. — ①. Europe, etc.
— **Fischeri** Bernh. — ♃. Perse.
— **flavum** Crantz (*G. luteum* Scop.). — ♃. Europe, etc.

GLAUCIUM

— LACTUCOIDES Hort. — Voy. *Chelidonium Franchetianum*.
— LEPTOPODUM Hort. — Voy. *Chelidonium Franchetianum*.

Fig. 27. — GLAUCIUM TRICOLOR.

— **tricolor** Hort. Vilm. (*G. luteum tricolor* Hort.). ♃. — Smyrne.

Très jolie espèce, introduite de Smyrne il y a quelques années, et présentée comme variété du *G. luteum*. La plante, qui est vivace, assez rustique et de grande vigueur, s'en distingue nettement par ses proportions beaucoup plus fortes. Elle est plus rameuse, ses fausses siliques sont plus longues, plus minces, et ses fleurs, grandes et belles, sont rouge orangé brillant, avec une macule noire cerclée de jaune sur l'onglet de chaque pétale ; elles se succèdent depuis juin jusqu'aux gelées. — (Voir fig. 26, et *Revue Horticole*, 1904, p. 111, fig. 44.)

CHELIDONIUM

— **majus** L. — ♃. Europe. — var. LACINIATUM Hort.
— **Franchetianum** Prain (*Glaucium leptopodum* Hort.; *G. lactucoides* Hort.). — ①. Chine.

HUNNEMANNIA

— **fumariæfolia** Sweet. — ① ♃. Californie.

> Cette plante, à port et fleurs d'*Eschscholzia*, est vivace, mais de culture annuelle sous notre climat, où elle n'est pas rustique. Sa floraison est abondante et très prolongée, et ses fleurs sont remarquables par leur durée, si longue qu'on voit l'ovaire s'accroître après la fécondation, alors que les pétales persistent encore. (Voir *Revue Horticole*, 1902, p. 112, avec planche, 1904, p. 68, fig. 29.)

ESCHSCHOLZIA

— **cæspitosa** Brewer (*E. tenuifolia* Benth.). — ① ♃. Californie.

> (Voir *Revue Horticole*, 1902, p. 556.)

— **californica** Cham. — ① ♃. Californie. — Variétés horticoles.
— **Douglasii** Benth. — ① ♃. Californie.

> (Voir *Revue Horticole*, 1902, p. 556.)

— **maritima** Greene. — ① ♃. Californie.

FUMARIACÉES

DICENTRA

— **formosa** Walp. — ♃. Amérique Nord-ouest.
— **spectabilis** Lem. — ♃. Japon.
— — var. FLORE ALBO Hort.

ADLUMIA

— **cirrosa** Rafin. — ♃. Amérique septentrionale.

CORYDALIS

— **bulbosa** DC. (*C. solida* Sw.). — ♃. Europe.
— **cava** Schweigg. (*C. tuberosa* DC.). — ♃. Europe.
— **cheilanthifolia** Hemsl. (*spec. nov.*). — ♃. Chine.

> C'est le plus récemment introduit et le plus robuste, parfaitement rustique et de culture très facile. Il forme des grosses touffes de feuillage très finement découpé, persistant et rougissant durant les froids, et produit, dès la mi-mars, de nombreux et longs épis de fleurs jaune vif, très décoratifs. — (Voir planche XV.)

— **lutea** DC. — ♃. Europe.
— **nobilis** Pers. — ♃. Sibérie.
— **ochroleuca** Koch. — ♃. Italie.
— **ophiocarpa** Hook. f. et Thoms. — ♃. Himalaya.

Hort. Wien.

CORYDALIS CHEILANTHIFOLIA.

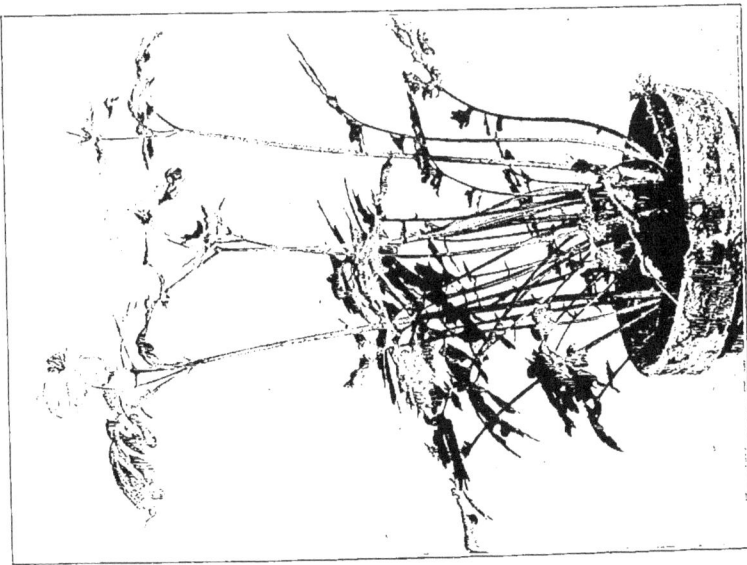

STYLOPHORUM DIPHYLLUM.

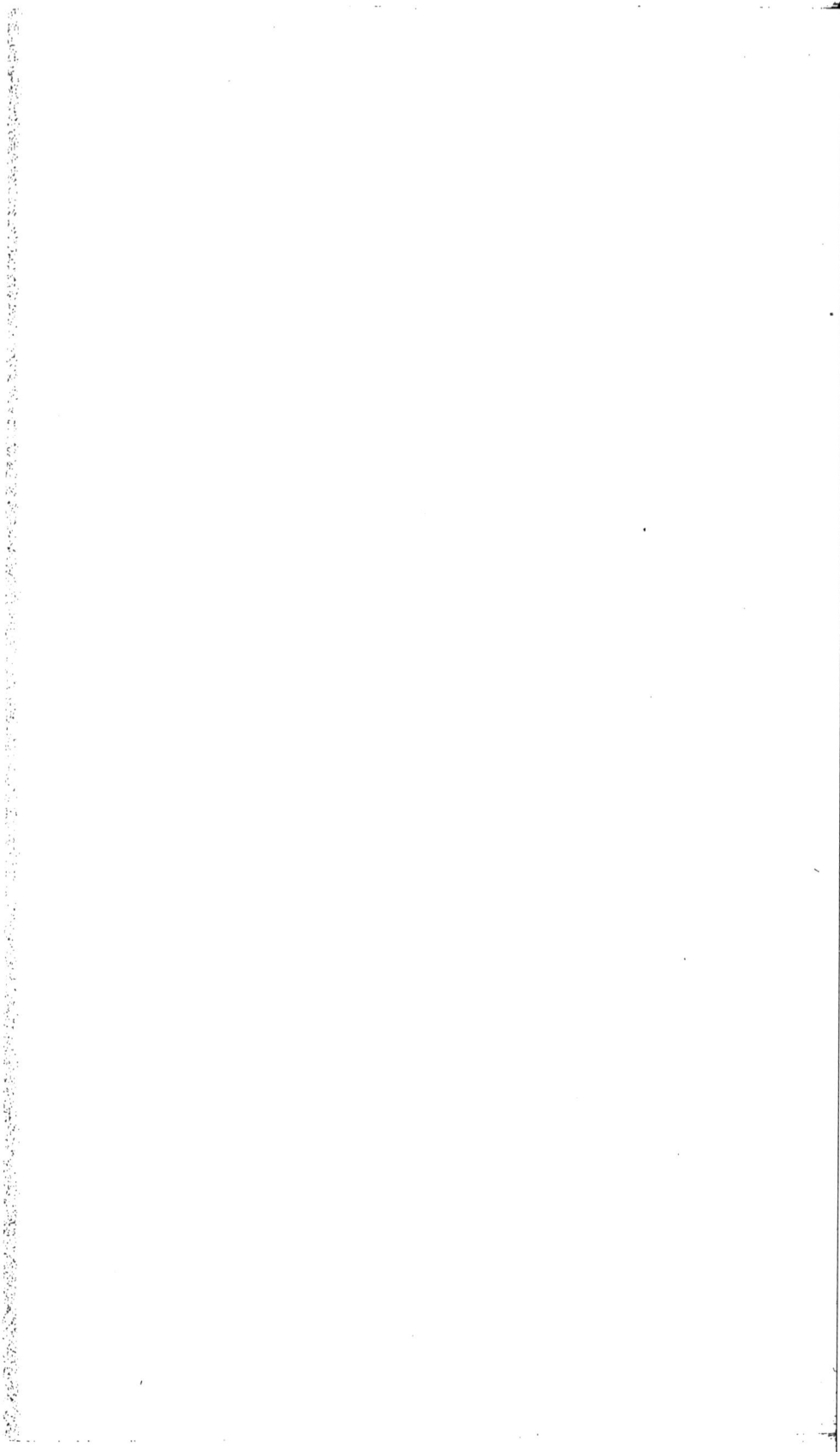

CORYDALIS

— *****thalictrifolia** Franch. (*spec. nov.*). — ♃ . Chine.

Grande espèce introduite par la maison Veitch, de Londres, à port lâche, feuillage blond, rappelant celui d'un *Thalictrum*, et beaux épis de grandes fleurs jaune vif. Mais la plante, à végétation et floraison presque continuelles, n'est pas rustique et demande même une certaine somme de chaleur pour prospérer, surtout durant l'hiver

Fig. 28. — CORYDALIS TOMENTELLA.

— *****tomentella** Franch. (*spec. nov.*). — ♃ . Yunnan.

Cette espèce, introduite il y a une dizaine d'années par les soins de M. M.de Vilmorin, est la plus distincte et réellement intéressante par son feuillage étalé en rosette, dont toutes les parties sont fortement recouvertes d'une fine pubescence bleu glauque. Ses fleurs sont jaunes, en grappes assez jolies. — (Voir fig. 28.)

Les espèces nouvelles de ce genre sont décrite dans la *Revue Horticole*, 1904, p. 189.

CRUCIFÈRES

MATTHIOLA

— **annua** Sweet. — ①. Europe méridionale.

La plupart des Giroflées connues dans les jardins sous le nom de « Quarantaines », dérivent du *M. annua*. Il en existe un nombre considérable de variétés, différant les unes des autres par la couleur de leurs fleurs ou par la teinte de leur feuillage, qui, dans certaines formes horticoles, est vert brillant. (*M. græca* Sweet « G. Quarantaine Kiris ».)

MATTHIOLA

— *fenestralis R. Br. — ② ♃. Crète. — (Giroflée Cocardeau, G. des fenêtres). — Variétés horticoles.

— *incana R. Br. — ② ♃. Europe mérid. — (Giroflée d'hiver, G. grosse espèce). — Variétés horticoles.

— oyensis Menier et Viaudgr. — ♃. Littoral de l'Atlantique.

> Cette plante, une des raretés de la flore française, se laisse facilement cultiver et produit en pleine terre, où elle résiste aux hivers moyens, de larges rosettes de feuilles vert cru et persistantes, que surmonte en fin mai une grappe rameuse de fleurs blanches. (Voir *Bull. Soc. bot. France*, 1877, p. 203.)

CHEIRANTHUS

— Cheiri L. — ② ♃. Europe. — (Giroflée jaune). Variétés hort.

— Menziesii Benth. et Hook. f. ♃. (*Parrya Menziesii* S. Wats.). — Amérique nord-ouest.

NASTURTIUM

— officinale R. Br. — Régions tempérées septentrionales.

BARBAREA

— præcox R. Br. — ♃. Europe.

— vulgaris R. Br. — ♃. Europe. — var. FOLIIS VARIEG. Hort.

ARABIS

— albida Stev. — ♃. Région méditerranéenne.

—   — var. FLORE PLENO Hort. (Voir *Revue Horticole*, 1899, p. 185.)

> D'après plusieurs auteurs, c'est à cette espèce qu'il faudrait rapporter la « Corbeille d'argent » si répandue dans les jardins, et non à l'*A. alpina*, comme l'indiquent la plupart des ouvrages.

— alpina L. — ♃. Sibérie.

— arenosa Scop. — ①. Europe.

— bellidifolia Jacq. — ♃. Alpes d'Europe.

— Carduchorum Boiss. (*Draba gigas* Stur). — ♃. Arménie.

— cebennensis DC. — ♃. France méridionale.

— pumila Jacq. — ♃. Alpes.

CARDAMINE

— latifolia Vahl. — ♃. Pyrénées.

— pratensis L. — ♃. Europe.

— resedifolia L. — ①. Europe.

— trifolia L. — ♃. Europe.

DENTARIA

— pinnata Lamk. — ♃. Europe.

LUNARIA

- **biennis** Mœnch (*L. annua* L.). — ②. Europe. Variétés hort.
- **rediviva** L. — ♃. Europe.

RICOTIA

- **Lunaria** DC. — ①. Syrie.

Lorsque mon père trouva cette plante dans les parties ombragées du Mont Carmel, durant un voyage qu'il fit en Palestine, en 1898, l'abondance et le joli coloris rose de ses fleurs le frappèrent et lui firent entrevoir une intéressante plante annuelle à introduire dans les cultures. Des graines qu'il reçut ultérieurement, naquirent, à Verrières, des plantes dont l'acclimatation fut facile, et après quelques années d'améliorations successives, cette petite Crucifère annuelle, dont les fruits rappellent ceux de la Lunaire, fut répandue sous le nom de « Lunaire du Mont Carmel ». (Voir *Revue Horticole*, 1902, p. 320.)

AUBRIETIA

- **deltoidea** DC. — ♃. Europe méridionale.
- — var. CAMPBELLII Hort.
- — var. HENDERSONI Hort.
- — var. LEICHTLINI Hort.
- — var. ROSEA Hort.
- **erubescens** Griseb. — ♃ Grèce.

ALYSSUM

- **argenteum** Vitm. — ♃. Europe.
- **creticum** L. — ♃. Orient.
- **cyclocarpum** Hort. — ♃. Origine inconnue.

Espèce géante pour le genre. Ses tiges, hautes de 30 à 40 centimètres, restent presque simples, produisent une grappe de fleurs jaunes, qui s'allonge et porte à la maturité de grosses silicules aplaties, presque rondes et très velues.

- **edentulum** Waldst. et Kit. — ♃. Banat.
- **maritimum** Lamk. — ①. Europe.
- **podolicum** Bess. (*Schivereckia podolica* Andrz.). ♃. Europe.
- **saxatile** L. — ♃. Europe.
- — var. FLORE PLENO Hort.
- **serpyllifolium** Desf. — ♃. Région méditerranéenne.
- **spinosum** L. — ♃. Europe méridionale.

DRABA

- **aizoides** L. — ♃. Europe.
- **alpina** L. (*D. elegans* Boiss.). — ♃. Alpes.
- **borealis** Bunge. — ♃. Régions arctiques.
- **bruniæfolia** Stev. — ♃. Caucase.
- **Chamæjasme** Hort. — ♃. Origine inconnue.

DRABA

- **frigida** Saut. — ♃. Europe, Alpes.
- **GIGAS** Stur. — Voy. *Arabis Carduchorum.*
- **glacialis** Hoppe. — ♃. Europe.
- **incana** L. — ♃. Régions septentrionales et alpines.
- **Kotschyi** Stur. — ♃. Europe orientale.
- **olympica** Sibth. — ♃. Asie Mineure.
- **rupestris** R. Br. — ♃. Régions boréales.
- **stellata** Jacq. — ♃. Alpes d'Autriche.
- **tomentosa** Wahlenb. — Alpes, Pyrénées.
- **tridentata** DC. — ♃. Caucase.

> Quoique vivaces, les nombreuses espèces précitées sont en général de courte durée. Ce sont des petites plantes intéressantes surtout par leur floraison précoce. Le *D. aizoides*, que nous avons reçu sous divers noms, est un des plus jolis par ses rosettes de feuillage, qui rappellent certains *Androsace*, et ses corymbes de fleurs jaune vif. Plusieurs espèces en sont voisines. Les *D. Chamæjasme, D. stellata, D. rupestris* sont les plus intéressants parmi les espèces à fleurs blanches.

COCHLEARIA

- **Armoracia** L. — ♃. Russie orientale.
- **danica** L. — ①. Europe boréale.
- **officinalis** L. — ②. Hémisphère septentrional.
- — — var. PYRENAICA DC.

KERNERA

- **saxatilis** Reichb. — ♃. Alpes d'Europe.

SCHIZOPETALUM

- **Walkeri** Hook. — ①. Chili.

HESPERIS

- **matronalis** L. — ♃. Europe. — (Julienne des jardins.) Variétés horticoles.

MALCOLMIA

- **maritima** R. Br. — ①. Région médit. — (Julienne de Mahon.) Variétés horticoles.

SISYMBRIUM

- **pinnatifidum** DC. — ♃. Europe.

ERYSIMUM

- **murale** Desf. — ②. Europe.
- **ochroleucum** DC. — ②. Europe.
- — — var. HELVETICUM Rchb.
- **Perofskianum** Fisch. et Mey. — ① ②. Caucase.
- **pulchellum** Boiss. — ♃. Orient.

CAMELINA

— **sativa** Crantz. — ①. Europe.

I. — BRASSICA

BRASSICA

— **campestris** L. — ②. Europe. var. OLEIFERA Mœnch (Colza.)
— **caulorapa** DC. — ②. Europe. — (Chou-rave.) Variétés hort.
— **chinensis** L. — ②. Chine. — var. ·· (Pak-choi et Pe-tsai.)
— **Napus** L. — ②. Patrie inconnue. (Navet.) Variétés horticoles.
— **oleracea** L. — ②. Europe occidentale. (Chou.)

> Le Chou est une des plantes chez lesquelles la culture a donné nais-
> sance au plus grand nombre de formes. Celles-ci sont tellement diffé-
> rentes : Chou pommé, Chou de Bruxelles, Chou-Navet, Chou-fleur, etc.,
> qu'au premier abord elles ne sembleraient pas appartenir à la même
> espèce. Dans un mémoire sur « *La sélection et ses effets sur les plantes
> cultivées* », publié par le Département de l'Agriculture des États-Unis
> (*Experiment station Record*, vol. XI, n° 1), mon père a pris le Chou
> comme un des exemples les plus frappants de l'influence de la sélection.
> Voir aussi la conférence sur « *l'Hérédité chez les végétaux* », qu'il fit à l'oc-
> casion de l'Exposition de 1889, et qui a été publiée par l'Imprimerie
> Nationale, en 1890.

II. — SINAPIS

BRASSICA

— **alba** Boiss. — ①. Europe. — (Moutarde blanche.)
— **juncea** L. — ①. var. NAPIFORMIS Paillieux et Boiss. — Chine.
— (Moutarde de Chine tubéreuse.)
(Voir *Potager d'un curieux*, éd. II, p. 372.)
— **nigra** Koch. — ①. Europe. — (Moutarde noire.)
— **pekinensis** Lour. — ① Chine. — (Moutarde de Chine.)

ERUCA

— **sativa** Mill. — ①. Région méditerranéenne. — (Roquette.)

VELLA

— *spinosa Boiss. — ♃. Espagne.

CARRICHTERA

— *Vellæ DC. — ♃. Espagne.

NOCCÆA

— *stylosa Reichb. (*Iberis stylosa* Tenore). — ② ♃. Eur. mérid.

> Charmante petite plante toute naine, se couvrant vers la mi-mars de
> nombreuses fleurs lilas. Quoique vivace, sa durée est limitée à quelques
> années, mais elle se propage facilement par le semis.

IONOPSIDIUM

— *acaule Reichb. — ①. Portugal et Afrique septentrionale.
— — var. ALBA Hort. (Voir *Revue Horticole*, 1896, p. 351, fig. 128.)

LEPIDIUM
- **sativum** L. — ①. Perse. — Variétés horticoles.

ÆTHIONEMA
- **coridifolium** DC. — ♃. Orient.
- **grandiflorum** Boiss. et Hohen. — Perse.

BISCUTELLA
- **lævigata** L. — ♃. Europe.
- — — var. ARVERNENSIS Jord. — France centrale.

THLASPI
- **cochleariforme** DC. — ♃. Serbie, Dahourie.
- **vulcanorum** Lamotte. — ♃. France centrale.

IBERIS
- **affinis** Jord. — ①. Europe méridionale.
- **amara** L. — ①. Europe. — (Thlaspi blanc.) Variétés hort.
- *gibraltarica L. — ♃. Espagne, Maroc.
- — — var. HYBRIDA Hort.
- **pinnata** Gouan — ①. Europe mérid. (Thlaspi odorant.)
- **Pruiti** Tineo. — ♃. Sicile.
- *semperflorens L. — ♃. Sicile.
- **sempervirens** L. — ♃. Europe mérid. (Thlaspi vivace.)
- — — var. GARREXIANA All. — France méridionale.
- STYLOSA Tenore. — Voy. *Noccæa stylosa.*
- **taurica** DC. — ② ♃. Tauride.
- **umbellata** L. — ①. Espagne. (Thlaspi lilas.)

HUTCHINSIA
- **alpina** R. Br. — ♃. Europe méridionale.

PELTARIA
- **alliacea** Jacq. — ♃. Europe.

ISATIS
- **alpina** All. — ②. Alpes.
- **tinctoria** L. — ②. Europe.

SOBOLEWSKIA
- **clavata** Boiss. — ♃. Arménie.

CRAMBE
- **cordifolia** Stev. — ♃. Caucase.
- **maritima** L. — ♃. Littoral de l'Atlantique.

MORISIA
— *hypogæa J. Gay — ♃. Corse.

> Très jolie petite Crucifère vivace, dont les feuilles, régulièrement dentées
> en scie, sont disposées en rosette étalée, au centre de laquelle se montrent,
> en mars, des fleurs jaune vif, presque sessiles, mais restant stériles sous
> notre climat. La plante doit être abritée durant l'hiver.

RAPHANUS
— sativus L. — ① ②. Europe. — (Radis).

> Toutes les nombreuses variétés de Radis, depuis les Radis de tous les
> mois, à racine globuleuse ou oblongue, les Raves, à racine longue et effilée,
> jusqu'aux Radis d'hiver, à très grosse racine, sont dérivées de cette unique
> espèce. Une curieuse expérience de *dégénérescence* a été faite à Verrières,
> durant ces dernières années. On est parti du « Radis rouge vif sans feuille »,
> variété dans laquelle le feuillage est réduit aux cotylédons. En choisissant
> chaque année, comme porte-graine, la plante s'écartant le plus visiblement
> de ce type on est arrivé à obtenir, dès la troisième génération, des Radis
> blancs, roses, gris, noirs, de formes et grosseurs très diverses, et même
> quelques pieds sans renflement, qui n'ont pas tardé à devenir prédominants.

CAPPARIDÉES

CLEOME
— grandis Hort. — ① ♃. Origine inconnue.
— graveolens Rafin. (*Gynandropsis viscosa* Walp.). — ①.
      Amérique septentrionale.
— spinosa Jacq. (*C. pungens* Willd.) — ① ♃. Amériq. sept.

RÉSÉDACÉES

RESEDA
— glauca L. — ♃. Pyrénées.
— odorata L. — ① ②. Europe. — Variétés horticoles.

ASTROCARPUS
— sesamoides J. Gay. — ♃. Pyrénées.

VIOLARIÉES

VIOLA
— biflora L. — ♃. Alpes.
— canadensis L. — ♃. Amérique septentrionale.
— canina L. — ♃. Europe.
—   — var. ALBA Hort.
— cornuta L. — ♃. Pyrénées.
—   — var. ALBA Hort.
—   — var. GRANDIFLORA Hort.

7

VIOLA

cucullata Ait. — ♃. Amérique septentrionale.

— — var. STRIATA Hort. (Voir *Revue Horticole*, 1894, p. 227, fig. 90.)

elatior Fries. — ♃. Europe.

*hederacea Labill. (*Erpetion reniforme* Sweet). ♃. Australie.

> C'est une espèce bien distincte par son feuillage épais, persistant et par ses fleurs bleu-violet tendre. Elle trace comme ses congénères et demande la terre de bruyère et l'abri d'un châssis durant l'hiver.

lutea Huds. — ♃. Europe.

mirabilis L. — ♃. Europe.

Munbyana Boiss. et Reut. — ② ♃. Algérie. — (Voir fig. 29.)

odorata L. — ♃. Europe. — Variétés horticoles.

> (Voir, pour les variétés à grandes fleurs, *Revue Horticole*, 1894, p. 521, fig. 194; 1897, p. 472, avec planche.)

palmata L. — ♃. Amérique septentrionale.

palustris L. — ♃. Europe, Sibérie.

pinnata L. — ♃. Alpes d'Europe, Sibérie.

pubescens Ait. — ♃. Amérique septentrionale.

rothomagensis Desf. — ♃. France.

> Je cultive depuis plusieurs années cette Violette spéciale aux coteaux calcaires de Rouen. Elle conserve en culture tous ses caractères et se ressème d'elle-même sur le rocher, où elle fleurit durant tout l'été.

silvestris Lamk. — ♃. Europe, Asie.

tricolor L. — ② ♃. Origine douteuse. — (Pensée.) Variétés horticoles.

uliginosa Bess. — ♃. Europe.

Vilmorini Th. Delacour et S. Mottet (*V. odorata* var. *sulfurea* Hort.). — ♃. France.

> Cette Violette, trouvée dans la forêt d'Orléans, il y a bientôt dix ans, s'est répandue dans les cultures sous le nom de *Viola odorata* var. *sulfurea* Cariot et Lamotte, ses fleurs étant, en effet, jaune pâle. Des différences assez notables, qu'on trouvera consignées dans le « Bulletin de la Société botanique de France », 1899, p. 120, et en particulier ses fleurs pétalées en partie fertiles et la fidélité de sa reproduction par le semis, ont permis de l'élever au rang d'espèce. Depuis, un de mes employés de Verrières a trouvé, dans le parc de Trianon, à Versailles, une Violette, apparemment spontanée, qui se rapproche beaucoup de la Violette de la forêt d'Orléans, ses fleurs présentant simplement un peu plus de traces de violet. Comme la précédente, elle se reproduit par le semis. — (Voir *Revue Horticole*, 1899, p. 477.)

Zoysii Wulf. — ♃. Europe.

POLYGALÉES

POLYGALA

Chamæbuxus L. — ♃. Europe.

FRANKÉNIACÉES

FRANKENIA

— **lævis** L. — ♃. Europe, etc.

> Cette plante, rustique et de culture facile, est intéressante par les jolis tapis de verdure qu'elle forme assez rapidement, par suite de sa nature traçante.

CARYOPHYLLÉES

DIANTHUS

— **alpinus** L. — ♃. Europe.
— **barbatus** L. — ② ♃. Europe. — Variétés horticoles.

Fig. 29. — VIOLA MUNBYANA

— **bicolor** Bieb. — ♃. Russie méridionale.
— **cæsius** Smith. — ♃. Europe.

> Espèce de culture facile, même en pleine terre. Son feuillage, court et très glauque, forme de grosses pelotes compactes, se couvrant en mai de fleurs rose frais et vif, à tiges grêles, hautes d'une dizaine de centimètres et uniflores. C'est un des plus jolis Œillets alpins.

— **calocephalus** Boiss. — ♃. Asie Mineure.
— **Carthusianorum** L. — ♃. Europe. — var. CONGESTUS Bor.

DIANTHUS

Caryophyllus L. — ♃. Europe.

Je possède le type sauvage, provenant des murs du Mont Saint-Michel. Son port, son feuillage glauque, ses petites fleurs rouges, odorantes, sont évidemment des caractères qu'on retrouve chez les OEillets horticoles, qui font, à Verrières, l'objet de cultures assez importantes, mais la différence physique qu'ils présentent avec le type primitif est si grande qu'il est intéressant de pouvoir mesurer *de visu* l'importance des améliorations horticoles.

— **caucasicus** Sims. — ♃. Caucase.

— **cinnabarinus** Sprun. — ♃. Grèce.

— **cruentus** Griseb. — ♃. Grèce.

deltoides L. — ♃. Europe.

— — var. ALBUS Hort.

— **hirtus** Vill. — ♃. France.

— **liburnicus** Bartl. et Wendl. — ♃. Europe méridionale.

— — var. KNAPPII Aschers. — Hongrie.

Cet OEillet est une des rares variétés spontanées présentant des fleurs jaunes, mais elles sont petites et la plante est peu vigoureuse et difficile à cultiver; je la conserve à grand'peine, sans parvenir à la multiplier.

— **microlepis** Boiss. — ♃. Transylvanie.

— **monspessulanus** L. — ♃. Europe méridionale.

neglectus Loisel. — ♃. Europe.

C'est une très jolie espèce alpine, dont la culture est assez facile en terre de bruyère. La plante forme de toutes petites touffes compactes, sur lesquelles se développent, en juin-juillet, des fleurs, grandes pour la taille de la plante, rose vif, jaunâtres à la face externe des pétales et généralement solitaires sur des tiges hautes seulement de quelques centimètres.

— **Noëanus** Boiss. — ♃. Roumélie.

— **pallens** Sibth. et Smith. — ♃. Asie Mineure.

— **Pancicii** Velenov. — ♃. Bulgarie.

— **pelviformis** Heuff. — ♃. Serbie.

— **petræus** Waldst. et Kit. — ♃. Europe orientale.

— **pinifolius** Sibth. et Smith. — ♃. Grèce.

— **plumarius** L. (*D. moschatus* Hort.). — ♃. Europe. Var[tés] hort.

— **Requienii** Gren. et Godr. — ♃. Pyrénées.

— **Seguieri** Vill. — ♃. Europe.

— **semperflorens** Hort. — ♃. Orig. horticole. — Variétés hort.

Cet OEillet, connu sous le nom d'« OEillet Flon », est considéré comme un hybride entre l'OEillet des fleuristes et l'OEillet de Chine. Son obtention, due à M. Paré, remonte à 1858. Il est surtout remarquable par sa floraison, qui se poursuit sans la moindre interruption depuis mai jusqu'aux gelées. Il n'en existe qu'un petit nombre de variétés, la plante ne produisant

DIANTHUS

qu'exceptionnellement quelques graines. A Verrières, les étamines sont toujours envahies par le *Fumago antherarum*, qui les transforme en poussière noirâtre, mais sa multiplication est facile par le bouturage automnal.

— **silvaticus** Hoppe. — ♃. Europe centrale.
— **silvestris** Wulf. — ♃. Europe.
— **sinensis** L. — ① ②. Chine. — Variétés horticoles.
— **spiculifolius** Schur. — ♃. Europe orientale.
— **squarrosus** Bieb. — ♃. Crimée.
— **superbus** L. — ♃. Europe.
— — var. WIMMERI Wichur.
— **tenuiflorus** Griseb. — ♃. Macédoine.
— **zonatus** Fenzl. — ♃. Grèce, Asie Mineure.

TUNICA

— **bicolor** Jord. et Four. — ♃. Europe méridionale.

Cette espèce, dont je dois les graines à l'obligeance de M. Daigremont, est une rareté de la flore française, intéressante par ses fleurs blanches en dedans, rouges en dehors.

— **rhodopea** Hort. — ♃. Origine inconnue.
— **Saxifraga** Scop. — ♃. Europe méridionale.

GYPSOPHILA

— **cerastioides** D. Don. — ♃. Himalaya.

Cette petite espèce forme des touffes gazonnantes, plus larges que hautes, qui se couvrent en mai-juin de nombreuses et jolies fleurs blanches, grandes pour la taille de la plante. Sa culture et sa floraison sont faciles en pleine terre.

— **elegans** Bieb. — ①. Caucase.
— **libanotica** Boiss. ♃. — Asie Mineure.
— **muralis** L. — ① Europe, Asie septentrionale.
— **paniculata** L. — ♃. Europe.
— — var. FLORE PLENO Hort.

La duplicature de cette variété, d'obtention anglaise et toute récente, donne à ses inflorescences un aspect plus étoffé, en même temps qu'une durée plus longue.

— **repens** L. — ♃. Europe.
— — var. ROSEA Hort.
— **transylvanica** Spreng. (*Banffya petræa* Baumg.). — ♃. Europe orientale.

GYPSOPHILA

— **viscosa** Murr. (*G. elegans rosea* Hort.). — ①. Syrie.

> Les *G. repens*, *G. libanotica* et *G. transylvanica*, ce dernier connu aussi
> sous le nom de *Banffya petræa*, sont des espèces gazonnantes, à feuillage
> glauque et jolies cymes de fleurs blanches, roses chez le *G. libanotica*,
> qui tapissent bien les talus et les roches, et dont la culture est facile.

SAPONARIA

— **bellidifolia** Smith. — ♃. Europe méridionale.

calabrica Guss. — ①. Calabre. — Variétés horticoles.

ocimoides L. — ♃. Alpes.

— var. FLORE ALBO Hort.

> Je dois la possession de cette variété blanche à M. G. de Lépinay,
> qui l'a trouvée spontanée dans la Corrèze. Comme le type, elle tapisse
> admirablement les roches. Faute de graines, j'ai dû faire propager par
> boutures les exemplaires que j'ai distribués à mes correspondants.

officinalis L. — ♃. Europe.

— var. FLORE ALBO Hort.

— var. FLORE PLENO Hort.

— **Vaccaria** L. — ①. Europe.

SILENE

— **acaulis** L. — ♃. Alpes.

— **alpestris** Jacq. — ♃. Europe centrale.

> C'est une des plus jolies espèces alpines, à grandes et belles fleurs
> blanches, solitaires, réunies en petit nombre sur des tiges hautes de 15 à
> 20 centimètres, sortant d'un feuillage abondant, vert gai et gazonnant. La
> plante est, en outre, de culture assez facile en plaine, ne craignant pas
> trop le calcaire.

— **Armeria** L. — ①. Europe. — Variétés horticoles.

— **ciliata** Pourr. — ♃. Europe occidentale.

— **compacta** Bieb. — ②. Orient.

— **dianthifolia** J. Gay. — ♃. Cilicie.

— **Douglasii** Hook. — ♃. Amérique septentrionale.

— **elongata** Forsk. — ♃. Égypte.

— **fimbriata** Sims. — ♃. Caucase.

— **Fortunei** Vis. — ① ♃. Chine.

> Cette espèce, d'introduction encore récente, est vivace, mais annuelle
> en cultures. Ses fleurs sont roses, à pétales profondément découpés et
> rappellent celles du *Dianthus superbus*. L'abondance de sa floraison durant
> l'automne l'a fait adopter comme plante ornementale. — (Voir *Revue Horti-
> cole*, 1902, p. 63.)

— **maritima** With. — ♃. Europe. — Var. FLORE PLENO Hort.

> Cette variété est remarquable par la duplicature et la grandeur de ses
> fleurs blanches, qui rappellent celles d'un bel Œillet, mais la chaleur les
> fait parfois avorter et le port traînant des tiges lui ôte toute valeur orne-
> mentale.

SILENE

— **multicaulis** Guss. — ♃. Italie.

— **pendula** L. — ① ②. Grèce, Sicile. — Variétés horticoles.

— **Pumilio** Jacq. — ♃. Tyrol.

— **quadrifida** L. — ♃. Europe.

— **rupestris** L. — ♃. Europe.

> Jolie petite espèce vivace, mais de courte durée en cultures ; ses nombreuses fleurettes blanches, disposées en cymes ne dépassant guère 10 centimètres de hauteur, simulent un Gypsophile en miniature. La plante graine abondamment et s'élève facilement.

— **Saxifraga** L. (*S. petræa* Waldst. et Kit.). — ♃.¡Europe.

Fig. 30. — LYCHNIS ALPINA.

— **Schafta** Gmel. — ♃. Caucase.

— **Zawadskii** Herb. — ♃. Transylvanie.

LYCHNIS

— **alpina** L. — ♃. Régions septentrionales. — (Voir fig. 30.)

— — var. ALBA Hort.

— — var. LAPPONICA Hort. — Régions arctiques.

> Petite espèce vivace et de culture facile, même en pleine terre, à feuillage court et en touffe compacte. Ses tiges, nombreuses et hautes de 10 centimètres à peine, se terminent en mai-juin par des glomérules de fleurs rose plus ou moins vif. — (Voir *Revue Horticole*, 1903, p. 135, fig. 57.)

LYCHNIS

— **chalcedonica** L. — ♃ ①. Russie. — Variétés horticoles.
— **Cœli-rosa** Desr. (*Agrostemma Cœli-rosa* L.). — ①. Europe
méridionale.— (Coquelourde Rose-du-ciel). Variétés horticoles.
—   — var. OCULATA Backh. (*Viscaria oculata* Lindl.). — ①.
Europe méridionale. — Variétés horticoles.
— **coronaria** Desr. (*Agrostemma coronaria* L.). — ①. Europe
méridionale. — (Coquelourde des jardins.) Variétés horticoles.

Fig. 31. — LYCHNIS HAAGEANA

— **dioica** L. — ②. Europe. — Var. FLORE PLENO Hort.
— **Flos-cuculi** L. — ♃. Europe.
— **Flos-Jovis** Desr. — ♃. Europe.
— **fulgens** Fisch. — ♃. Sibérie.

J'ai rapporté du Japon, en 1902, sous le nom de « Kambei », des graines
de cette espèce, considérée comme le type du Lychnis de Haage. Les
plantes qui en ont été obtenues à Verrières ont produit des grandes fleurs
rouges, variant de l'écarlate au cocciné, qui font regretter l'abandon de
cette belle plante, anciennement introduite, au seul profit du L. de Haage.

— **grandiflora** Jacq. — ♃. Chine et Japon.
— **Haageana** Lem. — ① ♃. Origine incertaine. — (Voir fig. 31.)

LYCHNIS

— *__Lagascæ__ Hook. f. — ♃. Pyrénées.

> Très jolie espèce naine, produisant en mai de nombreuses fleurs rose vif; mais la plante, quoique peu exigeante, souffre de nos hivers en pleine terre et ne forme de beaux sujets qu'étant hivernée sous châssis.

— **silvestris** DC. — ♃. Europe.

— **Viscaria** L. — ♃. Europe.

—   — var. SPLENDENS Hort.

—   — var. SPLENDENS FLORE PLENO Hort.

CERASTIUM

— **alpinum** L. — ♃. Europe.

— **Biebersteinii** DC. — ♃. Asie Mineure.

— **tomentosum** L. — ♃. Europe.

STELLARIA

— **cerastioides** L. (*S. radicans* Lapeyr.). — ♃. Pyrénées.

— **nemorum** L. — ♃. Europe.

ARENARIA

— *__balearica__ L. — ♃. Iles Baléares.

> J'ai rapporté de Corse, il y a plusieurs années déjà, cette charmante petite espèce gazonnante. Elle persiste dans les endroits frais et abrités du rocher, et forme facilement, en terrines, des touffes compactes, qui poussent surtout durant l'hiver et se couvrent en avril-mai d'une multitude de fleurettes blanches.

— **biflora** L. — ♃. Europe.

— **grandiflora** L. — ♃. Europe.

— **lanceolata** Hall. (*Facchinia lanceolata* Reichb.). ♃. Europe.

— **laricifolia** L. (*Alsine striata* Gren.). — ♃. Europe.

— **Ledebouriana** Fenzl. — ♃. Arménie.

— **montana** L. — ♃. Europe méridionale.

> C'est une des plus belles espèces. Ses grandes fleurs blanches sont si abondantes qu'elles couvrent littéralement le feuillage. Dans les rochers comme en pleine terre, la plante forme de larges touffes basses et compactes. On peut l'employer pour faire des bordures. — (Voir *Revue Hort.*, 1903, p. 83, fig. 30.)

— **muscosa** Med. (*Mœhringia muscosa* Linn.). — ♃. Europe.

— **pendula** Waldst. et Kit. (*Mœhringia pendula* Fenzl.). — ♃. Hongrie.

— **purpurascens** Ramond. — ♃. Pyrénées.

— **rotundifolia** Bieb. — ♃. Asie Mineure.

— **tetraquetra** L. — ♃. Pyrénées.

— **triflora** L. — ♃. Europe.

— **verna** L. — ♃. Europe.

SAGINA

— **Linnæi** Presl. — ♃. Régions boréales.

- **subulata** Presl (*Spergula pilifera* Hort.). — ♃. Europe.

  J'emploie avec succès cette plante pour tapisser, d'une verdure fine
  et compacte, le sol des parties ombragées du rocher. Elle présente, sur
  le gazon, l'avantage de ne nécessiter aucune tonte, et il suffit de replanter
  des éclats tous les deux ans, au printemps. (Voir *Revue Horticole*, 1896,
  p. 435, fig. 150.)

SPERGULA

- **arvensis** L. — ①. Europe.

- PILIFERA Hort. — Voy. *Sagina subulata*.

PORTULACÉES

PORTULACA

grandiflora Lindl. — ①. Amérique mérid. — Variétés hort.

oleracea L. — ①. Europe. — Variétés horticoles.

ANACAMPSEROS

- *****filamentosa** Sims. — ♃. Cap.

CALANDRINIA

— *****elegans** Hort. (*C. discolor* Schrad.). — ①. Chili.

  *****Leeana** Porter. — ♃. Californie.

  *****pygmæa** A. Gray. — ♃. Amérique septentrionale.

- *****umbellata** DC. — ①. Chili.

CLAYTONIA

- **asarifolia** Bong. — ♃. Sibérie.

- **perfoliata** Don. — ①. Amérique septentrionale.

- **sibirica** L. — ①. Asie, Amérique septentrionale.

  Jolie petite plante naine, à feuilles ovales, épaisses, luisantes, et à fleurs
  roses, abondantes, en petites cymes paniculées. La plante est de culture
  très facile, même en pleine terre, où elle se ressème fréquemment d'elle-
  même, à Verrières du moins, sur le rocher.

- **virginica** L. — ♃. Amérique septentrionale.

HYPÉRICINÉES

HYPERICUM

- *****ægyptiacum** L. — ♃. Orient.

  aureum Bartr. — ♃. Sud des États-Unis.

  Boissieri Hort. — ♃. Origine inconnue.

- **delphicum** Boiss. et Heldr. — ♃. Grèce.

  Parmi les grandes espèces herbacées et à tiges dressées, celle-ci est
  une des plus intéressantes par son feuillage glaucescent et par ses jolies
  fleurs jaune d'or et vernissées. Sa culture est très facile en pleine terre.

HYPERICUM

— **fragile** Heldr. et Sart. — ♃. Grèce.
— **Gebleri** C. A. Mey. — ♃. Sibérie.
— **olympicum** L. — ♃. Grèce.

Fig. 32. — SIDALCEA CANDIDA.

— **polyphyllum** Boiss. et Bal. — ♃. Cilicie.

C'est peut-être la plus remarquable des espèces naines, car elle forme des touffes de tiges nombreuses, courtes, étalées et très feuillues, sur lesquelles se développent, en juin, d'abondantes et grandes fleurs jaune d'or, rappelant celles de l'*Hypericum calycinum*. Sa culture et sa multiplication par le semis sont très faciles et la plante est rustique.

(Voir aussi Partie I, *Plantes ligneuses*.)

MALVACÉES

MALOPE

— **trifida** Cav. — ①. Algérie. — Variétés horticoles.

ALTHÆA

— **ficifolia** Cav. — ① ♃. Sibérie.

C'est une Rose-trémière à grandes fleurs simples, de couleurs variées et disposées en longs et nombreux épis. La tige est rameuse et ses feuilles sont plus ou moins profondément découpées.

ALTHÆA

— **officinalis** L. — ② ♃. Europe.
— **rosea** Cav. — ① ♃. Syrie. — Variétés horticoles.

LAVATERA

— **arborea** L. — ① ♃. Europe méridionale.
— — var. VARIEGATA Hort.
— **trimestris** L. — ①. Région méditerr. — Variétés horticoles.

MALVA

— **cretica** Cav. (*M. mauritiana* Willk.). — ① ②. Crète.
— **crispa** L. — ①. Europe.

CALLIRHOE

— **involucrata** A. Gray. — ① ♃. Amérique septentrionale.
— **pedata** A. Gray. — ①. Amérique septentrionale.

SIDALCEA

— **candida** A. Gray. — ♃. Montagnes rocheuses. — (Voir fig. 32.)
- **Listeri** Hort. — ♃. Origine horticole.
— **malvæflora** A. Gray (*S. oregona* A. Gray). — ♃. Am. sept.
— **spicata** Greene (*S. Murrayana* Hort.). — ♃. Californie.

SPHÆRALCEA

— **Munroana** Spach. — ♃. Amérique septentrionale.

> Cette plante est vivace et rustique ou à peu près, à tiges longues mais couchées, garnies d'un feuillage découpé et produisant, en été, des fleurs rouges, rappelant celles de certaines Mauves.

HIBISCUS

— ***esculentus** L. — ①. Régions tropicales.
— ***Manihot** L. — ① ♃. Indes. — (Voir fig. 33.)
—. — var. DISSECTA S. Mottet.

> Cette espèce et sa variété *dissecta* sont remarquables par la grandeur et la beauté de leurs fleurs jaune soufre, qu'elles produisent assez abondamment vers la fin de l'été, même sous le climat parisien, où il convient de les traiter comme plantes annuelles, qu'on doit élever sur couche. — (Voir *Revue Horticole*, 1900, p. 180, fig. 88 ; et 1902, p. 113, fig. 43, variété *dissecta*.)

— **Moscheutos** L. — ♃. Amérique septentrionale.
— **palustris** L. — ♃. Amérique septentrionale.
— — var. ROSEUS Hort. (non Thore).
— **roseus** Thore. — ♃. Amér. sept.; naturalisé en France.

(Voir aussi Partie I, *Plantes ligneuses.*)

LINÉES

LINUM
- alpinum L. — ♃. Europe.
- *arboreum L. — ♃. Crète.
- austriacum L. — ♃. Europe.
- *Chamissonis Schiede. — ♃. Chili.
- flavum L. — ♃. Europe.
- grandiflorum Desf. — ①. Algérie.

Fig. 33. — Hibiscus Maniiot.

- perenne L. — ♃. Régions tempérées septentrionales.
  - var. ALBUM Hort.
  - var. LEWISII Pursh.
- usitatissimum L. — ①. Europe. — Variétés agricoles.

ZYGOPHYLLÉES

ZYGOPHYLLUM
- *Fabago L. — ♃. Région méditerranéenne.

GÉRANIACÉES

GERANIUM

- ANGULOSUM Mill. — Voy. *Pelargonium acerifolium.*
- **argenteum** L. — ♃. Alpes.
- **armenum** Boiss. — ♃. Orient.

> C'est une des plus belles espèces du genre, remarquable par l'ampleur et la bonne tenue de son feuillage, et surtout par la grandeur de ses fleurs rouge carminé. La plante, quoique robuste et vigoureuse, graine très peu et la division de sa souche est difficile. — (Voir *Revue Hort.*, 1898 p. 350, avec planche.)

* **canariense** Reut. — ♃. Ténériffe.
- **cristatum** Steven. — ♃. Tauride.
- **Endressi** J. Gay. — ♃. Pyrénées.
- **grandiflorum** Edgew. — ♃. Asie septentrionale.
- **Grevilleanum** Wall. — ♃. Himalaya.
- **macrorhizum** L. (*G. balkanum* Hort.). — ♃. Europe orient.
- **malvæflorum** Boiss. et Reut. — ♃. Espagne et Maroc.

> Espèce spéciale par sa souche rhizomateuse, portant des renflements tuberculeux; feuilles radicales, profondément découpées, et fleurs mauve veiné brun.

- **nepalense** Sweet. — ♃. Indes.
- **nodosum** L. — ♃. Europe.
- **phæum** L. — ♃. Europe.
- **platypetalum** Fisch. et Mey. — ♃. Géorgie.
- **pratense** L. — ♃. Europe.
- — - var. ALBUM Hort.
- — - var. FLORE ALBO PLENO Hort.
- — — var. FLORE CÆRULEO PLENO Hort.
- **pyrenaicum** L. — ♃. Europe.
- — var. ALBUM Hort.
- **sanguineum** L. — ♃. Europe.
- — var. ALBUM Hort.
- — var. LANCASTRIENSE With. (*G. prostratum* Cav.).
- **sessiliflorum** Cav. — ♃. Australie et Chili.
- **silvaticum** L. — ♃. Europe.
- **striatum** L. — ♃. Europe méridionale.
- **Wallichianum** G. Don. — ♃. Himalaya.
- **yedoense** Franch. et Savat. — ♃. Japon.

PELARGONIUM

— *acerifolium L'Hérit. (*Geranium angulosum* Mill.). — ♃.
Afrique australe.

ERODIUM

— *corsicum DC. — ♃. Corse.

— guttatum Willd. — ♃. Région méditerranéenne.

— Manescavi Coss. — ♃. Pyrénées.

TROPÆOLUM

aduncum Smith (*T. peregrinum* L.). — ①. Canaries.

— majus L. — ①. Pérou. — Variétés horticoles.

> La Capucine grande est une des plantes chez lesquelles la sélection a
> produit les plus curieuses variations de coloris, car elles s'étendent depuis le
> blanc presque pur jusqu'au brun foncé, en passant par le jaune et le rouge.
> Il existe même une race dite : « Caméléon », dans laquelle ces différents
> coloris se présentent sur le même pied.

— minus L. — ①. Pérou.

— *Lobbianum Hook. — ① ♃. — Colombie. — Variétés hort.

— *pentaphyllum Lamk. — ♃. Uruguay.

— *tricolor Sweet. — ♃. Chili. — Var. GRANDIFLORUM Hort.

— *tuberosum Ruiz et Pav. — ♃. Pérou.

LIMNANTHES

— Douglasii R. Br. — ①. Amérique septentrionale.

IMPATIENS

*auricoma Baillon. — ①. Iles Comores.

> Cette espèce, dont l'introduction adventice remonte à 1893, est une
> plante à port arborescent, haute de 40 à 60 centimètres, à longues feuilles
> réunies vers le sommet des rameaux, lesquels se terminent par un bou-
> quet de fleurs jaune d'or, grandes et courtement éperonnées. (Voir *Le Jar-*
> *din*, 1893, p. 52; 1894, p. 9, fig. 3; *Revue Horticole*, 1901, p. 41.)

— Balsamina Hook. f. — ①. Afrique trop. — Variétés hort.

> Le type primitif, à fleurs rouges, a donné, dans les cultures, un grand
> nombre de coloris passant du blanc au rouge vif et au violet, avec des
> fleurs souvent très doubles et perdant complètement la forme casquée
> caractéristique de l'espèce.

Roylei Walp. (*I. glanduligera* Royle). — ①. Himalaya.

— *Sultani Hook. f. — ① ♃. — Afrique trop. — Variétés hort.

OXALIS

— Acetosella L. — ♃. Régions tempérées septentrionales.

— corniculata L. — ♃. Rég. temp. — Var. ATROPURPUREA Hort.

— *crenata Jacq. — ♃. Pérou. — Variétés horticoles.

— *Deppei Sweet. — ♃. Mexique.

— *floribunda Link et Otto. — ♃. Cap.

— — var. ALBA Hort.

OXALIS

— *rosea Jacq. — ①. Chili. — Variétés horticoles.

— *tetraphylla Cav. — ♃. Mexique.

— *valdiviana Hort. Veitch. — ① ♃. Chili.

RUTACÉES

RUTA

— graveolens L. — ♃. Europe méridionale.

DICTAMNUS

— albus L. (*Dictamnus Fraxinella* Pers.). — ♃. Europe.

— purpureus Gmel. — ♃. Europe.

AMPÉLIDÉES

CISSUS

— *japonica Willd. — ♃. Japon.

SAPINDACÉES

CARDIOSPERMUM

— Halicacabum L. — ①. Régions tropicales.

MÉLIANTHACÉES

MELIANTHUS

— *major L. — ♃. Afrique australe.

Je cultive depuis plusieurs années, en pleine terre, cette plante hautement pittoresque par son grand feuillage composé et glaucescent, et j'ai eu le plaisir de l'y voir fleurir plusieurs fois. Elle a résisté au froid, grâce à une bonne couverture de paille et de feuilles sèches pendant l'hiver.

LÉGUMINEUSES

THERMOPSIS

— caroliniana Curt. — ♃. Amérique septentrionale.

— fabacea DC. — ♃. Kamtschatka.

— montana Nutt. — ♃. Amérique septentrionale.

Quoique considérée comme synonyme du *Thermopsis fabacea*, par l'*Index Kewensis*, cette espèce n'en est pas moins parfaitement distincte par ses tiges hautes seulement de 60 centimètres, alors qu'elles atteignent 1ᵐ,10 chez le *Thermopsis fabacea*, par ses folioles plus petites, plus glauques, et surtout par sa floraison plus hâtive d'un mois environ, ayant lieu dès la fin de mai.

BAPTISIA

— australis R. Br. (*Podalyria australis* Lamk). ♃. Amér. sept.

— — var. MINOR Hort.

— leucantha Torr. et Gray. — ♃. Amérique septentrionale.

LUPINUS

— *Chamissonis* Eschsch. — ♃. Amérique septentrionale.

Ce Lupin est une espèce suffrutescente, à port étalé, feuillage incane et longs épis de fleurs violacées, assez jolies. La plante craint beaucoup l'humidité et résiste mal sous notre climat.

— **Cruckshanksii** Hook. — ①. Pérou.
— **Hartwegii** Lindl. — ① ♃. Mexique.
— **hirsutus** L. — ①. Région méditerranéenne.
— **luteus** L. (*L. odoratus* Hort.). — ①. Région méditerranéenne.
— **mutabilis** Sweet. — ①. Colombie.
— **nootkatensis** Donn. — ♃. Amérique septentrionale.
— **nanus** Dougl. — ①. Californie. — Variétés horticoles.
— **polyphyllus** Lindl. — ♃. Amérique septentrionale.
—   — var. ALBUS Hort.
— **pubescens** Benth. — ①. Mexique.
— **rivularis** Dougl. — ♃. Californie.
— **subcarnosus** Bot. Mag. (*L. subramosus* Hort.). — ①. Texas.
— **sulfureus** Dougl. — ①. Californie.
— **varius** L. — ①. Europe méridionale.

(Voir aussi Partie I, *Plantes ligneuses.*)

TRIGONELLA

— **cærulea** Seringe (*Melilotus cærulea* Desr.). — ①. Europe.
— **Fœnum-græcum** L. — ①. Europe méridionale.

MEDICAGO

— *arborea* L. — ♃. Italie, Grèce.
— **Echinus** DC. — ♃. Région méditerranéenne.
— **Lupulina** L. — ①. Région méditerranéenne.
— **media** Pers. (*M. falcata* × *sativa*). — ♃. France, etc.
— **sativa** L. — ♃. Europe orientale.
—   — var. ALBA Hort.
— **scutellata** All. — ①. Europe.

MELILOTUS

— **alba** Desr. — ①. Europe.
— CÆRULEA Lamk. — Voy. *Trigonella cærulea.*
— **messanensis** All. — ①. Région méditerranéenne.
— **officinalis** Lamk. (*M. arvensis* Wallr.). ②. Europe.
— **parviflora** Desf. — ①. Europe.

TRIFOLIUM

— **alexandrinum** L. — ①. Égypte.

TRIFOLIUM

- **alpinum** L. — ♃. Alpes d'Europe.
- **elegans** Savi. — ♃. Europe méridionale.
- **filiforme** L. — ①. Europe, etc.
- **fragiferum** L. — ♃. Europe.
- **hybridum** L. — ② ♃. Europe méridionale, Asie Mineure.

incarnatum L. — ②. Europe. — Variétés agricoles.

- **Lupinaster** L. — ♃. Russie méridionale.
- **medium** L. — ♃. Europe.

montanum L. — ♃. Europe. — Var. BALBISIANUM Ser. — France méridionale.

- **pannonicum** L. — ♃. Europe orientale.
- **pratense** L. — ①. Europe, etc.
-   — var. ALPINA Com^dt Lambin.
- **repens** L. -- ♃. Europe.
-   — var. TETRAPHYLLA Hort.

> Le professeur Hugo de Vries, d'Amsterdam, a réussi à fixer la forme accidentelle à quatre et parfois cinq folioles du *T. repens*. J'ai fait, après lui, la même expérience et avec le même succès. Mais il est singulier de voir les feuilles tétraphylles ou pentaphylles se montrer le plus abondamment au début de la végétation. La variété tétraphylle pourpre est très constante, mais on la propage uniquement par division. — (Voir *Die Mutation théorie*, Leipzig, 1901-1904, tome I, p. 435-449.)

  — var. TETRAPHYLLA ATROPURPUREA Hort.

rubens L. — ♃. Europe.

- **Wormskioldii** Lehm. — ♃. Groenland.

> Les espèces précitées sont presque toutes fourragères; quelques-unes cependant peuvent dignement figurer dans les collections de plantes vivaces d'ornement. Tels sont les *T. rubens* et *T. Lupinaster*, à fleurs roses, en gros glomérules, et le *T. Wormskioldii*, à longues fleurs blanc rosé.

ANTHYLLIS

- **montana** L. — ♃. Europe.
- **polycephala** Desf. — ♃. Atlas.

Vulneraria L. — ♃. Europe.

-   — var. DILLENII Schultz.

(Voir aussi Partie I, *Plantes ligneuses*.)

LOTUS

- **corniculatus** L. — ♃. Europe, etc.
- ***Jacobæus** L. — ① ♃. Iles du Cap Vert.
- *****peliorhynchus** Hook. f. (*Pedrosia Bertholetii* Webb). — ♃. Iles Canaries.

> Cette plante n'est pas rustique, mais elle prospère parfaitement en plein air durant tout l'été. Elle est avantageusement employée à Verrières pour

LOTUS

tapisser les roches de son abondant feuillage fin et très glauque. Mais ses fleurs, si singulières par leur forme rappelant un bec d'oiseau, et si jolies par leur abondance et leur couleur rouge vif, ne se développent que sur les pieds hivernés en serre ou sous châssis froid. Elles restent généralement stériles, même après la fécondation artificielle. Mes essais dans ce sens sont restés infructueux, quoiqu'en Allemagne des graines fertiles aient été obtenues en faible quantité. — (Voir *Revue Horticole*, 1895, p. 308, avec planche.)

— **siliquosus** L. (*Tetragonolobus siliquosus* Roth). ♃. Europe..

Fig. 24. — CLIANTHUS DAMPIERI.

— **tenuis** Waldst. et Kit. — ♃. Europe.
— **uliginosus** Schkuhr (*L. major* Scop.; *L. villosus* Hort.). —
♃. Europe.

GALEGA

— **Hartlandi** Hort. Hartland. — ♃.

> Cette plante, d'origine anglaise, est à fleurs bleu et blanc, plus grandes, en épis beaucoup plus forts et plus nombreux que chez le *G. officinalis*. Elle semble en être une grande et belle forme, modérément fertile, mais j'ignore encore ses facultés de reproduction; la plante ayant été reçue l'an dernier seulement.

— **officinalis** L. — ♃. Europe méridionale.

—   var. ALBA Hort.

— **orientalis** Lamk. — ♃. Caucase.

CLIANTHUS

— *Dampieri** A. Cunn. — ① ♃. Australie. — (Voir fig. 34.)

> La greffe cotylédonaire, sur le *Sutherlandia frutescens* et mieux sur le *Colutea arborescens*, qui se pratique couramment depuis quelques années, permet d'obtenir, bien plus facilement qu'autrefois, de beaux exemplaires très florifères de cette magnifique plante. Malheureusement, leur durée reste encore trop courte, l'hivernage, même en serre chauffée, leur étant funeste. — (Voir fig. 34 et, pour les détails de la pratique de cette greffe, *Revue Horticole*, 1901, p. 257.)

SUTHERLANDIA

— *frutescens** R. Br. (*Colutea frutescens* L.). ♃. Afrique austr.

ASTRAGALUS

— **alopecuroides** L. — ♃. Alpes.

— AUSTRALIS Lamk. — Voy. *Phaca australis*.

— **falcatus** Lamk. — ♃. Sibérie.

— **hamosus** L. — ①. Europe méridionale.

— **maximus** Willd. — ♃. Arménie, Caucase.

PHACA

— **alpina** L. (*Astragalus penduliflorus* Lamk). — ♃. Europe.

— **australis** L. (*Astragalus australis* Lamk). — ♃. Rég. mérid.

OXYTROPIS

— **nanshanica** Hort. Ross. — ♃. Patrie inconnue.

GLYCYRRHIZA

— *glabra** L. — ♃. Région méditerranéenne, Orient.

SCORPIURUS

— **muricata** L. — ①. Région méditerranéenne.

— **subvillosa** L. — ①. Région méditerranéenne.

— **sulcata** L. — ①. Région méditerranéenne.

— **vermiculata** L. — ①. Région méditerranéenne.

ORNITHOPUS

— **sativus** Brot. — ①. Espagne.

CORONILLA

— **minima** L. — ♃. Europe.

— **varia** L. — ♃. Europe.

> Cette espèce, indigène et commune dans les endroits secs et incultes, porte de jolies ombelles de fleurs lilacées et produit à Verrières, sur le rocher, un effet décoratif qui n'est pas à dédaigner.
>
> (Voir aussi Partie I, *Plantes ligneuses*.)

HEDYSARUM

— **coronarium** L. — ♃. Europe méridionale.

— — var. ALBUM Hort.

— **neglectum** Ledeb. — ♃. Sibérie.

— **obscurum** L. — ♃. Europe.

— **Semenowi** Regel et Herd. — ♃. Asie centrale.

— **sibiricum** L. — ♃. Sibérie.

> Cette plante est rustique et de culture facile. Ses fleurs sont rouge violacé, disposées en longs et nombreux épis unilatéraux.
>
> (Voir aussi Partie I, *Plantes ligneuses*.)

ONOBRYCHIS

— **Crista-Galli** Lamk. — ①. Europe méridionale.

— **viciæfolia** Scop. (*O. sativa* Lamk). — ♃. Europe.

AMICIA

— *****Zygomeris** DC. — ♃. Mexique.

> Cette plante, dont les fortes tiges, à port arborescent, atteignent 1ᵐ,50 et produisent un effet assez décoratif, ne parvient toutefois à montrer ses fleurs jaunes que très tardivement et dans les années exceptionnellement chaudes. Il faut d'ailleurs la protéger durant l'hiver.

ARACHIS

— *****hypogæa** L. — ①. Amérique australe.

CICER

— **arietinum** L. — ①. Orient ? — Variétés agricoles.

I. — VICIA

VICIA

— **amphicarpa** Dorthes. — ♃. Région méditerranéenne.

— **atropurpurea** Desf. — ①. Europe méridionale.

— **biennis** L. — ②. Sibérie.

— *****canescens** Labill. — ♃. Syrie.

> Petite espèce spéciale par son feuillage fortement pubescent-incane, dont les fleurs sont roses, disposées en grappes pauciflores. La plante est peu vigoureuse et redoute l'humidité.

— **Cracca** L. — ♃. Europe, Caucase, etc.

— **dumetorum** L. — ♃. Europe, etc.

VICIA

— **fulgens** Battand. et Trabut — ⚀. Algérie.

> Cette espèce, à fleurs rouges, en grappes abondantes, a été recommandée comme plante grimpante d'ornement. — (Voir *Revue Horticole*, 1892, p, 321, fig. 99.)

- **macrocarpa** Bert. — ⚀. Europe méridionale.
-- **melanops** Sibth. et Sm. — ⚀. Europe méridionale.
— **monantha** Desf. (*Ervum monanthos* L.). — ⚀. Rég. méditer.
— **narbonensis** L. — ⚀. Région méditerranéenne.
--- **onobrychioides** L. — ♃. Région méditerranéenne.
-- **oroboides** Wulf. (*Orobus lathyroides* Sibth. et Smith). — ♃. Sibérie.
— **Orobus** DC. — ♃. Europe.
- - **picta** Fisch. et Mey. — ♃. Arménie.
— **Pseudo-Orobus** Fisch. et Mey. — ♃. Sibérie orientale.

> Espèce vivace, grimpante, atteignant 1^m,50, à feuillage léger et fleurs roses, en grappes élégantes.

- **pyrenaica** Pourr. — ♃. Pyrénées.
sativa L. — ⚀. Europe. — Variétés agricoles.
— **sepium** L. — ♃. Europe.
— **silvatica** L. — ♃. Europe.
--- **tenuifolia** Roth. — ♃. Europe.
— **villosa** Roth. — ⚀. Europe.

II. — FABA

VICIA

— **Faba** L. (*Faba vulgaris* Mœnch). — ⚀. Patrie inconnue. — Variétés horticoles.

—   — var. EQUINA Steud. — Variétés agricoles.

III. — ERVUM

VICIA

— **Ervilia** Willd. (*Ervum Ervilia* L.). — ⚀. Europe méridionale.

LENS

— **esculenta** Mœnch (*Ervum Lens* L.). — ⚀. Orient. — Variétés horticoles.

I. — LATHYRUS

LATHYRUS

— **Cicera** L. — ⚀. Europe méridionale.

LATHYRUS

— **Drummondi** Hort. — ♃. Origine inconnue.

> Jolie espèce vivace et rustique, peu répandue, atteignant 1ᵐ,50, vigoureuse et très ramifiée, dont les feuilles ne possèdent qu'une seule paire de folioles. Les fleurs, assez grandes et rouge brique, sont disposées en grappes nombreuses et se succédant longtemps. — (Voir *Gard. Chron.*, 1876, part. II, p. 16.)

— **japonicus** Hort. (non Willd.). — ①. Patrie inconnue.

— **latifolius** L. — ♃. Europe méridionale. — Variétés horticoles.

— **Ochrus** DC. — ①. Région méditerranéenne.

— **odoratus** L. — ①. Italie, Sicile. — Variétés horticoles.

— **pisiformis** L. — ♃. Europe centrale.

— *__pubescens__ Hook. et Arnott. - ♃. Chili.

> Cette très belle espèce vivace, à fleurs bleu violacé, en grappes, introduite il y a une dizaine d'années, n'est malheureusement pas assez robuste pour résister aux hivers de notre climat; elle y périt sans doute autant d'humidité que de froid. On ne peut guère espérer la conserver qu'en la plantant au pied des murs chauds et secs. — (Voir *Revue Horticole*, 1895, p. 40, avec planche.)

— **sativus** L. — ①. Europe. — Variétés agricoles.

— **silvestris** L. — ♃. Europe.

—   — var. GIGANTEA Hort.

— **splendens** Kellog. — ♃. Californie.

> Cette espèce a été recommandée, dans ces dernières années, pour la belle couleur écarlate vif de ses fleurs; il ne semble pas toutefois qu'elle se soit beaucoup répandue dans les cultures, soit par suite des difficultés à s'en procurer des graines authentiques, soit parce qu'elle ne se montre pas sous notre climat dans toute sa beauté. — (Voir *Revue Horticole*, 1900, p. 42, avec planche.)

II. — OROBUS

LATHYRUS

— **intermedius** C.-A. Mey. — ♃. Sibérie.

— **montanus** Scop. (*Orobus luteus* L.). — ♃. Europe.

— **niger** Bernh. (*Orobus niger* L.). — ♃. Europe.

— **pannonicus** Garcke. — ♃. Europe.

— **vernus** Bernh. (*Orobus vernus* L.). — ♃. Europe.

—   — var. FLACCIDUS Seringe.

PISUM

— **arvense** L. — ①. Europe. — Variétés agricoles.

— **elatius** Bieb. — ①. Région méditerranéenne.

— **sativum** L. — ①. Europe. — Variétés horticoles.

> Le *Pisum sativum* a donné, dans les cultures, une quantité prodigieuse de variations, dont beaucoup ont été fixées et sont devenues des races

AMPHICARPÆA

potagères; les fleurs sont tantôt blanches et alors le grain est blanc ou vert, tantôt colorées et dans ce cas le grain est généralement teinté ou pointillé de violet. La forme des grains, la forme et la consistance du légume, sont extrêmement variables. Nous avons à Verrières, dans l'« École », plus de 300 variétés nommées, sans compter un grand nombre de métis. — (Pour de plus amples détails, voir les *Plantes potagères*, par Vilmorin-Andrieux et Cⁱᵉ, ed. III, 1905.)

— **monoica** Ell. — ①. Amérique septentrionale.

Parmi les plantes à fleurs cléistogames, celle-ci est une des plus singulières. En même temps qu'elle produit, vers le sommet de ses tiges, des grappes de fleurs violacées, auxquelles succèdent des petites gousses, dont les graines rappellent celles de certaines Vesces, il se développe, au pied des plantes et sous terre, des filaments blanchâtres, terminés par une fleur microscopique qui, ultérieurement, donne naissance à une gousse arrondie, restant enfouie sous terre et renfermant une seule graine, rappelant un beau haricot. Ces graines souterraines, si différentes des graines aériennes, passent l'hiver sous terre et donnent au printemps naissance à de nouvelles plantes, l'espèce étant franchement annuelle.

CENTROSEMA

— *****grandiflorum** Benth. — ① ♃. Brésil.

GLYCINE

— **Soja** Sieb. et Zucc. (*Soja hispida* Mœnch). — ①. Chine et Japon. — Variétés horticoles.

APIOS

— **tuberosa** Mœnch. — ♃. Amérique septentrionale.

PHASEOLUS

— **lunatus** L. — ①. Amérique australe.

— **multiflorus** Willd. — ①. Amérique austr. — Variétés hort.

— **Mungo** L. — ①. Régions tropicales.

— **vulgaris** L. — ①. Mexique. — Variétés horticoles.

Le *Phaseolus vulgaris*, ainsi nommé, sans doute, à cause de l'ancienneté de sa culture, est une plante d'une variabilité extrême, non seulement au point de vue de la taille, du port, de la forme et de la dimension des feuilles, des légumes et du grain, mais surtout quant à la couleur de ce dernier. Le blanc, le rouge, le brun, le noir, le violet et le jaune s'y observent soit seuls, soit diversement mélangés, formant un nombre de combinaisons généralement possibles à fixer et qui peut être considéré théoriquement comme infini. Il en existe un très grand nombre de variétés horticoles.

DOLICHOS

— **Lablab** L. — ①. Indes. — Variétés horticoles.

— **sesquipedalis** L. — ①. Amérique australe. — Variétés hort.

— **unguiculatus** L. — ①. Amérique australe. — Variétés hort.

SOPHORA

— **flavescens** Ait. — ♃. Sibérie.

(Voir aussi Partie I, *Plantes ligneuses.*)

CASSIA

— *****Chamæcrista** L. — ♃. Amérique septentrionale.

Cette espèce a été essayée à Verrières, il y a plusieurs années déjà, en pleine terre, où quelques pieds ont pris un assez grand développement et se sont couverts de fleurs jaunes. C'est l'un d'eux que représente la figure 35. Sa germination capricieuse et sa culture incertaine limiteront sans doute l'emploi de cette jolie Casse naine à l'usage des collections et des jardins d'amateurs.

— *****marylandica** L. — ♃. Amérique septentrionale.

Fig. 35. — CASSIA CHAMÆCRISTA.

ROSACÉES

SPIRÆA

— **Aruncus** L. — ♃. Régions tempérées septentrionales.

— var. KNEIFFI Hort.

— ASTILBOIDES T. Moore. — Voy. *Astilbe aruncoides.*

— **Filipendula** L. — ♃. Europe. — Var. FLORE PLENO Hort.

— **gigantea** Hort. Batav. — ♃.

— **kamtschatica** Pall. — ♃. Kamtschatka.

— **lobata** Jacq. — ♃. Amérique septentrionale.

SPIRÆA

— **palmata** Thunb. — ♃. Japon.

—   var. — ALBA Hort.

> Très belle espèce à feuillage ample et grandes cymes de fleurs rose foncé et vif. Elle ne réussit bien qu'en terre de bruyère.

— **Ulmaria** L. — ♃. Europe.

—   var. FLORE PLENO Hort.

—   var. ELEGANS Hort.

> La variété ici désignée sous le nom d'*elegans* est une grande et belle forme de l'Ulmaire, dépassant 1^m,20, à tiges fortes, bien dressées et grand feuillage profondément lobé. Ses fleurs, blanc rosé, forment de nombreux et larges corymbes terminaux. Cette plante est répandue dans les cultures sous les noms de *S. palmata elegans, S. digitata* et *Astilbe Thunbergti rosea*. — (Voir *Le Jardin*, 1904, p. 253, fig. 148.)

— **venusta** Hort. — ♃. Patrie incertaine.

> (Voir aussi Partie I, *Plantes ligneuses*.)

GILLENIA

— **trifoliata** Mœnch. — ♃. Amérique septentrionale.

> Jolie plante voisine des Spirées herbacées, ayant le même port et de culture aussi facile. Ses fleurs, disposées en panicules rameuses et très légères, sont blanches, à pétales longs et étroits.

RUBUS

— **arcticus** L. — ♃. Régions boréales.

— **odoratus** L. — ♃. Amérique septentrionale.

— **rosæfolius** Smith (*R. sorbifolius* Hort.). — ♃. Himalaya.

> Cette espèce est naine, très traçante, épineuse, à joli feuillage et grandes fleurs blanches, mais ses fruits rouges, qui sont la partie la plus ornementale, se montrent rarement et, de ce fait, la plante perd beaucoup de son intérêt. — (Voir *Revue Horticole*, 1898, p. 521.)
>
> (Voir aussi Partie I, *Plantes ligneuses*.)

DRYAS

— **Drummondii** Rich. — ♃. Amérique septentrionale.

> Ce *Dryas* est entièrement distinct par son feuillage persistant et glaucescent, et surtout par ses fleurs jaunes, toujours stériles, chez nous du moins. La plante est, en outre, un peu plus délicate et se propage par ses rameaux radicants, qui, comme ceux des espèces suivantes, sont frutescents.

— **lanata** Hort. — ♃. Origine inconnue.

> J'ai reçu cette plante d'Angleterre tout récemment et n'en ai pas encore vu les fleurs. Son feuillage le rapproche évidemment du *D. octopetala*.

— **octopetala** L. — ♃. Alpes.

> Notre espèce indigène est une jolie plante alpine, de culture facile en terre de bruyère pure, et formant de larges touffes rases et compactes. Ses grandes fleurs blanches sont peu abondantes sous le climat parisien.

GEUM
— **coccineum** Sibth. et Smith. — ♃. Asie Mineure.
— — var. HELDREICHII Hort.
— — var. FLORE PLENO Hort.
— **macrophyllum** Willd. (*G. japonicum* Thunb.). — ♃. Japon.
— **montanum** L. — ♃. Europe.
— **pyrenaicum** Mill. — ♃. Pyrénées.
— **reptans** L. — ♃. Europe.
— **strictum** Ait. — ♃. Régions tempérées septentrionales.
— **triflorum** Pursh. — ♃. Amérique septentrionale.

> Espèce bien distincte et de culture facile, à tiges dressées, hautes de 20 centimètres environ, portant chacune plusieurs fleurs rouge clair, pendantes, s'épanouissant en mai-juin.

WALDSTEINIA
— **geoides** Willd. — ♃. Hongrie.

FRAGARIA
— **alpina** Pers. — ♃. Europe. — Variétés horticoles.

> Nous possédons à Verrières le type, que mon père avait reçu de Bargemont, sa localité classique, par les soins du marquis de Villeneuve-Bargemont. Dès la première année de culture, ce Fraisier a donné des fruits presque aussi gros que ceux des variétés améliorées, obtenues en le sélectionnant depuis un grand nombre d'années. Une des plus curieuses variations du Fraisier des Alpes est celle connue sous le nom de « Fraisier de Gaillon », dans laquelle l'aptitude à émettre des stolons est complètement abolie. — (Voir *Revue Horticole*, 1902, p. 410.)

— **californica** Cham. et Schlecht. — ♃. Californie.
— **chiloensis** Duch. — ♃. Californie et Chili. — Variétés hort.
— **collina** Ehrh. — ♃. Europe.
— **elatior** Ehrh. — ♃. Europe. — Variétés horticoles.
— **grandiflora** Ehrh. — ♃. Amérique sept. — Variétés hort.
— **Hagenbachiana** Lange (*F. collina* Ehrh., var.). ♃. Europe.
— ***indica** Andr. — ♃. Indes.
— **lucida** E. Vilm. — ♃. Chili.
— **nilgerrensis** Schlecht. — ♃. Indes.

> Ce Fraisier, reçu de Chine par M. M. de Vilmorin, il y a longtemps déjà, est une espèce bien distincte par son feuillage court, fortement veiné et vert clair. Ses fruits, très spéciaux, sont petits, globuleux, blancs, à graines brunes, très tendres et de saveur plutôt fade, sans aucune valeur alimentaire; ils sont d'ailleurs peu nombreux.

— **sandwicensis** Dcne. — ♃. Iles Sandwich. — Variétés hort.
— **vesca** L. — ♃. Europe.
— — var. FLORE PLENO Hort.

FRAGARIA

— -- var. MEXICANA Schlecht.

— — var. MONOPHYLLA Duch.

— — var. ROSEIFLORA Boulay.

— — var. VIRESCENS Hort.

La variété *virescens* est une curieuse monstruosité dans laquelle les fleurs, devenues vivipares, sont représentées par des bourgeons saillants, pointus et verts, qui donnent au fruit un aspect nérissé, qui a valu à la plante le nom de « Fraisier brosse ».

— **virginiana** Duch. — ♃. Amérique septentrionale.

— SPEC. N° 867, M. V. — ♃. Chine.

Les Fraisiers horticoles connus sous le nom de « Fraisiers à gros fruits » ont une origine complexe et un peu incertaine. On attribue la formation de cette race à des croisements répétés entre les *F. chiloensis*, *F. grandiflora* et *F. virginiana*. Il existe un nombre considérable de variétés, dont nous cultivons à Verrières plus de 200 dans l' « École ». En outre, mon père, dans le but de rendre les Fraisiers à gros fruits plus résistants aux maladies, a effectué divers croisements avec le *F. sandwicensis*. Plusieurs des formes qui en sont issues sont encore à l'étude.

Quant aux Fraisiers à gros fruits remontants, race nouvelle et très intéressante, elle ne dérive pas, comme beaucoup de personnes le croient, d'un croisement avec le *F. alpina*, mais bien d'une variation de la race hybride à gros fruit, obtenue de semis par M. l'abbé Thivolet, et dans laquelle quelques-uns des stolons se transforment, pendant l'été, en hampes florales et fructifères. L'étude de cette race nouvelle a fait l'objet, en 1899, d'une conférence de mon père, à la Société royale d'Horticulture de Londres, dont le compte rendu se trouve inséré dans son *Journal*, vol. XXII, part 3, et d'articles dans la *Revue Horticole*, 1897, p. 568, fig. 169, avec planche ; 1898, p. 156, avec planche ; 1900, p. 149, fig. 67-71.

POTENTILLA

— **alchemilloides** Lap. — ♃. Pyrénées.

Cette espèce ressemble à s'y méprendre à l'*Alchemilla alpina*, par son feuillage de même forme et également argenté, mais ses fleurs blanches rendent impossible toute confusion.

— **alpestris** Hall. f. — ♃. Europe. — var. PYRENAICA Ram. — Pyrénées.

— **apennina** Tenore. — ♃. Apennins.

— **argentea** L. — ♃. Rég. temp. sept. — Var. SUBLANATA Hort.

— **argyrophylla** Wall. — ♃. Himalaya.

— **atrosanguinea** Lodd. — ♃. Népaul. — Variétés horticoles.

— **aurea** L. — ♃. Alpes d'Europe.

— **delphinensis** Gren. et Godr. — ♃. France.

— **Fragariastrum** Ehrh. — ♃. Europe.

— **grandiflora** L. — ♃. Alpes.

— **Hippiana** Lehm. — ♃. Amérique septentrionale.

POTENTILLA

— **hirta** L. — ♃. Europe méridionale.
— **lanuginosa** Fisch. ex Sweet. — ♃. Caucase.
— **multifida** L. — ♃. Alpes d'Europe.
— **nepalensis** Hook. (*P. formosa* D. Don). — ♃. Népaul.

> Cette espèce est assez élégante et bien distincte de ses congénères. Ses fleurs sont roses et la floraison se prolonge longtemps.

— **nivea** L. — ♃. Régions septentrionales et arctiques.
— **norvegica** L. — ♃. Régions septentrionales et arctiques.
— **palustris** Scop. (*Comarum palustre* L.). — ♃. Europe.
— **reptans** L. — ♃. Rég. sept. et arct., var. FLORE PLENO Hort.

> Malgré ses jolies fleurs bien pleines, cette variété a conservé la nature robuste et extrêmement traçante du type. C'est une plante très envahissante et peu florifère.

— **rupestris** L. — ♃. Europe.
— **sericea** L. — ♃. Caucase.
— **Sibbaldi** Haller fils (*Sibbaldia cuneata* Hornem; *S. procumbens* L.). — ♃. Régions boréales et australes.
— **splendens** Ram. — ♃. France.
— **stolonifera** Lehm. — ♃. Japon.

> C'est une des plus belles espèces du genre, à feuillage épais, vert foncé et persistant. Ses fleurs sont jaune d'or, grandes et nombreuses. La plante est rustique, traçante et de culture facile en pleine terre.

— **tanacetifolia** Willd. — ♃. Sibérie.
— **tridentata** Soland. — ♃. Amérique septentrionale.

> Jolie petite espèce à feuilles tridentées au sommet et à fleurs blanches.

— **verna** L. — ♃. Europe.
— **villosa** Pall. — ♃. Amérique septentrionale.

> (Voir aussi Partie I, *Plantes ligneuses*.)

ALCHEMILLA

— **alpina** L. — ♃. Hémisphère septentrional.
— **flabellata** Kern. — ♃. Europe.
— **pyrenaica** Dufour. — ♃. Pyrénées.
— **vulgaris** L. — ♃. Hémisphère septentrional.
— — var. HYBRIDA F.-W. Schmidt.

> Les Alchemilles se cultivent très facilement dans les rocailles, où elles forment de larges touffes; leur feuillage est décoratif, en particulier celui de l'*A. alpina*, qui est soyeux et argenté; les fleurs sont verdâtres et de peu d'effet.

ACÆNA

— **Buchanani** Hook. f. — ♃. Nouvelle-Zélande.
— **cylindristachya** Ruiz et Pav. — ♃. Pérou.
— **glabra** J. Buch. — ♃. Nouvelle-Zélande.
— **inermis** Hook. f. — ♃. Nouvelle-Zélande.
   lævigata Ait. — ♃. Magellan.
— **microphylla** Hook. f. — ♃. Nouvelle-Zélande.
— **Novæ-Zelandiæ** T. Kirk. — ♃. Nouvelle-Zélande.
— **ovalifolia** Ruiz et Pav. — ♃. Pérou, etc.
— **ovina** A. Cunn. — ♃. Australie.
  pinnatifida Ruiz et Pav. ♃. Chili.
— **Sanguisorbæ** Vahl. — ♃. Nouvelle-Zélande.
— **sarmentosa** Carm. — ♃. Nouvelle-Zélande.
— **trifida** Ruiz et Pav. — ♃. Chili.

> Les *Acæna* sont rustiques, traînants, parfois envahissants lorsqu'ils sont plantés en terrain fertile. Ils tapissent les roches de leur belle verdure, glauque chez l'*A. ovina*, purpurine chez l'*A. Novæ-Zelandiæ*. Les fleurs, comme les fruits d'ailleurs, sont insignifiants, sauf toutefois chez l'*A. microphylla*, où ils sont armés de longues épines rouges, d'aspect singulier. La plante est à petit feuillage et plus délicate que ses congénères.

POTERIUM

— **dodecandrum** Benth. et Hook. f. (*Sanguisorba dodecandra* Moretti). — ♃. Lombardie.
— **officinale** A. Gray (*Sanguisorba officinalis* L.). ♃. Europe
— **Sanguisorba** L. — ♃. Région tempérée.
— **sitchense** S. Wats. — ♃. Amérique septentrionale.
— **tenuifolium** Franch. et Sav. — ♃. Asie orientale.

SAXIFRAGÉES

ASTILBE

— **aruncoides** Lem. (*Spiræa astilboides* T. Moore). — ♃. Japon.
—   — var. FLORIBUNDA Hort.
— **Davidii** A. Henry. — ♃. Chine centrale.

> Belle espèce tout récemment introduite par la maison Veitch, de Londres. Elle se distingue nettement de ses congénères par ses fleurs lilas, en cymes amples, terminant de fortes tiges dressées, atteignant 1 mètre.

— **japonica** A. Gray (*Hoteia japonica* Dene). — ♃ Japon.
— **rivularis** Buchan. — ♃. Himalaya.
— **sinensis** Franch. et Sav. — ♃. Chine.

> (Une étude critique des *Astilbe* a été publiée, par M. Lemoine, dans la *Revue Horticole*, 1895, p. 565, fig. 183-185.)

TANAKÆA
— **radicans** Franch. — ♃. Japon.

RODGERSIA
podophylla A. Gray. — ♃. Japon.

> C'est une plante singulière par ses feuilles radicales, à pétioles dressés et portant cinq folioles vert rougeâtre, rappelant un peu une feuille de Marronnier d'Inde.

I. — Cymbalaria

SAXIFRAGA
***Huetiana** Boiss. — ①. Asie Mineure.

> Petite espèce annuelle, à fleurs jaune vif, très nombreuses au premier printemps, dont la figure 36 montre le port. La plante est de culture très facile et se ressème si abondamment à Verrières qu'elle est presque naturalisée sur le rocher.

Fig. 36. — Saxifraga Huetiana.

II. — Nephrophyllum

SAXIFRAGA
— **carpathica** Reichb. — ♃. Europe.
cernua L. — ♃. Régions septentrionales et arctiques.
— **granulata** L. — ♃. Europe.
— var. FLORE PLENO Hort.
irrigua Bieb. — ♃. Tauride.

III. — Peltiphyllum

SAXIFRAGA

— **peltata** Torr. et Gray (*Peltiphyllum peltatum* Engelm.). — ♃. Californie.

Grande plante des sols marécageux, à rhizomes épais, rampants, desquels naissent d'abord de forts pédoncules, portant, à 30 et 40 centimètres de hauteur, une large cyme corymbiforme de fleurs roses, puis s'allongeant et atteignant à la fructification plus de 1 mètre de hauteur. Les feuilles, qui naissent peu après, sont, à complet développement, pourvues d'un fort pétiole hirsute, dressé, haut de 60 centimètres à 1 mètre et portant un vaste limbe pelté, large de 30 à 50 centimètres. Cette Saxifrage est si différente de ses congénères que Engelmann a créé pour elle, non sans raison, le genre *Peltiphyllum*, dont Engler a fait une section. Il est certain qu'au point de vue physique elle se différencie autant des Saxifrages vraies que les *Bergenia*. — (Voir *Revue Horticole*, 1900, p. 306.)

— **tellimoides** Maxim. — ♃. Japon.

Je dois cette espèce à l'obligeance de M. Daigremont, qui me l'a envoyée l'an dernier seulement. Sa végétation, encore faible, ne m'a pas permis d'effectuer un rapprochement certain. Toutefois, ses feuilles, longuement pétiolées, à limbe presque pelté, avec les bords profondément lobés, enfin ses fleurs blanches, assez grandes, en cyme pédonculée, semblent indiquer une certaine affinité avec l'espèce précédente.

IV. — Miscopetalum

SAXIFRAGA

— **rotundifolia** L. — ♃. Europe.

—   — var. REPANDA Willd.

— **taygetæa** Boiss. et Heldr. — ♃. Grèce.

V. — Hirculus

SAXIFRAGA

— **Hirculus** L. — ♃. Régions boréales.

VI. — Boraphila

SAXIFRAGA

— **hieracifolia** Waldst. et Kit. — ♃. Régions boréales.

Je dois à l'obligeance du frère Arsène, à Aurillac, l'envoi de cette rare Saxifrage, spéciale au Cantal, qui représente en réduction le *S. pensylvanica*, avec les feuilles radicales plus courtes, plus larges et une tige florale haute seulement de 10 à 15 centimètres.

— **micrantha** Edgew. — ♃. Himalaya.

— **nivalis** L. — ♃. Europe septentrionale.

SAXIFRAGA

— **pensylvanica** L. — ♃. Amérique septentrionale.

Cette Saxifrage est une des plus distinctes de sa section par ses grandes feuilles allongées et disposées en rosettes radicales, et surtout par ses tiges florales, qui dépassent souvent 1 mètre et portent de nombreuses cymes compactes de fleurs verdâtres, petites et peu décoratives.

— **stellaris** L. — ♃. Régions boréales.

VII. — DIPTERA

SAXIFRAGA

— *****cuscutæformis** Lodd. — ♃. Japon.

C'est une petite espèce, constituant, en quelque sorte, une réduction du *S. sarmentosa*, mais qui paraît plus délicate, difficile même à conserver.

— *****Fortunei** Hook. — ♃. Chine.

C'est une des Saxifrages les plus tardives, sa floraison n'ayant lieu qu'en octobre-novembre. La plante est jolie par sa vaste panicule légère, à rameaux rouges et fleurs blanches, dont un pétale est plus long que les autres ; les feuilles sont radicales, largement réniformes, mais souvent recroquevillées à la floraison. La plante n'est pas parfaitement rustique. — (Voir *Revue Horticole*, 1892, p. 228, avec planche.)

— *****sarmentosa** L. — ♃. Chine.

— — var. JAPONICA Hort.

Cette variété, qui pourrait aussi bien être le type, ne se distingue du *S. sarmentosa*, cultivé dans les serres, que par ses feuilles uniformément vertes. La plante est plus robuste et plus grande dans toutes ses parties.

VIII. — DACTYLOIDES

SAXIFRAGA

— **ajugifolia** L. — ♃. Europe méridionale.

— **androsacea** L. — ♃. Alpes et Pyrénées.

— **aquatica** Lap. (non Bieb.). — ♃. Pyrénées.

— **atropurpurea** Sternb. (*S. muscoides* Wulf., var. *atropurpurea*). — ♃. Europe.

Espèce distincte et intéressante par ses fleurs rose foncé.

— **Camposii** Boiss. et Reut. (*S. Wallacei* Mac Nab). ♃. Espagne.

Connue aussi sous le nom de *S. Wallacei*, cette Saxifrage est distincte et remarquable par ses fleurs blanches, beaucoup plus grandes que chez la plupart de ses congénères.

— **canaliculata** Boiss. et Reut. — ♃. Espagne.

— **cæspitosa** L. — ♃. Régions septentrionales et arctiques.

— — var. HIRTA Don.

— — var. RHEI Schott.

La variété *Rhei* est une très jolie plante, dont les fleurs sont grandes, rose frais passant au blanc.

SAXIFRAGA
- **conifera** Coss. et Dur. — ♃ . Espagne.
- **decipiens** Ehrh. — ♃ . Europe.
- — — var. PYGMÆA Haw.
- **exarata** Vill. — ♃ . Alpes d'Europe.

  Petite espèce alpine formant des pelotes compactes, arrondies, à fleurs blanches, naissant sur des tiges courtes et grêles.
- **geranioides** L. — ② ♃ . Pyrénées.

  L'espèce vraie est une plante bisannuelle, à larges feuilles radicales et tiges nombreuses, rameuses et pyramidales, atteignant 30 centimètres et portant de nombreuses fleurs blanches, grandes, à pétales étroits.
- **gibraltarica** Boiss. et Reut. — ♃ . Espagne.
- **globosa** Hort. — ♃ . Origine incertaine.
- **hibernica** Haw. — ♃ . Europe septentrionale.
- **hypnoides** L. — ♃ . Europe.

  Cette espèce justifie son nom spécifique par ses feuilles qui, après la floraison et durant l'été, se redressent en forme de pinceau comme celles d'un *Hypnum*. En culture, elle perd ce caractère au bout de quelques années et se confond alors avec ses congénères, qui sont, en général, des plantes très polymorphes.
- **mixta** Lap. (*S. pubescens* DC.). — ♃ . Pyrénées.
- **moschata** Wulf. — ♃ . Europe.
- **muscoides** Wulf. — ♃ . Europe.
- **paniculata** Cav. — ♃ . Espagne.
- **pedatifida** Ehrh. — ♃ . France méridionale.
- **pedemontana** All. — ♃ . Piémont.
- — — var. CERVICORNIS Viv. — Corse.
- **pentadactylis** Lap. — ♃ . Pyrénées.
- **spathulata** Desf. — ♃ . Algérie.
- **sponhemica** Gmel. — ♃ Europe.

  C'est l'espèce que l'on rencontre si fréquemment dans les jardins sous le nom erroné de *S. hypnoides*, et qu'on emploie surtout pour faire de larges bordures. — (Voir *Revue Horticole*, 1891, p. 426.)
- **trifurcata** Schrad. — ♃ . Espagne.

IX. — TRACHYPHYLLUM

SAXIFRAGA
- **aizoides** L. — ♃ . Régions septentrionales et alpines.
- **aspera** L. — ♃ . Alpes d'Europe.
- **bronchialis** L. — ♃ . Régions arctiques.
- **bryoides** L. (*S. aspera* L., var. *bryoides*). — ♃ . Alpes d'Europe.

SAXIFRAGA

— **tenella** Wulf. — ♃. Tyrol.

> Cette espèce est surtout intéressante par son feuillage aciculaire et d'un vert blond caractéristique.

— **tricuspidata** Rottb. — ♃. Régions boréales.

X. — ROBERTSONIA

SAXIFRAGA

— **acanthifolia** Hort. — ♃. Origine inconnue.
— **apennina** Bert. — ♃. Italie.
— **cuneifolia** L. — ♃. Europe.
— **dentata** Link (*S. Geum*, var. *dentata*). — ♃. Europe.
— **Geum** L. — ♃. Europe occidentale.
—   — var. ELEGANS Hort.
— **hirsuta** L. — ♃. Europe occidentale.
— **umbrosa** L. — ♃. Europe occidentale.
—   — var. OGLOCEANA Hort.

XI. — AIZOON

SAXIFRAGA

— **Aizoon** Jacq. — ♃. Europe septentrionale et arctique.
—   — var. ARVERNENSIS Hort.
—   — var. FLAVESCENS Hort.
—   — var. MALYI (*S. Malyi* Schott). — Tyrol.
—   — var. MEDIA Hort.
—   — var. MICROPHYLLA Hort.
—   — var. MINOR Koch.
—   — var. MINUTA Hort.
—   — var. PUSILLA Hort.
—   — var. ROBUSTA Schott. — Hongrie.
—   — var. ROSEA Hort.
—   — var. VARIABILIS Hort.

> Les nombreuses variétés précitées attestent de la variabilité de cette Saxifrage, suivant les régions qu'elle habite. Ces variétés diffèrent parfois assez notablement par leurs fleurs et l'ampleur de leurs inflorescences, et surtout par la grandeur et la forme des feuilles qui composent leurs rosettes stériles.

— **Andrewsii** Harvey (*S. Geum* × *Aizoon*). — ♃.

SAXIFRAGA

— **cartilaginea** Willd. — ♃. Caucase.

> Cette Saxifrage, dont la planche XVI représente un exemplaire, se rapproche des grandes formes du *S. Aizoon*. Ses rosettes stériles sont larges et très belles et ses inflorescences très rameuses ; elles n'ont pas toutefois l'ampleur de celles du *S. Cotyledon*, et les fleurs en sont plus petites, moins abondantes ; par contre, la plante est de culture beaucoup plus facile.

— **cochlearis** Rchb. — ♃. Alpes-Maritimes et Ligurie.
—   — var. LANTOSCANA Boiss. et Reut.
— **Cotyledon** L. — ♃. Europe, var. PYRAMIDALIS Hort.
— **crustata** Sternb. — ♃. Alpes d'Autriche.
— **florulenta** Moretti. — ♃. Alpes-Maritimes. — (Voir *Bull. Soc. bot. France*, 1864, p. 337.)
— **Gaudini** Brueg. (*S. Aizoon* × *Cotyledon*). — ♃. Alpes.
— **Grisebachii** Degen et Dorf. (*spec. nov.*). — ♃. Macédoine.
— **Hostii** Tausch. — ♃. Europe méridionale.
— **lingulata** Bell. — ♃. Europe méridionale.
— **longifolia** Lap. — ♃. Pyrénées.

> J'ai toujours connu à Verrières quelques pieds de cette superbe Saxifrage, qu'on a si justement nommée la « Reine des Pyrénées », et j'en ai souvent obtenu de magnifiques rosettes, larges de 10 à 12 centimètres. Actuellement encore, plusieurs se trouvent plantées, les unes dans les murs du rocher, les autres dans des pots garnis de pierres calcaires. Quoi qu'on ait fait, la floraison, que l'on dit si remarquable, n'a jamais pu être obtenue ; les plantes, après avoir atteint leur complet développement, périssent progressivement.

— **longifolia** × **Aizoon** Hort. Ross. — ♃.
— **Macnabiana** Hort. — ♃. Origine horticole.

> C'est une des plus jolies Saxifrages, remarquable surtout par ses grandes fleurs, dont les pétales sont fortement ponctués de rouge à la base et le plus nettement des espèces de la section. Elles sont, en outre, disposées en panicule simple, corymbiforme, à hampe courte et très caractéristique, que montre bien d'ailleurs la planche XVI. Les rosettes stériles sont grandes, à feuilles allongées, et la plante est de culture facile.

— **mutata** L. — ♃. Alpes.
— **Portæ** Stein. — ♃. Origine horticole.
— **rosularis** Hort. — ♃. Origine horticole.
— **stenoglossa** Tausch. — ♃. Europe.

SAXIFRAGA MACNABIANA.

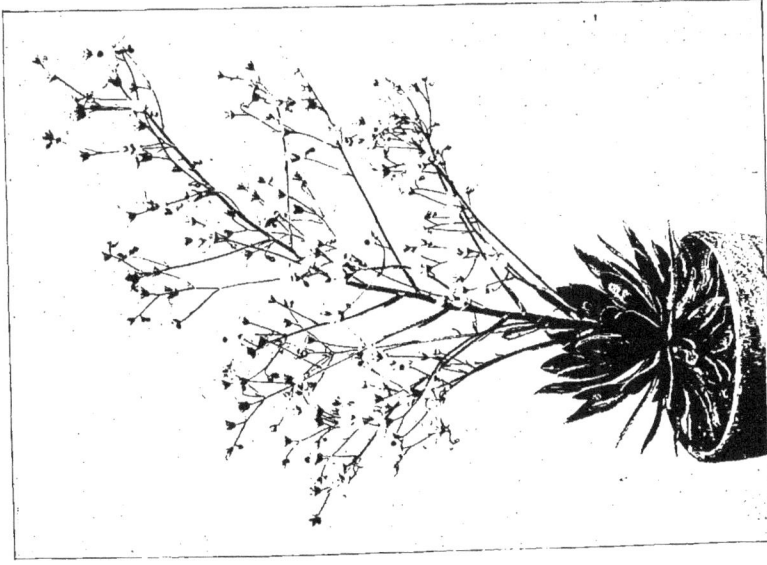

SAXIFRAGA CARTILAGINEA.

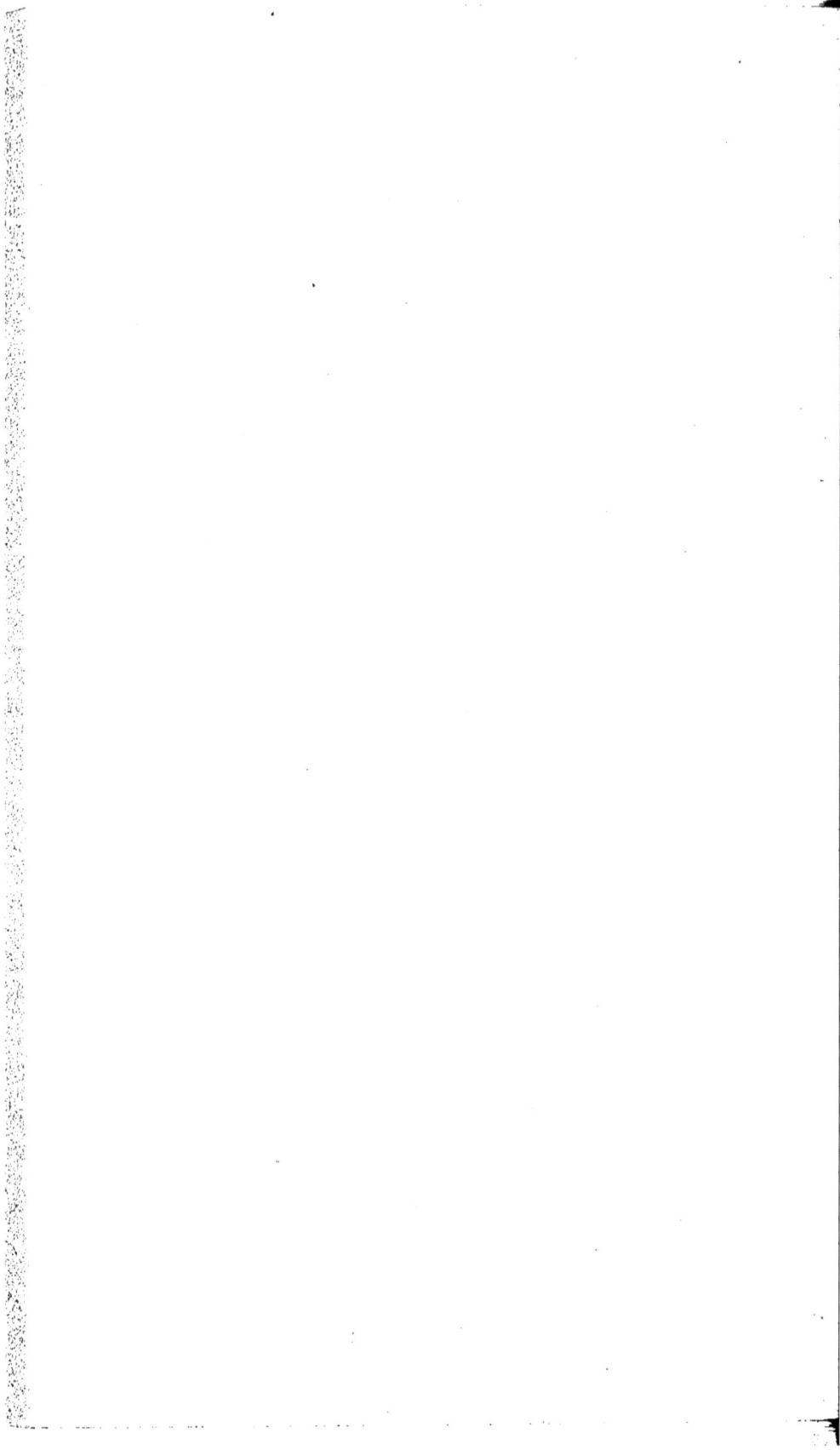

XII. — Kabschia

SAXIFRAGA

— **apiculata** Engl. (*S. scardica* × *aretioides*). — ♃.

> Cet hybride est un des plus intéressants de la section par la facilité de sa culture, par les belles pelotes raides et compactes que forment ses rameaux, et surtout par l'abondance et la précocité de ses belles fleurs jaune clair, qui se montrent dès la fin de mars. — (Voir fig. 37, et *Revue Horticole* 1902, p. 231, fig. 91.)

— **aretioides** Lap. — ♃. Pyrénées.

Fig. 37. — SAXIFRAGA APICULATA.

— **cæsia** L. — ♃. Europe méridionale.
— **diapensioides** Bell. — ♃. Alpes.
— **Ferdinandi-Coburgii** Koll. et Lünd. — ♃. Bulgarie.
— **juniperifolia** Adams. — ♃. Caucase.
— **marginata** Sternb. -- ♃. Europe méridionale.
— **media** Gouan (*S. porophylla* Bertol.). — ♃, var. FREDERICI-AUGUSTI Biasol. — Balkans.
— **Salomoni** Hort. (*S. Rocheliana* × *Burseriana*). — ♃.
— **sancta** Griseb. — ♃. Macédoine.
— **scardica** Griseb. — ♃. Macédoine.
— **valdensis** DC. (*S. cæsia major* Hort.). — ♃. Alpes d'Europe.

> Jolie espèce voisine du *S. cæsia*, mais plus forte, formant des pelotes de feuillage fortement crustacé, dont les tiges florales sont grêles, rougeâtres et les fleurs petites, jolies surtout en boutons

XIII. — PORPHYRION

SAXIFRAGA

— **oppositifolia** L. — ♃. Régions boréales et alpines.

Petite espèce gazonnante et d'aspect bien distinct, produisant de bonne
heure de jolies fleurs rose foncé, mais généralement peu nombreuses.
La plante se cultive assez facilement en terrines plates et terre de bruyère
pure.

BERGENIA (MEGASEA).

— **afghanica** Hort. (*S. Stracheyi* Hook. f., var. *alba*). — ♃.
Origine horticole.

— **ciliata** Royle. — ♃. Himalaya.

Cette espèce est la plus distincte du genre par ses larges feuilles fortement ciliées sur toute leur surface; elles ne persistent qu'imparfaitement,
la plante étant moins robuste que ses congénères; les fleurs sont
blanc rosé.

— **cordifolia** Haw. — ♃. Sibérie.

— **crassifolia** L. — ♃. Sibérie.

— **ligulata** Wall. — ♃. Himalaya.

— **ornata** Dene. — ♃. Himalaya.

Ce *Bergenia*, qui n'est peut-être qu'une forme botanique de quelqu'une
des espèces les plus voisines (*B. crassifolia, B. ligulata, B. cordifolia*),
n'en est pas moins une très belle plante robuste, vigoureuse et formant
avec l'âge de très fortes touffes, réellement ornementales lorsqu'au premier
printemps elles développent leurs grandes et nombreuses cymes de fleurs
rose frais. C'est une de ces touffes que montre la planche XVII.

— **purpurascens** Engl. — ♃. Himalaya.

— **Stracheyi** Hook. f. — ♃ Himalaya.

J'ai cru devoir séparer les espèces précédentes du genre Saxifrage et
adopter pour elles le genre *Bergenia* Mœnch, qui a la priorité sur le genre
Megasea Haw., plus connu peut-être, mais postérieur. Ces plantes, en effet,
sont plus distinctes des Saxifrages vraies que bien des genres dont l'ad-
mission n'est pas contestée. — (Voir *Le Jardin*, 1904, p. 197.)

BOYKINIA

— **rotundifolia** Parry. — ♃. Californie.

TIARELLA

— **cordifolia** L. — ♃. Amérique septentrionale.

— **polyphylla** D. Don. — ♃. Himalaya.

— **unifoliata** Hook. — ♃. Amérique septentrionale.

TELLIMA

— **affinis** A. Gray. — ♃. Amérique septentrionale.

— **grandiflora** R. Br. — ♃. Amérique septentrionale.

MITELLA

— **diphylla** L. — ♃. Amérique septentrionale.

HEUCHERA

— **alba** Hort. — ♃. Origine horticole.
— **americana** L. — ♃. Amérique septentrionale.
— **bracteata** Ser. — ♃. Amérique septentrionale.
— **brizoides** Hort. — ♃. Origine hort. — Variétés horticoles.
— **erubescens** A. Br. et Bouché. — ♃. Amérique septent.
— **micrantha** Dougl. — ♃. Amérique septentrionale.
— **rosea** Zabel. — ♃. Origine hybride.
— **sanguinea** Engelm. — ♃. Amérique septentrionale.
—   — var. SPLENDENS Hort.

De la culture encore récente des espèces précitées sont sortis des hybrides et variétés déjà nombreux, dans l'obtention desquels M. Lemoine, de Nancy, s'est particulièrement distingué. Les inflorescences, très légères, varient du blanc aux diverses nuances du rouge.

TOLMIÆA

— **Menziesii** Torr. et Gray. — ♃. Amérique septentrionale.

CHRYSOSPLENIUM

— **alternifolium** L. — ♃. Hémisphère septentrional.
— **oppositifolium** L. — ♃. Europe occidentale et centrale.

Les deux espèces ici mentionnées n'ont d'autre mérite décoratif que de former, dans les endroits humides, de larges plaques de verdure persistant l'hiver comme l'été, et de produire au printemps des petits bouquets de fleurs jaunâtres.

PARNASSIA

— *****mysorensis** Heyne. — ♃. Indes.
— **nubicola** Wall. — ♃. Himalaya.
— **palustris** L. — ♃. Hémisphère septentrional.

Notre espèce indigène, à jolies fleurs blanches, se cultive assez facilement en terrines remplies de terre de bruyère mêlée de sphagnum et tenues très humides durant l'été. Les deux autres sont plus délicates et semblent demander plus de chaleur.

FRANCOA

— **appendiculata** Cav. — ♃ Chili.
— **ramosa** D. Don. — ♃ Chili.
— **rupestris** Pœpp. et Endl. — ♃. Chili.
— **sonchifolia** Cav. — ♃. Chili.

Les *Francoa* sont d'assez jolies plantes à peu près rustiques, à feuillage radical, velu et à fleurs variant du blanc au rose et au lilas, disposées en longs épis effilés, sur des hampes qui dépassent souvent 1 mètre.

KIRENGESHOMA

— **palmata** Yatabe *(gen. et spec. nov.)*. — ♃. Japon.

> J'ai reçu de Kew, l'hiver dernier seulement, cette plante, unique représentant d'un genre nouveau, décrit en 1890 dans les *Icones floræ japonicæ*, vol. I, tabl. 2. N'ayant pas encore pu observer ses affinités génériques, je me vois forcé de la placer provisoirement à la fin de la famille que lui a attribuée son auteur.

CRASSULACÉES

CRASSULA

— *gracilis Hort. — ♃.

— *lactea Ait. — ♃. Cap.

GRAMMANTHES

— **gentianoides** DC. — ☉. Afrique australe.

BRYOPHYLLUM

— *crenatum Baker. — ♃. Madagascar.

> Introduite il y a quelques années seulement, par M. Puteaux, cette singulière Crassulacée est curieuse par ses feuilles à limbe relevé verticalement à la base. Lorsque ces feuilles sont détachées, elles développent de nombreuses plantules. Ses fleurs, qui s'épanouissent durant l'hiver, en serre, sont rouge et jaune, assez jolies. — (Voir *Revue Horticole*, 1900, p. 175, fig. 81 ; p. 362, avec planche.)

KALANCHOE

— *flammea Stapf. — ♃. Afrique australe.

UMBILICUS

— **chrysanthus** Boiss. et Heldr. — ♃. Asie Mineure.

> Espèce intéressante par ses rosettes stériles vert pâle, hirsutes, et par ses fleurs blanc jaunâtre. La plante résiste à nos hivers moyens.

— **ciliolatus** Regel. — ♃. Orient.

— **pendulinus** DC. *(Cotyledon Umbilicus L.)*. — ♃. Eur. mérid.

— *Pestalozzæ Boiss. — ♃. Asie Mineure.

— *platyphyllus Schrenk. — ♃. Perse.

— *spinosus DC. — ♃. Asie.

> Les rosettes stériles de cette espèce sont très distinctes et intéressantes par leurs feuilles nombreuses, épaisses, vert glauque et prolongées en pointe longuement acuminée. Elles rappellent beaucoup celles des *Sempervivum*, parmi lesquels la plante est souvent classée. Sa rusticité est insuffisante sous notre climat et sa floraison à Verrières n'a pas encore été observée.

ECHEVERIA

— *Desmetiana De Smet *(Cotyledon Desmetiana Hemsl.)*. — ♃. Mexique.

— *secunda Booth. *(Cotyledon secunda Baker)*. — ♃. Mexique.

PISTORINIA

— *__hispanica__ DC. (_Cotyledon hispanica_ L.). — ①. Afrique septentrionale.

> Jolie plante naine, dont les rameaux forment un corymbe compact, se couvrant au printemps d'une multitude de fleurs variant du blanc jaunâtre au jaune vif, à l'orangé et au rose. A cette époque, les racines sont mortes, mais la plante n'en continue pas moins à fleurir et à grainer, même lorsqu'on la déplante. Elle doit être semée à l'automne et hivernée sous châssis. — (Voir _Revue Horticole_, 1895, p. 472, fig. 156, 157.)

SEDUM

— __acre__ L. — ♃. Europe.
— — var. SARTORIANUM Hort.
— __Aizoon__ L. — ♃. Sibérie.
— — var. SCABRUM Maxim.
— __Alberti__ Regel — ♃. Turkestan.
— __album__ L. — ♃. Europe.
— — var. ATHOUM DC. — Mont Athos.
— __altissimum__ Poir. — ♃. Europe méridionale.
— __amplexicaule__ DC. — ♃. Région méditerranéenne.

> Ce Sedum est très singulier par ses petites tiges gazonnantes, dont les feuilles se dessèchent en même temps qu'elles se redressent et forment un bourgeon allongé, qu'on pourrait croire mort. A l'automne, ces bourgeons, apparemment desséchés, s'ouvrent et donnent naissance à des tigelles garnies de petites feuilles glauques, qui forment bientôt un tapis compact.

— __Anacampseros__ L. — ♃. Europe méridionale.
— __anglicum__ Huds. — ♃. Europe.

> C'est une des plus petites espèces du genre. Ses tigelles, très nombreuses, hautes de quelques centimètres seulement, sont garnies de feuilles minuscules et vertes qui donnent, jusqu'à un certain point, l'illusion de la mousse et font parfois employer la plante pour simuler un gazon dans les endroits secs des rocailles.

— __anopetalum__ DC. — ♃. Europe méridionale.
— — var. VERLOTI Jord.
— __azureum__ Desf. (_S. cæruleum_ Vahl). — ①. Europe mérid.
— __Beyrichianum__ Mast. — ♃. Origine incertaine.
— __Cepæa__ L. — ①. Europe.
— __corsicum__ Duby (_S. dasyphyllum_ L., var. _glanduliferum_ Gren. et Godr.). — ♃. Région méditerranéenne.

> Ce Sedum, que certains botanistes considèrent comme une forme hirsute du _S. dasyphyllum_, est une plante très naine, gazonnante et bien plus robuste que ce dernier. Elle est remarquable par ses petites feuilles qui se détachent en grand nombre vers la fin de l'été, s'enracinent rapidement sur terre et y donnent chacune naissance à une jeune plante. C'est, en somme, un bouturage par feuilles qui se produit naturellement.

SEDUM

— **cyaneum** Rudolph. — ⚲. Sibérie.

— **dasyphyllum** L. — ⚲. Europe.

— *dendroideum Moç. et Sessé. - ⚲. Mexique.

— **elegans** Lejeune (*S. rupestre* L.). — ⚲ Europe.

— **erythræum** Griseb. — ⚲. Macédoine.

— **Ewersii** Ledeb. — ⚲. Sibérie.

— **glaucum** Mayer. — ⚲. Asie Mineure.

   hirsutum All. — ② ⚲. Europe méridionale.

— **hispanicum** L. — ⚲. Europe méridionale.

   *japonicum Sieb. et Zucc. — ⚲. Japon.

—   — *var. VARIEGATUM Hort.

— **kamtschaticum** Fisch. et Mey. — ⚲. Asie orientale.

—   — var. AUREO-MARGINATUM Hort.

— **latinervium** Hort. — ⚲. Patrie inconnue.

— **lydium** Boiss. — ⚲. Asie Mineure.

> Petite espèce gazonnante, comme le *S. glaucum*, mais bien distincte par la teinte rouge cuivré de son feuillage.

— **magellense** Tenore. - ⚲. Grèce.

— **Maximowiczii** Regel. — ⚲. Japon.

— **maximum** Suter. — ⚲. Europe.

—   — var. PURPUREUM Hort.

> Cette variété est très remarquable par son grand feuillage, dont la teinte permanente est rouge pourpre foncé, produisant un agréable contraste avec celui des autres espèces.

— **Middendorffianum** Maxim. — ⚲. Chine.

— *multiceps Cosson. — ⚲. Algérie.

> Les tiges de cette espèce sont frutescentes, quoique naines; les rameaux fourchus, dressés et raides, portent au sommet une touffe de petites feuilles d'un vert blond. La plante fleurit rarement sous notre climat.

— **oppositifolium** Sims. — ⚲. Caucase.

— *oxypetalum H. B. — ⚲. Mexique.

— **pallidum** Bieb. — ⚲. Asie Mineure.

— **Pittonii** Hort. — ⚲. Patrie inconnue.

> Ce Sedum, que je dois à l'obligeance de M. Daigremont, est une espèce naine, très distincte par ses tigelles garnies de petites feuilles cylindriques, disposées sur quatre rangs et fortement glauques-pruineuses durant l'été.

— **populifolium** Pall. — ⚲. Sibérie.

— **pulchellum** Michx. — ⚲. Amérique septentrionale.

> Espèce très distincte et des plus jolies. Ses fleurs, rose lilacé pâle, sont réunies en plusieurs épis disposés en étoile au sommet des tiges. La plante est peu rustique et souffre parfois de l'humidité de nos hivers.

SEDUM

— **reflexum** L. — ♃. Europe.

— — var. CRISTATUM Hort.

> Monstruosité singulière par ses tiges larges et plates, étalées ou même retombantes, portant au sommet de nombreuses feuilles rapprochées en forme de crête. De temps à autres se montrent quelques tiges normales, produisant des fleurs jaunes, qui ont permis de reconnaître l'origine spécifique de cette anomalie.

— **rhodanthum** A. Gray — ♃. Amérique septentrionale.

— **Rhodiola** DC. (*S. roseum* Scop.; *Rhodiola rosea* L.) ♃. Europe.

— — var. TACHIROI Hort.

— **rubens** L. — ①. Europe méridionale.

— **rupestre** L. (*S. virescens* Willd.). — ♃. Europe.

— **sarmentosum** Bunge (*S. carneum* Hort.). — ♃. Chine. — Var. VARIEGATUM Hort.

— **sexangulare** L. (*S. boloniense* Reichb.). — ♃. Europe.

— **Sieboldii** Sweet. — ♃. Japon.

— **spathulifolium** Hook. — ♃. Amérique septentrionale.

— **spectabile** Bor. — ♃. Japon.

— **Stahlii** Solms-Laubach. — ♃. Mexique.

> Ce Sedum, nouvellement décrit, est bien distinct par ses longues tiges étalées et garnies de grosses feuilles globuleuses, rougeâtres qui, lorsqu'elles tombent, s'enracinent sur terre et y forment une plante indépendante. Les fleurs en sont jaune vif, assez grandes. La plante n'est pas rustique. — (Voir *Le Jardin*, 1904, p. 139.)

— **stellatum** L. — ①. Europe.

— **stoloniferum** Gmel. (*S. spurium* Bieb.). — ♃. Asie.

— — var. COCCINEUM Hort.

— **Telephium** L. — ♃. Europe.

— **testaceum** Hort. — ♃. Patrie inconnue.

— **Wallichianum** Hook. (*S. asiaticum* Spreng.). ♃. Himalaya.

SEMPERVIVUM

— **acuminatum** Jacq. — ♃. Himalaya.?

— **affine** Lamotte. — ♃. France.

— **Allionii** Jord. et Fourr. (*S. cornutum* Hort.). — ♃. France.

> Ce *Sempervivum* se distingue nettement de ses congénères par ses rosettes globuleuses, à feuilles étroites, longues, incurvées et rougeâtres au sommet. Ses fleurs sont jaune soufre.

— **ambiguum** Lamotte. — ♃. France.

— **arachnoideum** L. — ♃. Alpes d'Europe.

— **arboreum** L. — ♃. Europe méridion. — Var. RUBRUM Hort.

SEMPERVIVUM

- **arenarium** Koch (*S. Neilreichii* Schott). — ♃. Tyrol.
- **arvernense** Lecoq et Lamotte. — ♃. France.
- **atropurpureum** Hort. — ♃. Europe.
- **barbulatum** Schott (*S. arachnoideum* × *S. montanum*). ♃.
- **blandum** Schott. — ♃. Transylvanie.
- **Boissieri** Baker. — ♃. Patrie inconnue.
- **Boutignyanum** Billot et Gren. — ♃. Pyrénées.
- **Braunii** Funk. — ♃. Europe.
- **calcareum** Jord. et Fourr. (*S. californicum* Hort.). — ♃. Dauphiné.

  Cette espèce, connue aussi sous le nom de *S. californicum*, est facile à reconnaître à ses grosses et robustes rosettes, dont les feuilles sont fortement teintées de pourpre brun au sommet. Ses fleurs sont rouge clair, mais rares. La plante est souvent employée en mosaïculture.

- *****cæspitosum** C. Smith. — ♃. Canaries.
-     — var. FOLIIS VARIEGATIS Hort.
- **Delasoieii** C. B. Lehm. et Schnittsp. — ♃. Suisse.
- **Fauconneti** Reut. — ♃. Jura.
- **fimbriatum** Schnittsp. — ♃. Tyrol.
- **flagelliforme** Fisch. — ♃. Sibérie.
- **Funckii** F. Braun. — ♃. Europe méridionale.
- **Gaudinii** Christ. — ♃. Suisse.
- **glaucum** Tenore. — ♃. Tyrol.
- **globiferum** L. (*S. soboliferum* Sims). — ♃. Europe.

  Cette espèce, à petites rosettes et feuilles pointues, rougeâtres, produit abondamment, durant l'été, des propagules ou petites rosettes grosses comme un grain de Vesce, longuement pédicellées et se détachant facilement.

- **Greenii** Baker. — ♃. Alpes.
- **heterotrichum** Schott. — ♃. Tyrol.
- **hirtum** L. — ♃. Europe méridionale.
- *****holochrysum** Webb. et Berth. — ♃. Ténériffe.
- **kopaonikense** Panc. — ♃. Serbie.
- **Laggeri** Schnittsp. — ♃. Dauphiné, Suisse.

  Ce *Sempervivum*, qui se rattache évidemment au *S. arachnoideum*, s'en distingue par ses rosettes plus fortes, plus blondes et plus aranéeuses. Ses fleurs sont roses et abondantes.

- **Lamottei** Boreau. — ♃. France.
- *****latifolium** Hoffmsg. — ♃. Ténériffe.
- **montanum** L. — ♃. Alpes et Pyrénées.

SEMPERVIVUM

— **murale** Boreau. — ♃. Europe occidentale.
— **nigrum** Hort. — ♃. Europe.
— **penninum** Lagg. — ♃. Suisse.
— **piliferum** Jord. — ♃. Alpes.
— **Pittonii** Schott. — ♃. Styrie.
— **Pomeli** Lamotte. — ♃. France centrale.
— **pratense** Jord. et Fourr. — ♃. Europe.
— **pulchellum** Walp. — ♃. Patrie inconnue.

Ce *Sempervivum*, peu répandu, est un des plus intéressants et des plus beaux. Ses rosettes, changeant d'aspect et de couleur selon l'âge et la culture, sont généralement moyennes, étalées, à feuilles fortement garnies de longs poils blancs et rougeâtres à la base, tandis que le sommet reste vert. Je n'en ai pas encore vu les fleurs, bien que je le possède depuis longtemps.

— **pyrenaicum** Lamotte. — ♃. Pyrénées.
— **Reginæ-Amaliæ** Heldr. et Sart. — ♃. Grèce.

Cette rare espèce a des rosettes assez fortes, vertes au centre, mais largement teintées de pourpre cuivré dans leur tiers supérieur, et ses fleurs, abondantes, sont grandes et jaune vif.

— **rubellum** Timb. — ♃. France méridionale.
— **ruthenicum** Koch. — ♃. Transylvanie.
— **Schnittspahni** Lagg. — ♃. Suisse.
— **Schottii** Lehm. et Schnittsp. — ♃. Tyrol.
— **speciosum** Lamotte. — ♃. Alpes.
— **stenopetalum** Schnittsp. et Lehm. — ♃. Patrie inconnue.
— *****subtabulæforme** Hort. — ♃. Patrie inconnue.
— *****tabulæforme** Haw. — ♃. Madère.

Des espèces non rustiques, celle-ci est la plus intéressante par ses rosettes larges de 10 à 12 centimètres à l'état adulte, à feuilles vertes, larges, planes et apprimées de façon à former une surface parfaitement plane et inclinée sur un côté. Ses fleurs sont jaunes, en cyme rameuse.

— **tectorum** L. — ♃. Europe.
— — var. ATROVIOLACEUM Hort.
— — var. CUPREUM Hort.

Je considère cette variété comme un des *Sempervivum* colorés les plus distincts. Ses grandes rosettes, à larges feuilles étalées, sont, en effet, d'un coloris vieux rose poudré glauque et verdissant au centre. La plante fleurit très rarement.

— — var. REQUIENI Hort. Vilm.
— — var. VIOLACEUM Hort.
— **tenellum** Hort. — ♃.

SEMPERVIVUM

— **tomentosum** Lehm. — ♃. France centrale.

Cette espèce produit des petites rosettes nombreuses et très compactes, complètement pileuses au sommet des feuilles ou légèrement aranéeuses au centre de la rosette et rougissant à l'extérieur.

— **triste** Hort. — ♃. Patrie incertaine.

Cette espèce justifie son nom par ses rosettes moyennes, entièrement couleur lie de vin. Ses fleurs sont rose foncé.

— **valesiacum** Lagg. — ♃. Suisse.

— **ventosicolum** Hort. — ♃. Alpes.

— **Verloti** Lamotte. — ♃. Dauphiné.

— **Wulfeni** Hoppe. — ♃. Tyrol.

En dehors des espèces typiques les plus distinctes et les plus répandues, je ne puis donner comme certaine la détermination des nombreux *Sempervivum* précités. La nomenclature en est très confuse et les plantes si polymorphes qu'il se peut que sous les noms donnés se cachent des formes insuffisamment distinctes ou même de simples synonymes. Plusieurs ont déjà été supprimées de la collection pour ces raisons. (Pour les descriptions de la plupart des espèces précitées, voir *Fleurs de pleine terre*, éd. IV, pp. 529-532, et *Revue Horticole*, 1898, p. 571, fig. 196 à 200.)

DROSÉRACÉES

DROSERA

— **intermedia** Hayne. — ♃. Europe.

— **longifolia** Hayne. — ♃. Europe et Asie septentrionales.

— **rotundifolia** L. — ♃. Régions septentrionales.

Je parviens assez bien à faire fleurir et conserver, au moins pendant quelques années, ces singulières petites plantes, comme aussi les *Pinguicula*, en les cultivant dans des terrines remplies de terre de bruyère tourbeuse couverte de sphagnum. Les récipients sont placés, durant l'été, dans un endroit frais, sur une cuvette remplie de sable saturé d'eau, qui fournit progressivement l'humidité nécessaire au sphagnum et à l'atmosphère environnante.

HALORAGÉES

GUNNERA

— ***magellanica** L. — ♃. Chili méridional.

— ***manicata** Linden. — ♃. Brésil. — (Voir *Rev. Hort.*, 1892, p. 323.)

— ***scabra** Ruiz et Pav. ♃. Chili. (Voir *Rev. Hort.*, 1894, p. 397, fig. 143.)

Ces deux dernières espèces sont connues comme de très grandes et fortes plantes, à port de Rhubarbes, avec lesquelles on pourrait les confondre, n'étaient leurs fleurs petites, verdâtres, disposées en gros épis courts et cachés sous les feuilles. Ces plantes, hautement pittoresques, demandent une terre très riche et humide, avec une protection efficace contre les grands froids. Tout autre est le *G. magellanica*, petite espèce à rhizomes grêles, rampants et à feuilles arrondies, vertes, gazonnantes, mais ne fleurissant pas, à Verrières du moins. La plante est médiocrement rustique.

MÉLASTOMACÉES

RHEXIA

— **virginica** L. — ♃. Amérique septentrionale.

> C'est probablement l'unique espèce de cette famille qui soit rustique sous notre climat. Ses fleurs sont jolies, abondantes et d'un coloris rose frais. Sa culture est facile en terre de bruyère. Ses racines forment de petits tubercules gros et longs comme le noyau d'une olive, qui produisent chaque année de nouvelles tiges et permettent ainsi de multiplier facilement l'espèce.

LYTHRARIÉES

CUPHEA

— *miniata** A. Brongn. — ① ♃..Mexique.
— — var. ALBA Hort.
— *platycentra** Benth. — ① ♃. Mexique.

LYTHRUM

— **alatum** Pursh. — ♃. Amérique septentrionale.
— **Salicaria** L. — ♃. Régions septentrionales.
— **virgatum** L. — ♃. Régions septentrionales.

ONAGRARIÉES

EPILOBIUM

— **alpinum** L. — ① ♃. Europe.
— — var. ALBUM Hort.

> Petite espèce, haute de quelques centimètres seulement, paraissant annuelle. Sa variété blanche est intéressante par ce fait qu'elle se ressème d'elle-même et se reproduit bien en culture.

— **Billardierianum** Ser. — ♃. Australie.
— **Dodonæi** Vill. — ♃. Europe.
— **frigidum** Hausskn. — ♃. Asie Mineure.
— **hirsutum** L. — ♃. Europe.
— *linnæoides** Hook. f. — ♃. Nouvelle-Zélande.
— **luteum** Pursh. — ♃. Amérique septentrionale.

> Très intéressante espèce naine, dressée, haute de 15 à 25 centimètres, à grandes fleurs jaune pâle, coloris rare, sinon unique, parmi ses congénères.

— *pedunculare** Cunn. — ♃. Nouvelle-Zélande.

> Comme l'*E. linnæoides*, cette espèce est radicante, à petit feuillage, et produit en mai-juin de nombreuses petites fleurs rosées, à longs pédoncules dressés.

EPILOBIUM

— **rosmarinifolium** Hænke. — ♃. Europe.

> Très jolie espèce vivace et de culture facile, à tiges de 40-50 centimètres de hauteur, à feuillage linéaire et fleurs roses, en épis terminaux.

— **spicatum** Lamk. — ♃. Hémisphère septentrional.

— — var. ALBUM Hort.

ZAUSCHNERIA

— *californica Presl. — ♃. Californie.

CLARKIA

— **elegans** Dougl. — ①. Californie. — Variétés horticoles.

— **pulchella** Pursh. — ①. Californie. — Variétés horticoles.

— — var. INTEGRIPETALA Hort. — Variétés horticoles.

ŒNOTHERA

— **biennis** L. — ②. Amérique septentrionale.

— — var. SUAVEOLENS Desf. — Amérique septentrionale.

— **cæspitosa** Nutt. — ♃. Amérique septentrionale.

> Cette espèce est une des plus belles Enothères acaules. Ses fleurs, très grandes et d'abord blanches, deviennent ensuite légèrement rosées et se succèdent très abondantes durant toute la belle saison. La plante ne graine malheureusement pas sous notre climat, mais elle drageonne beaucoup. Sa rusticité est suffisante pour nos hivers moyens.

— **Drummondii** Hook. — ① ②. Texas.

— **fruticosa** L. (*Œ. serotina* Sweet). — ♃. Amérique septent.

— **glauca** Michx. — ♃. Amérique septent. — var. FRASERI Pursh.

— **Lamarckiana** Ser. — ① ②. Amérique septentrionale.

— **macrocarpa** Pursh (*Œ. missouriensis* Sims). — ♃. Amérique septentrionale.

— **pumila** L. — ♃. Amérique septentrionale.

— **rosea** L. — ① ♃. Mexique.

— **speciosa** Nutt. — ♃. Amérique septentrionale.

— **taraxacifolia** Sweet. — ②. Chili.

— **tetraptera** Cav. — ①. Mexique.

— — var. ROSEA Hort.

GODETIA

— **Lindleyana** Spach. — ①. Californie. — Variétés horticoles.

— **rubicunda** Spach. — ①. Californie. — Variétés horticoles.

— **Whitneyi** Hort. — ①. Californie. — Variétés horticoles.

EUCHARIDIUM

— **Breweri** A. Gray. — ①. Californie.

— **grandiflorum** Fisch. et Mey. — ①. Californie.

FUCHSIA

— *microphylla Kunth. — ♃ . Mexique.

— *procumbens R. Cunn. — ♃ . Nouvelle-Zélande.

> Quoique ligneuses et non rustiques, ces deux espèces sont mentionnées ici comme plantes intéressantes, la première par ses petites fleurs rouges, qu'elle développe l'hiver, en serre, la deuxième par son port retombant et par les grosses baies rouges qui succèdent à ses petites fleurs jaunes, vertes et rouges.
>
> (Voir aussi Partie I, *Plantes ligneuses*.)

LOPEZIA

— *coronata Andr. — ♃ . Mexique.

> Très jolie plante, injustement oubliée, qui a le précieux mérite de fleurir durant l'hiver, en serre tempérée, et d'y produire des grappes de fleurettes rose vif, extrêmement légères et gracieuses. — (Voir *Revue Horticole*, 1905, p. 216, fig. 84, 85.)

— *hirsuta Jacq. — ♃ . Mexique.

GAURA

— *Lindheimeri Engelm. et Gray. — ♃ . Texas.

CIRCÆA

— alpina L. — ♃ . Hémisphère septentrional.

— intermedia Ehrh. — ♃ . Europe.

> Jolie espèce naine, de culture facile, envahissante même, dont les nombreuses tigelles se terminent chacune par un épi léger portant des fleurs rosées qui s'épanouissent en juin.

TRAPA

— natans L. — ① ♃ . Europe, etc.

LOASÉES

MENTZELIA

— Lindleyi Torr. et Gray (*Bartonia aurea* Lindl.). ①. Californie.

LOASA

— lateritia Gill. — ①. Chili.

— vulcanica Ed. André. — ①. Équateur.

SCYPHANTHUS

— elegans Don. — ① ♃ . Chili.

CUCURBITACÉES

TRICHOSANTHES

— colubrina Jacq. — ①. Amérique australe.

LAGENARIA

— vulgaris Ser. — ①. Indes. — Variétés horticoles.

THLADIANTHA

— **dubia** Bunge. — ♃. Chine.

Fig. 38. — THLADIANTHA OLIVERI.

— **Oliveri** Cogniaux (*spec. nov.*). — ♃. Chine.

Nouvelle espèce, introduite par les soins de M. M. de Vilmorin, bien distincte et très supérieure au point de vue décoratif au *Th. dubia*. La plante, est parfaitement vivace, rustique, éminemment traçante et produit quelques tubercules allongés, très profonds. Ses tiges, qui peuvent atteindre une grande hauteur, portent des feuilles cordiformes, à l'aisselle desquelles se montrent, en juillet-août, des cymes rameuses de grandes fleurs jaunes. La forme mâle est seule jusqu'ici connue en culture. La figure 38 montre un rameau fleuri de cette très belle plante grimpante et la planche XXIII une partie du mur qu'elle couvre à Verrières, où elle est aussi employée pour décorer certains arbres. — (Voir, pour description plus complète, *Revue Horticole*, 1903, p. 472, fig. 194.)

MOMORDICA
- **Balsamina** L. — ①. Indes.
- **Charantia** L. — ①. Indes.

LUFFA
- **acutangula** Seringe. — ①. Indes.
- **cylindrica** L. — ①. Indes. — Var. MACROCARPA Hort.

ECBALLIUM
- **Elaterium** A. Rich. — ♃. Région méditerranéenne.

Fig. 39. — CUCURBITA FICIFOLIA.

BRYONIA
- **dioica** Jacq. — ♃. Europe.

CUCUMIS
- **Anguria** L. — ①. Amérique australe.
- **Dudaim** L. — ①. Patrie incertaine.
- **flexuosus** L. — ①. Asie méridionale et Afrique tropicale.
- **Melo** L. — ①. Asie centrale. — Variétés horticoles.
- **sativus** L. — ①. Patrie incertaine. — Variétés horticoles.

CITRULLUS
- **vulgaris** Schrad. — ①. Afrique tropicale. — Variétés hort.

BENINCASA
- **cerifera** Savi. — ①. Indes.

CUCURBITA

— **ficifolia** Bouché (*C. melanosperma* A. Braun). — ①. Asie orientale. — (Voir fig. 39.)

— **maxima** Duch. — ①. Asie tropicale. — Variétés horticoles.

— **moschata** Duch. — ①. Asie tropicale. — Variétés horticoles.

Fig. 40. — MELOTHRIA SCABRA.

— **Pepo** L. — ①. Afrique tropicale. — Variétés horticoles.

— **perennis** A. Gray. — ♃. Texas.

MELOTHRIA

— ***punctata** Cogniaux (*Pilogyne suavis* Schrad.). — ♃. Afrique australe.

Ce *Melothria*, plus connu sous le nom de *Pilogyne suavis*, est dioïque et la forme mâle seule connue en culture. On la propage par boutures, qu'il faut hiverner en serre. — (Voir *Revue Horticole*, 1898, p. 55, fig. 25, 26; 1900, p. 660, fig. 279, 280.)

MELOTHRIA
— *scabra Naud. — ① ♃. Mexique.

Cette espèce, d'abord confondue avec la précédente, puis avec le *M. pendula* L., est une plante vivace, tuberculeuse, mais annuelle en culture. Ses tiges, longuement grimpantes et pourvues de vrilles, se chargent à l'automne de petits fruits curieusement bariolés de blanc verdâtre sur vert foncé, que montre bien la figure 40. — (Voir *Revue Horticole*, 1900, p. 660, fig. 278 (sub nom. *M. pendula*); 1901, p. 42, fig. 11; p. 250.)

Fig. 41. — ECHINOCYSTIS LOBATA.

ECHINOCYSTIS
— lobata Torr. et Gray. — ①. — Amérique septentrionale.

Cucurbitacée annuelle et monoïque, intéressante par sa grande vigueur, son 'joli feuillage blond et ses abondantes grappes de fleurs mâles, d'un blanc verdâtre. Les fruits, très curieux, sont globuleux, fortement hérissés d'aiguillons non vulnérants et s'ouvrent en quatre loges pour laisser échapper des graines plates, brunes, qui souvent germent sur place au printemps. La plante convient à orner les treillages et la ramure des vieux arbres. — (Voir fig. 41, et *Revue Horticole*, 1895, p. 9, fig. 1.)

CYCLANTHERA

— **pedata** Schrad. — ①. Amérique septentrionale.

BÉGONIACÉES

BEGONIA

— *__boliviensis__ DC. — ♃. Bolivie. — Variétés horticoles.
— *__discolor__ Ait. — ♃. Chine.
— *__diversifolia__ Graham. - ♃. Mexique.
— *__erecta hybrida__ Hort. — ♃. — Variétés horticoles.
— *__semperflorens__ Link. — ① ♃. Brésil. — Variétés horticoles.

CACTÉES

OPUNTIA

arborea Steud. — ♃. — Brésil.

Parmi les espèces rustiques, celle-ci est une des plus distinctes par ses tiges cylindriques, dressées et rameuses. Elle résiste sans souffrir aux froids les plus rigoureux de notre région et ne redoute pas l'humidité. Sa floraison est très rare et encore attendue à Verrières.

— *__balearica__ Hort. — ♃. Patrie incertaine.
— *__bicolor__ Phil. — ♃. Chili.
— *__brachyacantha__ Hort. — ♃. Patrie incertaine
— **camanchica** Engelm. et Bigel. — ♃. Amérique sept.
— *__cantabrigensis__ Hort. Cantab. — ♃. Patrie incertaine.
— *__Engelmanni__ Salm-Dyck. — ♃. Amérique septentrionale.
— **humilis** Haw. — ♃. Amérique septentrionale.
— *__intermedia__ Salm-Dyck. — ♃. Amérique septentrionale.
— *__maxima__ Mill. — ♃. Amérique septentrionale.
— *__monacantha__ Haw. — ♃. Amérique australe.
— *__pseudo-Tuna__ Salm-Dyck. — ♃. Amérique australe.
— **Rafinesquii** Engelm. — ♃. Amérique septentrionale.
— *__Tuna__ Mill. — ♃. Amérique septentrionale.
— **vulgaris** Mill. — ♃. Amérique septentrionale.

FICOIDÉES

MESEMBRIANTHEMUM

— *__aureum__ L. — ♃. Cap.

MESEMBRIANTHEMUM
— **Cooperi** Hook. f. — ♃. Cap.

> Espèce à tiges traînantes, formant de larges touffes garnies de feuilles cylindriques et à grandes fleurs rose violacé. Elle est notable par sa rusticité, bien plus grande que celle de ses congénères, qui lui permet parfois de résister à nos hivers.

— *cordifolium L. — ①. Cap.
—   — var. *FOLIIS VARIEGATIS Hort.
— *crystallinum L. — ①. Canaries.
— *echinatum Lamk. — ♃. Cap.
— *inclaudens Haw. — ♃. Cap.
— *muricatum Haw. — ♃. Cap.
— *pomeridianum L. — ①. Cap.
— *tricolor Willd. — ①. Cap. — Variétés horticoles.
— *uncatum Salm-Dyck. — ♃. Cap.
— *uncinellum Salm-Dyck. — ♃. Cap.

> (La plupart des espèces précitées sont décrites et plusieurs figurées dans la *Revue Horticole*, 1903, pp. 524-529, fig. 215-228, avec planche coloriée.)

TETRAGONIA
— **expansa** Murr. — ①. Australie.

TELEPHIUM
— **Imperati** L. — ♃. Région méditerranéenne.

OMBELLIFÈRES

HYDROCOTYLE
— **peduncularis** R. Br. — ♃. Australie.
— **repanda** Pers. — ♃. Amérique septentrionale.

> Grande espèce à larges feuilles et à fleurs verdâtres, longuement pédonculées. La plante est robuste et si fortement traçante qu'il faut prendre certaines précautions pour qu'elle n'envahisse pas ses voisines.

— *rotundifolia Roxb. (*H. sibthorpioides* Lamk). — ♃. Asie.

TRACHYMENE
— **cærulea** Grah. — ① (*Huegelia cyanea* Reichb.; *H. cærulea* Hort.). — ♃. Australie.

ERYNGIUM
— *agavifolium Griseb. — ♃. République Argentine.
— **alpinum** L. — ♃. Europe.
— **Bourgati** Gouan. — ♃. Pyrénées.
— **bromeliæfolium** Delar. — ♃. Amérique centrale.
— **cæruleum** Bieb. — ♃. Orient.

ERYNGIUM

- — *eburneum Dcne. — ♃. Uruguay.
- — giganteum Bieb. — ♃. Arménie.
- — maritimum L. — ♃. Europe.
- — Oliverianum Delar. — ♃. Orient.
- — *pandanifolium Cham. — ♃. Uruguay.
- — planum L. — ♃. Europe.
- — *Serra Cham. et Schlecht. — ♃. Brésil.

> Des Panicauts à involucre et fleurs bleus, notre espèce indigène, l'*E. alpinum*, est incontestablement la plus belle, mais aussi une des plus difficiles à obtenir en beaux exemplaires, et la culture en pleine terre est encore celle qui nous a le mieux réussi. L'*E. Oliverianum* est peut-être moins remarquable, mais préférable pour la facilité de sa culture, bien qu'il ne graine pas sous notre climat. Enfin, les *E. Bourgati* et *E. cœruleum*, quoique très bleus, ont des inflorescences bien plus petites, et leur culture est aussi beaucoup plus facile.
>
> Des *Eryngium* parallélinerves, l'*E. pandanifolium* est le plus remarquable par ses longues feuilles dressées et fortement dentées; elles sont au contraire étalées en large rosette chez l'*E. agavifolium*. Comme leurs congénères sud-américaines, ces espèces résistent à nos hivers moyens sous une bonne couverture de litière. L'*E. bromeliæfolium*, notablement plus rustique, peut s'en passer. — (Voir *Revue Horticole*, 1893, p. 420, fig. 133-134.)

ASTRANTIA

- — helleborifolia Salisb. — ♃. Caucase.
- — major L. — ♃. Europe.
- — minor L. — ♃. Europe.

HACQUETIA

- — Epipactis DC. — ♃. Europe.

> Le plus grand intérêt de cette plante réside dans ses petites ombelles capitulées de fleurs jaune vif, qu'elle développe presque au niveau du sol, dès la fin de mars.

BUPLEVRUM

- — longifolium L. — ♃. Europe.

SMYRNIUM

- — Olusatrum L. — ②. Europe.

APIUM

- — graveolens L. — ②. Europe. — Variétés horticoles.

PETROSELINUM

- — sativum Hoffm. — ②. Europe. — Variétés horticoles.

SIUM

- — Sisarum L. — ♃. Asie orientale.

ÆGOPODIUM
— **Podagraria** L. — ♃. Europe, var. FOLIIS VARIEGATIS Hort.

La panachure de cette plante est constante et très jolie. Elle est très traçante et sa vigueur est si grande qu'on l'emploie dans certaines régions, notamment au Mont-Dore, pour faire des bordures.

PIMPINELLA
— **Anisum** L. — ①. Grèce.

MYRRHIS
— **odorata** Scop. — ♃. Europe.

CHÆROPHYLLUM
— **bulbosum** L. — ②. Europe méridionale.
— **roseum** Bieb. — ♃. Caucase.

ANTHRISCUS
— **Cerefolium** Hoffm. — ①. Europe. — Variétés horticoles.
— **silvestris** Hoffm. — ②. Europe. — Variétés AMÉLIORÉES Hort. Vilm.

Cette plante est cultivée à Verrières, en vue d'une expérience de sélection, entreprise par mon père, en 1874, et dont j'ai fait connaître les résultats au *Congrès international de botanique*, à *l'Exposition universelle de* 1900. (Voir, pour de plus amples détails, *Compte rendu*, etc., pp. 209-212). La culture en est encore poursuivie avec la même précision.

ATHAMANTA
— **vestina** A. Kern. — ♃. Tyrol.

FŒNICULUM
— **dulce** DC. — ①②. Italie.
— **vulgare** Gærtn. — ♃. Europe.

CRITHMUM
— **maritimum** L. — ♃. Europe.

MEUM
— **athamanticum** Jacq. — ♃. Europe.
— **Mutellina** Reichb. — ♃. Europe.

LEVISTICUM
— **officinale** Koch. — ♃. Europe.

SELINUM
— **pyrenaicum** Gouan (*Angelica pyrenæa* Spreng.). — ♃. Pyrénées.
— **tenuifolium** Wall. (*Oreocome filicifolia* Edgew.). — ♃. Himalaya.

ARCHANGELICA
— **officinalis** Hoffm. (*Angelica Archangelica* L.). — ♃. Europe.

FERULA

— **Candelabrum** Heldr. et Sart. — ♃. Europe méridionale.

— **communis** L. — ♃. Europe méridionale.

— **glauca** L. — ♃. Europe méridionale.

PEUCEDANUM

— **gallicum** Latourr. — ♃. Europe.

— **Ostruthium** Koch (*Imperatoria Ostruthium* L.). — ♃. Europe.

PASTINACA

— **sativa** L. — ②. Europe. — Variétés horticoles.

HERACLEUM

— **Mantegazzianum** Levier et Somm. — ♃. Caucase.

CORIANDRUM

— **sativum** L. — ① ②. Europe.

CUMINUM

— **Cyminum** L. — ①. Région méditerranéenne.

DAUCUS

— **Carota** L. — ②. Europe. — Variétés horticoles.

> Il n'est pas douteux que les nombreuses variétés de Carottes potagères et fourragères dérivent toutes du type sauvage et spontané chez nous. Mon arrière-grand-père fit, à ce sujet, une expérience concluante. En quelques années seulement, il arriva à obtenir des plantes pourvues d'une racine charnue et comestible. — (Voir *Transactions of the Horticultural Society of London*, 1840, sér. II, tome 2, p. 348, et *Notices sur l'amélioration des plantes par le semis et considérations sur l'hérédité dans les végétaux*, par Louis de Vilmorin, précédées d'un Mémoire sur l'*Amélioration de la Carotte sauvage*.)

ARALIACÉES

ARALIA

— **cordata** Thunb. — ♃. Japon.

> Cet *Aralia* est cultivé au Japon pour ses jeunes pousses, que l'on fait blanchir à l'obscurité et que l'on consomme en salade ou cuites. La plante est rustique et prospère sous notre climat; elle pourrait donner lieu à des essais intéressants. — (Voir *Le potager d'un curieux*, éd. III, p. 418, et *Revue Horticole*, 1896, p. 55, fig. 115.)

— **quinquefolia** Dcne et Planch. (*Panax quinquefolium* L.). — ♃. Amérique septentrionale.

> Longtemps confondue avec l'*Aralia Ginseng* Baillon (*Panax Ginseng* C. A. Mey.), quoiqu'en étant nettement différente, cette espèce est commune dans l'Amérique du Nord. J'en ai rapporté, en 1901, plusieurs exemplaires provenant du Michigan, dans le but de la comparer avec le *P. Ginseng*, lorsque je pourrai me procurer ce dernier. — (Voir *Bulletin des sciences pharmacologiques*, 1904, pp. 129, 141, 200, 218.)

ARALIA

— **racemosa** L. — ♃. Amérique septentrionale.

— — var. SACHALINENSIS Hort.

CORNACÉES

CORNUS

-- **canadensis** L. — ♃. Amérique septentrionale.

— **suecica** L. — ♃. Europe septentrionale.

Le *C. suecica* est une charmante petite plante de culture facile en terre de bruyère. Ses tiges, hautes seulement de 5 à 8 centimètres, se terminent par une inflorescence entourée de bractées blanches, de longue durée, auxquelles succèdent des petits fruits rouge vif.

Le *C. canadensis*, quoique analogue comme port, diffère nettement du *C. suecica* par ses tiges plus fortes, hautes de 10 à 15 centimètres, à feuilles plus grandes, verticillées et rougissant fortement en hiver. Ses bractées florales sont également blanches et bien plus grandes.

(Voir aussi Partie I, *Plantes ligneuses*.)

MONOPÉTALES

CAPRIFOLIACÉES

TRIOSTEUM

— **pinnatifidum** Maxim. — ♃. Chine.

-- SPEC. à fruits rouges. — ♃. Chine.

LINNÆA

— **borealis** L. — ♃. Europe.

Malgré sa nature essentiellement alpine, cette petite plante fruticuleuse est très facile à cultiver. A Verrières, elle tapisse de ses nombreux rameaux traînants une large surface d'un carré creux du rocher, rempli de terre de bruyère, mais sa floraison, sans faire défaut, n'y est jamais abondante.

RUBIACÉES

HOUSTONIA

— **cærulea** L. — ♃. Amérique septentrionale.

— — var. ALBA Hort.

Charmante petite plante à port de *Lobelia Erinus*, mais plus naine encore et se couvrant, de mai en juillet, d'innombrables fleurettes bleu clair à œil jaune, qui justifient, avec sa patrie, le joli nom de « Bleuet du Canada » qui lui a été donné à son introduction, encore récente, en France. La plante est rustique et demande à être cultivée en terre de bruyère, à exposition ombragée durant l'été. — (Voir fig. 42, et *Revue Horticole*, 1902, p. 319, fig. 135.)

HOUSTONIA
— **serpyllifolia** Michx. -- ♃. Amérique septentrionale.

NERTERA
— *depressa** Banks et Soland. — ♃. Amérique australe et Nouvelle-Zélande.

COPROSMA
— * **Petriei** Cheesem. — ♃. Nouvelle-Zélande.

Fig. 42. — HOUSTONIA CÆRULEA.

RUBIA
— **tinctorum** L. — ♃. Europe.

GALIUM
— **linifolium** Lamk. — ♃. Europe centrale.

ASPERULA
— **azurea** Jaub. et Spach. — ①. Orient.
— **ciliata** Rochel. — ♃. Europe orientale.
— **hirta** Ramond. — ♃. Pyrénées.
— **montana** Waldst. et Kit. — ♃. Europe.
— **nitida** Guss. — ♃. Sicile.
— **odorata** L. — ♃. Europe.
— **taurina** L. — ♃. Europe.

ASPERULA
- **tinctoria** L. — ♃. Europe.

Des espèces précitées, les *A. ciliata*, *A. hirta* et *A nitida* sont de charmantes petites plantes de rochers, à fleurs blanches ou rosées, mais dont la conservation est assez difficile sous notre climat.

CRUCIANELLA
- **stylosa** Trin. — ♃. Perse.

VALÉRIANÉES

PATRINIA
- **gibbosa** Max. — ♃. Sibérie.
- **scabiosæfolia** Link. — ♃. Sibérie.
- **villosa** Juss. — ♃. Japon.

VALERIANA
- **globulariæfolia** Ramond. — ♃. Pyrénées.
- **montana** L. — ♃. Europe.
- **officinalis** L. — ♃. Europe.
- **pyrenaica** L. — ♃. Pyrénées.

Grande et robuste espèce, de culture facile, à larges feuilles radicales et dont la tige, simple et forte, porte à plus d'un mètre de hauteur une vaste cyme corymbiforme de fleurs blanc rosé. La plante produit un effet superbe dans les rochers.

- **supina** L. — ♃. Autriche.
- **tripteris** L. — ♃. Europe.

Des espèces naines, celle-ci est une des plus intéressantes par la facilité de sa culture en pleine terre ordinaire. Ses tiges, hautes seulement de 15 à 30 centimètres, se terminent, en mai, par une cyme de fleurs roses.

- **tuberosa** L. — ♃. Europe méridionale.

CENTRANTHUS
- **macrosiphon** Boiss. — ①. Espagne. — Variétés horticoles.
- **ruber** DC. — ♃. Europe.
-     — var. ALBUS Hort.

FEDIA
- **Cornucopiæ** Gærtn. — ①. Région méditerranéenne.

VALERIANELLA
- **eriocarpa** Desv. — ①. Europe, etc.
- **olitoria** Poll. — ①. Europe, etc. — Variétés horticoles.

DIPSACÉES

MORINA

— **longifolia** Wall. — ♃. Himalaya.

Cette plante est remarquable par son feuillage, qui ressemble à s'y méprendre à celui de certains Chardons. Vers le milieu de l'été, se développent des tiges, hautes de 50 à 60 centimètres, portant de nombreux verticilles de fleurs tubuleuses et rouge vif, qui suppriment toute confusion et rendent la plante très décorative.

DIPSACUS

— **Fullonum** L. — ②. Europe, etc.
— **silvestris** Mill. — ②. Europe.
— — var. TORSUS Hugo de Vries.

Monstruosité singulière de la Cardère des champs que le professeur Hugo de Vries, d'Amsterdam, à qui j'en dois les semences, est parvenu à fixer dans la proportion d'environ un tiers. La tige, courte et forte, est tordue en spirale, tantôt à droite, tantôt à gauche, et porte, sur ses côtes externes, des feuilles à l'aisselle desquelles naissent, ainsi qu'au sommet, des rameaux ne présentant aucune torsion et régulièrement spiralés. Cette monstruosité offre un intérêt purement scientifique, mais celui-ci est très grand au point de vue phyllotaxique, car la plante présente à la fois deux systèmes de disposition des feuilles tout à fait distincts. — (Voir *Revue Horticole*, 1898, p. 175, fig. 168.)

CEPHALARIA

— **alpina** Schrad. — ♃. Europe.
— **leucantha** Schrad. — ♃. Europe.
— **tatarica** Schrad. — ♃. Sibérie.

SCABIOSA

— **atropurpurea** Desf. — ① ②. Europe mér. — Variétés hort.
— **caucasica** Bieb. — ♃. Caucase.
— — var. ALBA Hort.

La variété blanche de cette espèce, dont les fleurs sont les plus grandes du genre, joint à ce mérite celui d'être plus robuste et en particulier de fleurir bien plus abondamment que le type et sans interruption durant toute la belle saison. C'est une plante des plus recommandables pour la production des fleurs à couper. En outre, elle se reproduit très franchement par le semis.

— **graminifolia** L. — ♃. Europe méridionale.
— **japonica** Miq. — ♃. Japon.
— **magnifica** Hort. (*Knautia magnifica* Boiss. et Orph.). — ♃. Macédoine.
— **palæstina** D. Dietr. (*S. Metaxasi* Hort. Vilm.). — ①. Perse.

(Voir fig. 43, et *Revue Horticole*, 1892, p. 109, fig. 29.)

SCABIOSA
— **Portæ** Huter. — ♃. Europe.
— ***rutæfolia** Vahl. — ♃. Région méditerranéenne.

Fig. 43. — SCABIOSA PALÆSTINA.

— **silvatica** L. (*Knautia silvatica* Duby). — ♃. Europe.
—   — var. FLORE ALBO Hort.
— **songarica** Schrenk. — ♃. Sibérie.

COMPOSÉES

Tribu I. — VERNONIACÉES

VERNONIA
— **flexuosa** Sims. — ♃. Amérique septentrionale.

> Cette espèce, voisine du *V. noveboracensis*, lui est supérieure par ses fleurs plus grandes, d'un beau violet vif, disposées en cymes terminales. C'est une grande et forte plante, atteignant 3 mètres et fleurissant en août, mais grainant peu et rarement. — (Voir *Revue Horticole*, 1896, p. 403, sub. nom. *V. axilliflora*.)

— **noveboracensis** Willd. — ♃. États-Unis.
— **præalta** Willd. — ♃. Amérique septentrionale.

STOKESIA
— **cyanea** L'Hérit. — ♃. Amérique septentrionale.

Tribu II. — EUPATORIACÉES

AGERATUM
— *****Lasseauxii** Carr. — ① ♃. Uruguay.
— *****mexicanum** Hort. Vilm. — ① ♃. Mexique. — Variétés hort.
— *****Wendlandii** Hort. — ① ♃. Mexique. — Variétés horticoles.

STEVIA
— **purpurea** Pers. — ① ♃. Mexique.
‑‑ **serrata** Cav. — ① ♃. Mexique.

EUPATORIUM
— **cannabinum** L. — ♃. Europe.
— *****petiolare** Moçin. et Sessé. — ♃. Mexique.

> Cette espèce, d'introduction récente, est connue aussi sous le nom d'*E. Purpusi.* C'est une plante suffrutescente, de serre froide. Elle fleurit dès janvier-février et produit des cymes de fleurs blanc rosé, très jolies, mais surtout remarquables par le parfum de vanille très puissant qu'elles répandent. — (Voir *Revue Horticole*, 1903, p. 78.)

ADENOSTYLES
— **albifrons** Reichb. — ♃. Europe.

LIATRIS
— **elegans** Willd. — ♃. Amérique septentrionale.
— **punctata** Hook. — ♃. Amérique septentrionale.
‑‑ **pycnostachya** Michx. — ♃. Amérique septentrionale.
— **scariosa** Willd. — ♃. Amérique septentrionale.
— **spicata** Willd. — ♃. Amérique septentrionale.

> Après le *L. pycnostachya*, qui est l'espèce la plus belle et la plus répandue, le *L. spicata* est un des plus intéressants par sa souche tuberculeuse et surtout par ses fleurs lilas vif, disposées en épi multiflore ; celui-ci atteint 60 à 70 centimètres et l'épanouissement, qui a lieu en septembre, commence par le sommet de l'inflorescence.

Tribu III. — ASTÉROÏDÉES

GRINDELIA
— **squarrosa** Dunal. — ② ♃. Amérique septentrionale.

CHRYSOPSIS
— **villosa** DC. — ♃. Amérique septentrionale.

XANTHISMA
— **Drummondii** Hook. f. (*Centauridium Drummondii* Torr. et Gray). — ①. Texas.

APLOPAPPUS
— **Parryi** A. Gray. — ♃. Amérique septentrionale.

BIGELOWIA
— **graveolens** A. Gray. — ♃. Amérique septentrionale.
> Cette Composée, peu répandue, est une plante suffrutescente, haute de 60 à 80 centimètres, touffue, à feuillage linéaire, glaucescent et petits capitules jaunes, disposés en corymbes terminaux, s'épanouissant en automne.

SOLIDAGO
— **canadensis** L. — ♃. Amérique septentrionale.
— **gigantea** Ait. — ♃. Amérique septentrionale.
— **glabra** Desf. — ♃. Amérique septentrionale.
— **lævigata** Ait. — ♃. Amérique septentrionale.
> Des nombreuses espèces de ce genre, souvent si voisines entre elles qu'il est difficile de les reconnaître, le *S. lævigata* est une des plus distinctes. Ses tiges sont grosses et garnies d'un feuillage large, abondant, épais et vert glauque ; ses fleurs sont jaunes, en corymbes compacts et ne s'épanouissent que très tardivement.

— **minuta** L. — ♃. Europe.
> C'est une des plus petites espèces du genre, exceptionnelle même à ce point de vue ; ses tiges florales ne dépassant guère 10 à 15 centimètres de hauteur. Elle a produit l'an dernier, à la fin de mai et en novembre, et cette année en juin, des fleurs jaune vif, assez grandes et paniculées.

— **patula** Muehl. — ♃. Amérique septentrionale.
— **rigida** L. — ♃. Amérique septentrionale.
— **spectabilis** A. Gray. — ♃. Amérique septentrionale.
— **Virgaurea** L. — ♃. Amérique septentrionale.

BRACHYCOME
— **iberidifolia** Benth. — ①. Australie. -- Variétés horticoles.

BELLIS
— **perennis** L. — ♃. Europe. — Variétés horticoles.
— **rotundifolia** Boiss. et Reut. — ②, var. CÆRULESCENS Hook. f.

BELLIUM
— **minutum** L. — ♃. Grèce.
> Plante rustique et vigoureuse, formant de larges touffes, à petit feuillage gazonnant, sur lequel se dressent des petites fleurs blanches, étoilées.

KAULFUSSIA
— **amelloides** Nees (*Charieis heterophylla* Cass.). — ①. Cap. - Variétés horticoles.

TOWNSENDIA
— **sericea** Hook. — ♃. Amérique septentrionale.

BOLTONIA
— **asteroides** L'Hérit. — ♃. Amérique septentrionale.
— **glastifolia** L'Hérit. — ♃. Amérique septentrionale.
— **latisquama** A. Gray. — ♃. Amérique septentrionale.

11

CALLISTEPHUS

— **hortensis** Cass. (*Aster chinensis* L.). — ①. Sibérie, Chine.
(Reine-Marguerite). — Variétés horticoles.

La Reine-Marguerite que représente la fig. 44 a été envoyée de Chine, il y a plusieurs années déjà, à M. M. de Vilmorin. Elle s'est vite répandue dans les cultures sous le nom d'« Aster de Chine à grande fleur. » Il y a lieu de croire qu'il s'agit là du type primitif de nos Reines-Marguerites. Tous ses caractères sont, en effet, d'une fixité si grande que pendant plusieurs années elle s'est reproduite sans la moindre variation. Cette origine spontanée est, cependant, loin d'exclure, les mérites décoratifs de la plante. Ses fleurs sont très grandes et d'un beau bleu violet, plus légères et à disque moins grand que chez les variétés simples de Reines-Marguerites qu'on trouve fréquemment dans les cultures et dont plusieurs coloris ont été mis au commerce à différentes époques. Ces variétés simples ont un port raide, un feuillage trop ample, des fleurs à ligules mal développées et un gros disque bombé, jaune vif, qui les prive d'élégance. Cet exemple semble contredire la théorie d'après laquelle les plantes, une fois améliorées, reprennent leur forme primitive lorsqu'on cesse de les sélectionner et qu'on leur permet de retourner au type ancestral. Aussi, la plupart de ces variétés horticoles à fleurs simples ont elles été rapidement abandonnées. — (Voir *Revue Horticole*, 1899, p. 168, fig. 59; 1900, p. 99.)

La Reine-Marguerite est une des plantes les plus remarquables par le très grand nombre de races et l'extrême variété des coloris qu'elle a produits en culture, étant donné surtout que son introduction primitive remonte seulement à 1731. On compte, en effet, plus de trente races, et les coloris, presque tous fixés, varient entre le blanc, le rose, le rouge, le bleu et le violet; le jaune pâle existe même chez une variété *aurea*. Voir *Revue Horticole*, 1894, p. 68, avec planche.)

Fig. 44. — CALLISTEPHUS HORTENSIS.

I. — ASTER

ASTER

— **adulterinus** Willd. — ♃. Amérique septentrionale.
— **æstivus** Ait. (*A. longifolius* Lamk ?). — ♃. Amérique sept.

Fig. 45. — ASTER BRACHYTRICHUS.

— **alpinus** L. — ♃. Europe.
—   — var. FLORE RUBRO Hort.
—   — var. FLORE ALBO Hort.

Cet *Aster*, si distinct par son port nain et touffu, produit, en mai, des grandes et belles fleurs bleues, sur des tiges uniflores, ne dépassant pas 10 à 15 centimètres. Il prospère en pleine terre, pourvu qu'elle ne soit pas trop calcaire, et constitue une charmante plante à rocailles.

— **amelloides** Reichb. — ♃. Europe.
— **Amellus** L. — ♃. Europe. — Variétés horticoles.
—   — var. BESSARABICUS Bernh.

Cette espèce est une des plus distinctes et des plus belles du genre. Ses fleurs, d'un beau bleu, sont grandes et à longues ligules rayonnantes. La plante est haute de 50 à 60 centimètres, à tiges minces, peu rameuses et à floraison précoce. Ses variétés diffèrent entre elles par la couleur de leurs fleurs, leurs dimensions, l'ampleur de leur feuillage, etc. L'*A. amelloides* a le même port, avec des fleurs plus grandes et plus belles encore.

ASTER

— **amplexicaulis** Muehl. — ♃. Pensylvanie.
— **Bigelowii** A. Gray. — ② ♃. Sud des États-Unis.

> Cet *Aster* est presque unique dans le genre, d'abord par sa courte durée, qui ne se prolonge guère au delà de la première floraison, la plante n'étant pas traçante ; ensuite par son port raide et très divariqué ; enfin par ses fleurs grandes, lilas clair, s'épanouissant en août-septembre, et dont l'involucre paraît fortement hérissé, les bractées étant réfléchies au sommet. — (Voir *Revue Horticole*, 1889, p. 34.)

— **brachytrichus** Franch. — ♃. Yunnan.

> Introduit de Chine par M. M. de Vilmorin, il y a dix ans déjà, cet *Aster* est nain, à feuilles radicales abondantes, hirsutes et à tiges fines, hautes de 40 à 50 centimètres, portant une à trois grandes fleurs rayonnantes et d'un bleu violet. Sa floraison a lieu en juin. — (Voir fig. 45, et *Revue Horticole*, 1900, p. 369, fig. 172.)

— **cæspitosus** L. — ♃. Amérique septentrionale.
— chinensis L. — Voy. *Callistephus hortensis*.
— **confertus** Nees. — ♃. Amérique septentrionale.
— **commutatus** A. Gray. — ♃. Amérique septentrionale.
— **cordifolius** L. — ♃. Amérique septentrionale.
—   — var. major Hort.
— **Curtisii** Torr. et Gray. — ♃. Amérique septentrionale.
— **decorus** Desf. — ♃. Amérique septentrionale.
— **densus** Hort. — ♃. Origine incertaine.
— **diffusus** Ait. (*A. horizontalis* Desf.). — ♃. Amérique sept.
— **diplostephioides** Benth. et Hook. f. — ♃. Himalaya.

> Jolie espèce, peu répandue, ayant le port de l'*A. alpinus*, mais plus forte, plus robuste et à grandes fleurs bleu-violet foncé, s'épanouissant en juin.

— **Drummondii** Lindl. — ♃. Amérique septentrionale.
— **dumosus** L. — ♃. Amérique septentrionale.
— **ericoides** L. — ♃. Amérique septentrionale.
— **foliaceus** Lindl. — ♃. Amérique septentrionale.
— **floribundus** Willd. — ♃. Amérique septentrionale.
— **formosissimus** Hort. — ♃. Origine incertaine.
— **grandiflorus** L. — ♃. Virginie, Géorgie.
— **lævis** L. — ♃. Amérique septentrionale.
— **lanceolatus** Willd. — ♃. Amérique septentrionale.
— **laxus** Willd. — ♃. Amérique septentrionale.
— **Lindleyanus** Torr. et Gray. — ♃. Amérique septentrionale.
— **Moulinsii** Hort. — ♃. Origine incertaine.
— **multiflorus** Ait. — ♃. Amérique septentrionale.

ASTER

— **Novæ-Angliæ** L. — ♃. Amérique septentrionale.
— — var. ROSEUS Desf.

> La variété *roseus*, dont certains auteurs font une espèce, ne diffère de l'*A. Novæ-Angliæ* que par ses fleurs d'un beau rose vif. Cette seule différence le rend non seulement très distinct, mais encore un des plus méritants, car c'est le plus franchement rose de tous les Asters cultivés. — (Voir *Revue Horticole*, 1893, p. 108, avec planche.)

— **Novi-Belgii** L. — ♃. Amérique septentrionale.
— — var. ALBUS Hort.
— **obliquus** Nees. — ♃. Amérique septentrionale.
— **paniculatus** Lamk. — ♃. Amérique septentrionale.
— — var. BLANDUS Hort.
— **pilosus** Hort. — ♃. Amérique septentrionale.
— **polyphyllus** Willd. — ♃. Amérique septentrionale.
— **præcox** Willd. — ♃. Amérique septentrionale.
— **prenanthoides** Muehl. — ♃. Amérique septentrionale.
— **ptarmicoides** Torr. et Gray. — ♃. Amérique septentrionale.
— **puniceus** L. — ♃. Amérique septentrionale.
— — var. LUCIDULUS Hort.
— — var. PULCHERRIMUS Hort.
— **purpuratus** Nees. — ♃. Amérique septentrionale.
— **pyrenæus** DC. — ♃. Pyrénées.
— **repertus** Hort. — ♃. Origine incertaine.
— **rubricaulis** Lamk. — ♃. Amérique septentrionale.
— **salicifolius** Ait. — ♃. Amérique septentrionale.
— **salignus** Willd. — ♃. Hongrie.
— **sericeus** Vent. (*A. argenteus* Miehx). — ♃. États-Unis.
— **sibiricus** L. — ♃. Amérique septentrionale.
— **sikkimensis** Hook. f. — ♃. Himalaya.
— **simplex** Willd. — ♃. Amérique septentrionale.
— **Shortii** Hook. — ♃. États-Unis.
— **striatus** Champ. — ♃. Chine.
— **tardiflorus** L. — ♃. Amérique septentrionale.
— **tataricus** L. f. — ♃. Asie septentrionale.
— **Thompsoni** C.-B. Clarke. — ♃. Himalaya.
— — var. PYRENAICUS Hort.
— **thyrsoides** Hort. — ♃. Origine incertaine.
— **Tradescantii** L. — ♃. Amérique septentrionale.

ASTER

— **trinervius** Roxb. — ♃. Chine et Japon.

> Cette espèce, largement dispersée et très variable, est bien caractérisée par ses feuilles assez larges et dentées, par ses tiges atteignant à peine un mètre, à rameaux sub-terminaux et très étalés, enfin par ses fleurs violet foncé, en corymbes terminaux très déprimés, s'épanouissant seulement à la fin d'octobre. (Voir *Rev. Hort.*, 1892, p. 38; p. 396, avec planche.)

— **Tripolium** L. — ♃. Europe.

— **turbinellus** Lindl. — ♃. Amérique septentrionale.

— **umbellatus** Mill. — ♃. Amérique septentrionale.

— **undulatus** L. — ♃. Amérique septentrionale.

— **Vilmorini** Franch. — ♃. Chine.

> Cet *Aster*, d'introduction encore récente, est rare dans les cultures. Il est surtout remarquable par ses très grandes fleurs bleues, atteignant 8 centimètres de diamètre; les ligules sont filiformes, déjetées, le disque est gros et jaune. La plante est traçante, mais peu robuste; ses tiges, peu abondantes et uniflores, atteignent 25 à 30 centimètre de hauteur. C'est uniquement une espèce de collection, plutôt difficile à conserver.

— **virens** Hort. — ♃. Origine incertaine.

> Les *Aster* sont si nombreux et si voisins entre eux, leur nomenclature horticole est si confuse et leur détermination si difficile, qu'il se pourrait que plusieurs des espèces précitées fussent incorrectement nommées.

II. — BIOTIA

ASTER

— **corymbosus** Ait. (*Biotia corymbosa* DC.). — ♃. Amér. sept.

— **macrophyllus** L. (*Biotia macrophylla* DC.). — ♃. Am. sept.

III. — CALIMERIS

ASTER

— **incisus** Fisch. (*Calimeris incisa* DC.). — ♃. Sibérie.

IV. — LINOSYRIS

ASTER

— **Linosyris** Bernh. (*Linosyris vulgaris* Cass.). — ♃. Europe.

V. — BELLIDIASTRUM

ASTER

— **Bellidiastrum** Scop. (*Bellidiastrum Micheli* Cass.). — ♃. Europe.

VI. — AGATHÆA

ASTER

— **rotundifolius** Thunb. (*Agathæa amelloides* DC.; *A. cœlestis* Cass.). — ♃. Afrique australe.

VII. — GALATELLA

ASTER

— **acris** L. (*Galatella acris* Fr. Schultz). — ♃. Europe.
— **canus** Waldst. et Kit. (*Galatella cana* Nees.) ♃. Europe orient.
— **hyssopifolius** Hort. (*Galatella hyssopifolia* Nees). — ♃. Amérique septentrionale.
— **linifolius** Hort. (*Galatella linifolia* Nees). — ♃. Amér. sept.

FELICIA

— **abyssinica** Schultz Bip. — ①. Abyssinie.

ERIGERON

— **alpinus** L. — ♃. Région septentrionale.
— — var. GRANDIFLORUS Hort.
— **aurantiacus** Regel. — ♃. Turkestan.
— **bellidifolius** Muehl. — ♃. Amérique septentrionale.
— **Coulteri** Porter et Coulter. — ♃. Amérique septentrionale.
— **flagellaris** A. Gray. — ♃. Nouveau-Mexique.
— **frigidus** Boiss. — ♃. Pyrénées.
— **glabellus** Nutt. — ♃. Amérique septentrionale.
— **glaucus** Ker-Gawl. — ♃. Amérique septentrionale.
— — var. SEMPERFLORENS S. Mottet.

> Cette espèce, quoique anciennement introduite, est restée rare dans les cultures, car le type primitif est peu florifère. J'ai rapporté il y a quelques années de Californie une forme spontanée, que j'ai recueillie moi-même aux environs de San-Francisco, et qui n'offre pas ce fâcheux inconvénient. C'est la variété ici mentionnée sous le nom de *semperflorens*, qui a été récemment multipliée et répandue. Ses fleurs sont bleues, passant au rose et au blanc, et se succèdent, en grand nombre, aussi longtemps que dure la végétation. — (Voir *Revue Horticole*, 1905, p. 96, fig. 30.)

— **hybridus** Hort. — ♃.

> Il ne semble pas douteux que cette race, d'origine horticole toute récente, ne soit le résultat d'une hybridation entre l'*E. aurantiacus* et quelque espèce à fleurs violette, peut être l'*E. speciosus* ou l'*E. pulchellus*. Elle présente, en effet, une gamme de coloris qui passe, par des degrés intermédiaires, du jaune au rose et au violet. Les plantes sont naines, florifères et très intéressantes par la diversité des nuances de leurs fleurs.

— **macranthus** Nutt. — ♃. Amérique septentrionale.
— **multiradiatus** Benth. et Hook. f. — ♃. Himalaya.

> Cette espèce, quoique intéressante par ses fleurs assez grandes et à nombreuses ligules lilacées, n'a pas toutes les qualités requises pour devenir une plante ornementale, sa vigueur étant médiocre et sa durée limitée. On ne peut, en outre, la propager que par le semis.

ERIGERON

— **pulchellus** DC. — ♃. Orient.
— **speciosus** DC. — ♃. Amérique septentrionale.

Tribu IV. — INULOIDÉES

ANTENNARIA

— **dioica** Gærtn. — ♃. Europe.
—   — var. TOMENTOSA Hort. (*A. candida* Hort.).
— MARGARITACEA R. Br. — Voy. *Anaphalis margaritacea*.
— **plantaginea** R. Br. — ♃. Amérique septentrionale.

> Cette espèce est beaucoup plus ample que notre espèce indigène, mais elle n'est pas aussi blanche. Elle vient bien en pleine terre et forme des vastes tapis qui ne sont pas sans intérêt pour orner et retenir les terres des terrains accidentés.

ANAPHALIS

— **margaritacea** Benth. et Hook. f. (*Antennaria margaritacea* R. Br.). — ♃. Amérique septentrionale.

LEONTOPODIUM

— **alpinum** Cass. — ♃. Europe, etc.
—   — var. HIMALAYANUM DC.
— **japonicum** Miq. — ♃. Japon.

> L'*Edelweiss* est une des plantes de hautes régions les plus faciles à cultiver dans les plaines. Il prospère et graine parfaitement en pleine terre. Toutefois, dans les terres fertiles et siliceuses, les inflorescences deviennent lâches et perdent en partie l'abondance et la blancheur du duvet qui en font le plus grand charme. On obvie à cet inconvénient en cultivant la plante en terre pauvre, que l'on l'additionne de plâtras. La planche XVII représente une plante ainsi obtenue.
>
> Le *L. japonicum* est très distinct de notre espèce indigène, mais il n'a pas, à beaucoup près, sa beauté.

WAITZIA

— **aurea** Steetz. — ①. Australie.

HELIPTERUM

— **roseum** DC. (*Acroclinium roseum* Hook.). — ①. Australie.
— Variétés horticoles.

RHODANTHE

— **maculata** Hort. — ①. Australie.
—   — var. ALBA Hort.
— **Manglesii** L. — ①. Australie. — Variétés horticoles.

HELICHRYSUM

— **bracteatum** Willd. — ①. Australie. — Variétés horticoles.

> (Voir *Revue Horticole*, 1890, p. 372 avec planche.)

BERGENIA (Saxifraga) ORNATA.

LEONTOPODIUM ALPINUM.

HELICHRYSUM
— **Pallasii** Ledeb. — ♃. Orient.
— *****serpyllifolium** Less. (*H. helianthemifolium* D. Don). — ♃. Afrique australe.

AMMOBIUM
— *****alatum** R. Br. — ① ♃. Australie.

HUMEA
— *****elegans** Smith. — ②. Australie.
—   — var. ALBA Hort.

INULA
— **acaulis** Schott et Kotschy. — ♃. Asie Mineure.
— **glandulosa** Puschk. — ♃. Caucase.
— **grandiflora** Willd. — ♃. Himalaya.
— **Helenium** L. — ♃. Europe.
— **macrocephala** Boiss. et Kotschy. — ♃. Himalaya.
— **Royleana** DC. — ♃. Himalaya.

BUPHTHALMUM
— **speciosum** Schreb. (*Telekia cordifolia* DC.). — ♃. Europe.

Tribu V. — HÉLIANTHOIDÉES

SILPHIUM
— **laciniatum** L. — ♃. Amérique septentrionale.
— **perfoliatum** L. — ♃. Amérique septentrionale.
— **terebinthinaceum** Jacq. — ♃. Amérique septentrionale.

CHRYSOGONUM
— **virginianum** L. — ♃. Amérique septentrionale.

> Cette Composée, encore peu répandue, forme en pleine terre des touffes compactes, hautes seulement de 40 à 50 centimètres, qui se couvrent pendant tout l'été de nombreux petits capitules jaune d'or, à cinq ligules tridentées.

ZINNIA
— **elegans** Jacq. — ①. Mexique. — Variétés horticoles.
— **Haageana** Regel (Zinnia du Mexique). — ①. Amér. trop.
—   — var. FLORE PLENO Hort.
— **Haageana** ✕ **elegans** Hort. — ①. (Zinnia du Mexique hybride varié.)

> Cette race hybride a été obtenue par M. Lille et améliorée durant ces dernières années. Elle est bien intermédiaire entre ses parents; elle a conservé, du Zinnia du Mexique, un port nain et ramassé, et ses fleurs présentent la plupart des coloris qu'on observe chez les Zinnias élégants. — (Voir *Revue Horticole*, 1900, p. 332, fig. 148-149, avec planche.)

SANVITALIA

— **procumbens** Lamk. — ①. Mexique.
— ── var. FLORE PLENO Hort.

HELIOPSIS

— **lævis** Pers. — ♃. Amérique septentrionale
— **Pitcheri** Hort. (*H. scabra* Dun., var. *Pitcheriana* Hort.). — ♃. États-Unis.

RUDBECKIA

— **amplexicaulis** Vahl. — ①. Mexique.
— DRUMMONDII Hook. — Voy. *Lepachys columnaris.*
— **fulgida** Ait. — ♃. Amérique septentrionale.
— **hirta** L. — ① ♃. Amérique septentrionale.

> Il a été obtenu, à Verrières, une race à fleurs beaucoup plus grandes et plus belles que celles du type, qui n'est pas encore répandue.
> Le *R. bicolor superba* Hort., est, très probablement, une autre race de cette espèce, peut être un hybride, dont les fleurs sont largement maculées de brun à la base des ligules.

— **laciniata** L. — ♃. Amérique sept., var. FLORE PLENO Hort.

> La variété double de cette espèce est une belle plante vivace obtenue il y a environ dix ans. La plante, très robuste et drageonnante, forme des fortes touffes, dont les tiges, rameuses et dépassant 2 mètres de hauteur, se couvrent à la fin de l'été de nombreuses fleurs grandes, très doubles et d'un jaune d'or intense. — (Voir *Revue Horticole*, 1900, p. 241.)

— **maxima** Nutt. — ♃. Texas.
— PINNATA Vent. — Voy. *Lepachys pinnatifida.*
— PURPUREA L. — Voy. *Echinacea purpurea.*
— **scabra** Cav. — ♃. Amérique sept., var. FOLIIS VARIEGATIS.
— **speciosa** Wender. — ♃. Amérique septentrionale.

LEPACHYS

— **columnaris** Torr. et Gray (*Rudbeckia Drummondii* Hook.; *Obeliscaria pulcherrima* DC.). — ♃. Mexique.
— **pinnatifida** Torr. et Gray (*Rudbeckia pinnata* Vent.). — ♃. Amérique septentrionale.

ECHINACEA

— **purpurea** Mœnch (*Rudbeckia purpurea* L.). ♃. Am. sept.

WYETHIA

— **helianthoides** Nutt. — ♃. Amérique septentrionale.

HELIANTHUS

— **annuus** L. — ①. Pérou. — Variétés horticoles.
— **argophyllus** A. Gray. — ①. Texas.
— **cucumerifolius** Hort. — ①. Amér. sept. — Variétés hort.
— **doronicoides** Lamk. — ♃. Amérique septentrionale.

HELIANTHUS

— **giganteus** L. — ♃. Amérique septentrionale.

-- **grosse-serratus** Martens. — ♃. Amérique septentrionale.

> Cette espèce est unique dans le genre par sa taille gigantesque, qui dé-
> passe 4 mètres, mais ses fleurs sont petites, tardives et peu intéressantes.

— **lætiflorus** Pers. — ♃. Amérique sept. — Variété horticole.

> (Voir *Revue Horticole*, 1893, p. 181.)

— **Maximiliani** Schrad. — ♃. Amérique septentrionale.

> (Voir *Revue Horticole*, 1895, p. 397.)

— **mollis** Lamk. — ♃. Amérique septentrionale.

> Espèce atteignant 2 mètres, à grandes feuilles couvertes d'un duvet
> soyeux et blanchâtre; ses fleurs sont jaunes, pas très grandes.

— **multiflorus** L. — ♃. Amérique sept. — Variétés horticoles.

> Ce Soleil vivace, très répandu dans les jardins sous plusieurs formes
> doubles, a le grand mérite de ne pas tracer. Chez la variété « Soleil
> d'or », les capitules, à ligules toutes semblables, rappellent un grand·
> Zinnia double. Sa variété *maximus* à de grandes et belles fleurs simples,
> jaune d'or.

— **orgyalis** DC. — ♃ Amérique septentrionale.

— **rigidus** Desf. (*Harpalium rigidum* Desf.). — ♃. Amérique
septentrionale. — (Voir *Revue Horticole*, 1893, p. 181.)

— **trachelifolius** Willd. — ♃. Amérique septentrionale.

— **tuberosus** L. — ♃. Europe (Topinambour). Variétés agricol.

> Le Topinambour ne mûrissant pas ses graines sous notre climat, on n'a·
> pu faire que peu d'expériences en vue d'obtenir, par le semis, des variétés
> nouvelles. Celles-ci sont, en conséquence, peu nombreuses; les plus ré-
> pandues ont des tubercules toujours assez irréguliers et variant comme·
> couleur du rouge au blanc et au jaune. Nous avons cependant à Verrières,
> en observation, quelques types nouveaux, issus de graines récoltées en
> Corse et en Algérie. D'ailleurs, la variété appelé « Patate », à cause de sa
> forme allongée et moins mamelonnée que celle des anciens types, provient
> également d'un semis fait à Verrières.

SPILANTHES

— **oleracea** L. — ☉. Antilles.

GUIZOTIA

— ***oleifera** Hort. — ♃. Afrique tropicale.

COREOPSIS

— **Atkinsoniana** Dougl. — ☉. Amérique septentrionale.

— **auriculata** L. — ♃. Sud des États-Unis.

— **coronata** Hook. — ☉. Texas.

— **Drummondii** Torr. et Gray. — ☉. Texas.

— **lanceolata** L. — ♃. Amérique septentrionale.

— **tinctoria** Nutt. — ☉. Amérique sept. — Variétés hort.

LEPTOSYNE

- **calliopsidea** A. Gray (*L. maritima* Hort., non A. Gray). — ④. Californie.
- **Douglasii** DC. — ④. Californie.
- *gigantea** Kellog. — ④ ♃. Californie.

> Cette grande espèce, à tige arborescente, à vaste feuillage finement découpé et à grandes fleurs jaunes, n'est pratiquement cultivable que dans le Midi. Elle ne fleurit que la deuxième année. Comme elle n'est pas rustique, son hivernage présente certaines difficultés tenant à ses grandes dimensions et à sa végétation presque continue.

- **Stillmannii** A. Gray. — ④ Californie.

> L'intérêt de cette espèce, introduite dans les cultures il y a deux ou trois ans, réside dans la rapidité de son développement, qui lui permet de commencer à fleurir moins de trois mois après le semis. Ses fleurs sont jaune vif, grandes, abondantes, et la plante rappelle, par son port général, certains Coréopsis. — (Voir *Revue Horticole*, 1903, p. 18.)

DAHLIA

- *coccinea** Cav. — ♃. Mexique. — Variétés horticoles.
- *Juarezii** Hort. — ♃. Mexique. — Variétés horticoles.
- *variabilis** Desf. — ♃. Mexique. — Variétés horticoles.

COSMIDIUM

- **Burridgeanum** Hort. — ④. Texas.

COSMOS

- **bipinnatus** Cav. — ④. Mexique. — Variétés horticoles.

> (Voir *Revue Horticole*, 1901, p. 480, fig. 214. 215.)

BIDENS

- **grandiflora** Balb. — ♃. Amérique australe.

MADIA

- *sativa** Molina. — ④. Amérique septentrionale.

LAYIA

- **chrysanthemoides** A. Gray (*Oxyura chrysanthemoides* DC.). — ♃. Californie.
- **elegans** Torr. et Gray. — ④. Californie.
- **heterotricha** Hook. et Arnott. — ④. Californie.

Tribu VI. — HÉLÉNIOIDÉES

BAERIA

- **coronaria** A. Gray (*Shortia californica* Nutt.). — ④. Californie.

TAGETES
— **erecta** L. — ①. Mexique. — Variétés horticoles.
— **lucida** Cav. — ①. Mexique.
— **patula** L. — ①. Mexique. — Variétés horticoles.
— **signata** Bartl. — ①. Mexique. — Variétés horticoles.

HELENIUM
— **autumnale** L. — ♃. Amérique septentrionale.
— — var. SUPERBUM Hort.
— — var. STRIATUM Hort.
— — var. PUMILUM MAGNIFICUM Hort.

Cette espèce, anciennement introduite, a eu, durant ces dernières années, un regain de succès par suite d'un système de dressage appliqué à la variété *superbum*, qui permet d'en obtenir des sujets à tige unique, haute de 1ᵐ,50, portant une vaste tête arrondie, se couvrant à l'automne de nombreuses fleurs jaune d'or. Ainsi dressées, les plantes produisent un superbe effet décoratif dans les plates-bandes. — (Voir, pour les détails d'opération de ce dressage, *Revue Horticole*, 1902, p. 412, fig. 181.)

La variété *striatum*, plus récente, est très nettement caractérisée par ses fleurs à ligules fortement striées de pourpre. Sa reproduction par le semis fait, à Verrières, depuis plusieurs années, l'objet d'une sélection méthodique, qui s'approche progressivement du résultat cherché.

— **Bigelowii** A. Gray. — ♃. Californie.
— **Bolanderi** A. Gray. — ♃. Californie.

(Voir *Revue Horticole*, 1891, p. 377, fig. 93, 94.)

— **Hoopesii** A. Gray. — ♃. Amérique septentrionale.

Cet *Helenium*, introduit durant ces dernières années, est une jolie plante à tiges hautes de 80 cent. environ, produisant en mai-juin de nombreuses et grandes fleurs jaune d'or, à longues ligules rayonnantes. — (Voir *Revue Horticole*, 1902, p. 108, fig. 40.)

— **tenuifolium** Nutt. — ① ♃. Louisiane.

GAILLARDIA
— **amblyodon** J. Gay. — ①. Texas.
— **lanceolata** Michx. — ♃. Amérique septentrionale.
— — var. GRANDIFLORA Hort.
— **picta** Sweet. — ①. Amérique septentrionale. — Variétés hort..

Tribu VII. — ANTHÉMIDÉES

ACHILLEA
— **alpina** L. — ♃. Europe.
— **atrata** L. — ♃. Europe.
— **filipendulina** Lamk. — ♃. Orient.
— **grandiflora** Frivald. — ♃. Orient.

ACHILLEA

— **Huteri** Sendt. — ♃. Suisse.
— **lingulata** Waldst. et Kit. — ♃. Europe orientale.
— **moschata** Jacq. — ♃. Europe.
— **Millefolium** L. — ♃. Hémisphère septentrional.
— — var. ROSEA Hort.
— **mongolica** Fisch. — ♃. Dahourie.
— **Ptarmica** L. — ♃. Hémisphère septentrional.
— — var. FLORE PLENO Hort.
— **ptarmicoides** Maxim. — ♃. Régions boréales.
— **pyrenaica** Sibth. — ♃. Pyrénées.
— **rupestris** Huter. — ♃. Tyrol.
— **setacea** Waldst. et Kit. (*A. polyphylla* Schleich.). ♃. Europe.
— **umbellata** Sibth. et Smith. — ♃. Grèce.

> C'est une des plus jolies espèces du genre. Son feuillage, très glauque forme de larges touffes qui se couvrent, en mai, d'ombelles de fleurs blanches. La plante prospère dans les rocailles sèches, en plein soleil et jusque dans les murs.

DIOTIS

— *candidissima Desf. — ♃. Europe méridionale.

ANTHEMIS

— *Aizoon Griseb. — ♃. Grèce.
— **carpathica** Willd. (*A. styriaca* Willd.). ♃. Europe, Asie M.
— **chia** L. — ①. Orient.

> Cet *Anthemis*, récolté par mon père au mont Liban, en 1898, et cultivé depuis à Verrières, est une plante annuelle, naine, étalée, haute d'environ 30 centimètres, produisant abondamment et longtemps des fleurs blanches, à centre jaune, larges de 3 à 4 centimètres. Un de ses mérites réside dans la rapidité de sa floraison, qui commence moins de trois mois après le semis. On peut l'obtenir en fleurs à toute époque de la belle saison.

— **nobilis** L. — ♃. Europe.
— — var. FLORE PLENO Hort.
— **tinctoria** L. — ♃. Europe.

CLADANTHUS

— **arabicus** Cass. (*Anthemis arabica* L.). — ①. Afrique sept.

I. — CHRYSANTHEMUM

CHRYSANTHEMUM

— **carinatum** Schousb. — ①. Afrique sept. — Variétés hort.
— **coronarium** L. — ①. Europe mérid. — Variétés horticoles.

CHRYSANTHEMUM
- **indicum** L. — ♃. Chine, Japon. — Variétés horticoles.
- **segetum** L. — ♃. Europe.
- **sinense** Sabine. — ♃. Chine, Japon. — Variétés horticoles.

> C'est à cette dernière espèce qu'on attribue l'origine des variétés de Chrysanthèmes d'automne à grandes fleurs, devenues légion et si populaires qu'il serait superflu d'en parler ici. On réserve toutefois au *C. indicum* l'ascendance des variétés à petites fleurs dites « pompons », très estimées pour l'ornementation automnale des corbeilles.

II. — LEUCANTHEMUM

CHRYSANTHEMUM
- **discoideum** All. — ♃. Italie.
- **lacustre** Brot. — ♃. Portugal.
- **Leucanthemum** L. (*Leucanth. vulgare* Lamk). ♃. Europe.
- **maximum** Ramond. — ♃. Pyrénées.
- **nipponicum** Franch. — ♃. Japon.

> Ce Chrysanthème, introduit il y a près de dix ans, est une espèce frutescente, à port arborescent et grandes fleurs blanches, rappelant celles du *Chrysanthemum lacustre*, mais s'épanouissant seulement en octobre-novembre. La plante n'est pas rustique et, comme elle ne graine pas sous notre climat, on doit la propager par boutures. — (Voir *Revue Horticole*, 1905, p. 46, fig. 13.)

- **uliginosum** Pers. — ♃. Amérique septentrionale.

> (Voir *Revue Horticole*, 1894, p. 82, fig 26.)

III. — PYRETHRUM

CHRYSANTHEMUM
- **argenteum** Willd. — ♃. Arménie.
- **caucasicum** Pers. — ♃. Caucase.
- **cinerariæfolium** Vis. — ♃. Dalmatie.
- **corymbosum** L. — ♃. Europe, Caucase.
- **macrophyllum** Willd. — ♃. Hongrie.
- **Parthenium** Smith. — ♃. Europe. — Variétés horticoles.
- **roseum** Lindl., non Bieb. — ♃. Caucase. — Variétés hort.
- **Tchihatchewii** Boiss. — ♃. Asie Mineure.

> (Voir aussi Partie I, *Plantes ligneuses.*)

MATRICARIA
- **Chamomilla** L. — ①. Europe.

MATRICARIA
— **inodora** L. — ♃. Europe.
— — var. FLORE PLENO Hort.

COTULA
— **acænæfolia** Hort. — ♃. Origine incertaine.
— **dioica** Hook. f. (*Leptinella dioica* Hook. f.). ♃. Nouv.-Zélande.
— **squalida** Hook. f. — ♃. Nouvelle-Zélande.
— **reptans** Benth. — ♃. Australie.

> Les *Cotula* sont de singulières petites Composées, à peu près rustiques, robustes et multipliantes, dont les tiges, couchées et radicantes, forment un tapis de feuillage court et vert foncé. Les fleurs, qui se montrent en juin, sont des petits capitules réduits à un disque jaune.

TANACETUM
— **vulgare** L. — ♃. Europe.
— — var. CRISPUM Hort.

ARTEMISIA
— **Absinthium** L. — ♃. Europe.
— **Dracunculus** L. — ♃. Sibérie.
— **lactiflora** Wall. — ♃. Chine.
— **Ludoviciana** Nutt. — ♃. Amérique septentrionale.
— **maritima** L. — ♃. Europe.
— **Mutellina** Vill. — ♃. Europe.
— **rupestris** L. — ♃. Europe, Sibérie.
— **sericea** Weber. — ♃. Sibérie.
— **Stelleriana** Bess. — ♃. Amérique septentrionale.

> Grande espèce à feuillage lobé et fortement incane, rappelant celui de certaines Centaurées et à port étalé. La plante craint l'humidité durant l'hiver. L'*A. Ludoviciana* s'en rapproche sensiblement, mais il lui est plutôt inférieur.

— **vulgaris** L. — ♃. Europe.

Tribu VIII. — SÉNÉCIONIDÉES

TUSSILAGO
— **Farfara** L. — ♃. Europe. — Var. FOLIIS VARIEGATIS Hort.

PETASITES
— **albus** Gærtn. — ♃. Europe, etc.
— **fragrans** Presl. (*Nardosmia fragrans* Rchb.). — ♃. Europe.
— **japonicus** F. Schmidt. ♃. Ile Sachalin., var. GIGANTEUS Hort.

> C'est à cette variété *giganteus* qu'on a attribué des feuilles si grandes et à pédoncule si fort que les Japonais s'en serviraient comme parasol. Elles sont loin d'atteindre, chez nous du moins, de semblables dimensions, et la plante, comme d'ailleurs ses congénères, n'offre qu'un intérêt secondaire.

HOMOGYNE

— **alpina** Cass. — ♃. Europe.

— **discolor** Cass. — ♃. Europe.

ARNICA

— **Chamissonis** Less. — ♃. Amérique septentrionale.

— **longifolia** Eaton. — ♃. Amérique septentrionale.

— **montana** L. — ♃. Europe.— (Voir fig. 46.)

Des espèces ici énumérées, aucune n'est plus jolie que notre espèce indigène, dont les grandes fleurs jaune vif font une très belle plante d'ornement. L'*A. montana* se propage uniquement par le semis et vient médiocrement en pleine terre, à cause de sa nature très calcifuge.

Fig. 46. — ARNICA MONTANA.

— **sachalinensis** A. Gray. — ♃. Ile Sachalin.

DORONICUM

— **austriacum** Jacq. — ♃. Europe.

— **caucasicum** Bieb. — ♃. Europe.

— **glaciale** Nym. (*Aronicum Clusii* Koch). — ♃. Europe.

— **grandiflorum** Lamk. — ♃. Europe.

— **Pardalianches** L. — ♃. Europe.

— **plantagineum** L. — ♃. Europe.

— — var. EXCELSUM Hort.

— **scorpioides** Lamk (*Aronicum scorpioides* DC.).— ♃. Europe.

Les espèces alpines de ce genre, *D. glaciale* et *D. scorpioides*, sont difficiles à cultiver; on en voit rarement de beaux exemplaires dans les jardins des plaines.

EMILIA

— **flammea** Cass. (*Cacalia sonchifolia* L.). — ①. Indes orient.

I. — SENECIO

SENECIO

— **adonidifolius** Loisel. — ♃. Europe.

— **Cacaliaster** Lamk. — ♃. France.

— **clivorum** Maxim. (*spec. nov.*). — ♃. Chine.

> Cette espèce, tout récemment introduite dans les cultures, par le Dr A. Henry, forme une forte touffe de grandes feuilles cordiformes et dentées. Les fleurs sont jaunes, larges de 10 centimètres et disposées en corymbes lâches, sur des fortes hampes pouvant atteindre 1 mètre. La plante préfère les terrains humides. — (Voir *Gard. Chron.*, 1902, Partie II, p. 217, avec planche.)

— **Doronicum** L. — ♃. Europe.

— **elegans** L. — ①. Indes. — Variétés horticoles.

— **incanus** L. — ♃. Alpes d'Europe.

— **leucostachys** Baker. — ♃. Amérique australe.

> Cette espèce, introduite de l'Uruguay par M. Ed. André, est une plante intéressante par son feuillage multiséqué et fortement velu-incane, qui rappelle, comme aspect, celui du *Centaurea gymnocarpa*. Les fleurs sont blanc crème, peu abondantes et tardives. On peut propager facilement la plante par le bouturage, mais il faut l'hiverner sous châssis. — (Voir *Revue Horticole*, 1893, p. 101, fig. 37-38.)

— **mikanioides** Otto (*S. scandens* DC.; *Delairia odorata* Lem. ; *D. scandens* Hort.). — ♃. Afrique australe.

> C'est la plante anciennement cultivée et très connue sous le nom de « Lierre d'été ». Elle est très sarmenteuse et orne rapidement les treillages de son beau feuillage durant tout l'été, mais elle ne produit pas de fleurs. Celles-ci ne se montrent qu'en serre, durant l'hiver. Il ne faut pas la confondre avec le *S. scandens* Hamilt., qui est une plante rustique et ligneuse, d'ailleurs citée Partie I, p. 38.

— **paludosus** L. — ♃. Europe et Asie septentrionale.

— **pulcher** Hook. et Arnott. — ♃. Uruguay.

> (Voir *Revue Horticole*, 1896, p. 329, fig. 121.)

— **sajittifolius** Baker. — ♃. Uruguay.

> Ce *Senecio*, introduit par les soins de M. Ed. André, il y a une quinzaine d'années déjà, est une grande et forte plante, dépassant 2 mètres de hauteur, hautement pittoresque par la vaste panicule rameuse de fleurs blanc crémeux, qu'elle épanouit en juin et juillet. Ses grandes feuilles lancéolées, disposées en rosette et pouvant atteindre 1 mètre de longueur, portent, chez la variété *bicristata* Ed. André, le long de la nervure médiane, deux étranges appendices en forme de longues crêtes foliacées, que représente bien la figure 47. La plante est restée rare dans les cultures parce qu'elle n'est pas complètement rustique et qu'elle semble avoir besoin d'être régénérée par le semis. — (Voir fig. 47, et *Revue Horticole*, 1892, p. 53, fig. 16-17 ; 1894, p. 452, avec planche.)

Fig. 47. — SENECIO SAGITTIFOLIUS, var. BICRISTATA.

II. — CINERARIA

SENECIO

— *__Cineraria__ DC. (*Cineraria maritima* DC.). ♃. Région médit.
— — var. CANDIDISSIMA Hort.
— *__cruentus__ DC. (*Cineraria cruenta* L'Hérit.). — ② ♃. Iles
   Canaries. — Variétés horticoles.

> S'il est inutile de parler des mérites décoratifs des Cinéraires hybrides,
> dont l'origine, d'abord contestée, a fini par être laissée au *S. cruentus*,
> comme seul type primitif, il peut être intéressant de rappeler que la race
> dite *polyantha*, a été obtenue à Kew, en 1898, en croisant le type sauvage
> par des Cinéraires hybrides. Il en est résulté une plante de grande taille,
> à port élancé et à petites fleurs étoilées, d'aspect léger et gracieux. — (Voir
> *Revue Horticole*, 1902 et 474, p. 432, avec planche.)

— *__populifolius__ L. (*Cineraria populifolia* L'Hérit.). — ♃. Iles
   Canaries. — Variétés horticoles.

> Je dois à l'obligeance de Sir W.-T. Dyer, directeur des jardins royaux
> de Kew, à Londres, deux variétés, probablement hybrides de *S. populifo-
> lius*, qui sont des plantes frutescentes, velues-incanes, à jolies fleurs étoi-
> lées, en corymbes légers et multiflores. Ces plantes, que j'ai vues à Kew
> garnir superbement une grande serre, ne sont pas encore répandues dans
> les cultures.

— __spathulæfolius__ DC. (*Cineraria spathulæfolia* Gmel.). — ♃.
   Europe.

III. — SENECILLIS

SENECIO

— __glaucus__ Benth. et Hook. f. (*Senecillis glauca* Gærtn.). — ♃.
   Transylvanie.

> C'est une espèce toute spéciale par ses très grandes feuilles ovales,
> épaisses et vert glauque. Lorsque la plante fleurit, elle développe une tige
> simple, presque nue, atteignant 1^m,50 et se terminant par un court épi
> de petites fleurs jaune d'or.

IV. — LIGULARIA

SENECIO

— __Kæmpferi__ DC. (*Ligularia Kæmpferi* Sieb. et Zucc.). — ♃.
   Japon. — Var. AUREO-MACULATA Hort. Japon.
— __Ledebouri__ Sch. Bip. (*Ligularia macrophylla* DC.). — ♃.
   Caucase.
— __stenocephalus__ Maxim. (*Ligularia stenocephala* Hort.). —
   ♃. Chine et Japon.

(Voir aussi Partie I, *Plantes ligneuses*.)

CACALIA
— **deltophylla** Hort. Russ. — ♃. Origine inconnue.
— SONCHIFOLIA L. — Voy. *Emilia flammea*.
— **tuberosa** Nutt. — ♃. Amérique septentrionale.

OTHONNA
— CHEIRIFOLIA L. — Voy. *Othonnopsis cheirifolia*.
— *crassifolia Harv. — ♃. Afrique australe.

> Cette plante, exceptionnelle, parmi les Composées, par la nature charnue de ses feuilles qui lui donne l'aspect de certains *Sedum*, est intéressante au point de vue décoratif par sa grande vigueur et sa nature traînante, qui permettent de l'employer, même sous le climat parisien, pour tapisser les endroits très secs. Ses fleurs sont petites et jaunes, produisant un assez bon effet par leur abondance. L'hiver, la plante doit être rentrée sous châssis et bouturée au printemps. — (Voir *Revue Horticole*, 1901, p. 334, fig. 142.)

OTHONNOPSIS
— *cheirifolia Benth. et Hook. f. (*Othonna cheirifolia* L.).— ♃. Algérie.

Tribu IX. — CALENDULACÉES

CALENDULA
— **officinalis** L. — ①. Europe australe. — Variétés horticoles.
— PLUVIALIS L. — Voy. *Dimorphotheca pluvialis*.
— **suffruticosa** Vahl. — ①. Région méditerranéenne.

DIMORPHOTHECA
— **pluvialis** Mœnch (*Calendula pluvialis* L.). — ①. Cap.

Tribu X. — ARCTOTIDÉES

VENIDIUM
— **calendulaceum** Less. — ①. Afrique australe.

ARCTOTIS
— **grandis** Thunb.? (*A. stœchadifolia* Berg.?). — ①. Cap.

> On n'est pas certain que cette plante, introduite durant ces dernières années, soit bien un *Arctotis*. Ses caractères généraux la rapprocheraient plutôt d'un *Calendula*, et en particulier du *Dimorphotheca pluvialis*, dont elle a les fleurs bicolores (blanc en dedans, lilas en dehors des ligules) et la nature héliophile. La plante s'est vite répandue dans les cultures, grâce à l'extrême facilité de son traitement, à l'abondance et à la longue durée de sa floraison. — (Voir *Revue Horticole*, 1903, p. 115, fig. 47.)

BERKHEYA
— *Adlami Hook. f. — ♃. Afrique australe.

> Cette plante est surtout remarquable par son port et par son feuillage, qui rappellent exactement ceux de certains Chardons. Les fleurs en sont jaunes, en capitules longuement pédonculés. La plante est à peu près rustique sous notre climat.

Tribu XI. — CYNAROÏDÉES

ECHINOPS

— **bannaticus** Rochel. — ♃. Europe orientale.
— **commutatus** Juratzka. — ♃. Europe méridionale.
— **dahuricus** Fisch. — ♃. Dahourie.
— **humilis** Bieb. — ♃. Sibérie.
— **Ritro** L. — ♃. Région méditerranéenne.
— **sphærocephalus** L. — ♃. Europe.
— SPEC. à gros fruits? Hort. Ellacombe.— ♃.

> Des espèces précitées, la plupart très voisines entre elles, les *E. commutatus*, à fleurs blanches, et *E. sphærocephalus*, à fleurs bleues, sont les plus distinctes et les plus recommandables. Elles peuvent suffire à représenter le genre dans les jardins.

XERANTHEMUM

— **annuum** L. — ①. Europe mérid. — (Immortelle annuelle).
Variétés horticoles.

CARLINA

— **acaulis** L. — ♃. Europe.

> On sait que cette plante, cultivée dans les jardins de plaines, y devient presque toujours plus ou moins caulescente, et ses capitules, quoique intéressants, n'ont pas la beauté ni l'éclat de ceux qu'on récolte à l'état spontané dans les montagnes de l'Est.

ARCTIUM

— **Lappa** L. — ♃. Europe.
— **majus** Bernh. — ♃. Europe.
— — var. EDULIS Sieb.

CARDUUS

— **cernuus** Steud. (*Alfredia cernua* Cass.). — ♃. Sibérie.
— **defloratus** L. — ♃. Europe.
— MARIANUS L. — Voy. *Silybum Marianum*.
— PYROCHROS Less. — Voy. *Cnicus conspicuus*.

CNICUS

— *****conspicuus** Hemsl. (*Carduus pyrochros* Less.; *Erythrolæna conspicua* Sweet). — ① ♃. Mexique.

> Très grand Chardon, atteignant 2 mètres, à port rameux et pittoresque. Son mérite ornemental réside dans ses capitules assez grands et nombreux, à fleurons et bractées rouge feu brillant. — (Voir fig. 48, et *Revue Horticole*, 1895, p. 61, fig. 18.)

ONOPORDON
— **arabicum** L. — ②. Europe méridionale.
— **illyricum** L. — ②. Europe orientale.

Fig. 48. — CNICUS CONSPICUUS.

CYNARA
— *****Cardunculus** L. — ② ♃. Région méditerranéenne. —
(Cardon). Variétés horticoles.

Du fait que le Cardon est cultivé comme plante potagère, on ne prête pas
assez d'attention à son grand et beau feuillage glauque, dont le port et
l'aspect pittoresque ne le cèdent en rien à bien des plantes employées pour
l'ornement des jardins.

— — var. SCOLYMUS L. (*ut spec.*). ♃ (Artichaut). — Variétés
horticoles.

On admet généralement que l'Artichaut n'est qu'une variété horticole
du Cardon, dans laquelle le réceptacle et les bractées de l'involucre du
capitule ont été considérablement amplifiées par la sélection. Dans le Cardon, au contraire, ce sont les pétioles des feuilles qui ont été développés.

SILYBUM

— **Marianum** Gærtn. (*Carduus Marianus* L.). ②. Europe.

SAUSSUREA

— **alpina** DC. — ♃. Régions septentrionales et arctiques.
— *****japonica** DC. (*Serratula japonica* Thunb.). ♃. Chine et Japon.

CENTAUREA

— **Amberboi** Lamk. — ①. Orient. — Variétés horticoles.
— **americana** Nutt. — ①. Amérique septentrionale.
— **babylonica** L. — ♃. Asie Mineure.
— *****Cineraria** L. — ♃. Europe méridionale. Var. CANDIDISSIMA.
— *****Clementei** Boiss. — ♃. Espagne.
— **Cyanus** L. — ①②. Europe. — Variétés horticoles.
— **dealbata** Willd. — ♃. Asie Mineure.
— *****depressa** Bieb. — ①. Caucase.
— *****gymnocarpa** Moris. — ♃. Italie.
— **macrocephala** Puschk. — ♃. Caucase.
— **montana** L. — ♃. Europe. — Variétés horticoles.
— **moschata** L. — ①. Orient.

> Cette plante, très anciennement cultivée et connue sous les noms d'« Ambrette ou Barbeau jaune », a donné naissance, dans le Midi, il y a sept à huit ans, à une race désignée sous le nom de « Centaurée Marguerite ». Le mérite principal des fleurs de cette race, qui atteignent 5 à 6 centimètres de diamètre, réside dans l'agrandissement considérable des fleurons tubuleux du pourtour des capitules, devenus des petits cornets évasés, finement plissés, dentelés et d'un blanc satiné. Depuis, des coloris jaune rosé, lilas. violet, purpurin, etc., ont été obtenus, mais ils semblent provenir ou au moins dériver par hybridation du *Centaurea Amberboi*, dont les fleurs sont typiquement violettes et l'odeur plus puissante mais moins agréable que celle de l'espèce précédente. — (Voir *Revue Horticole*, 1898, p. 159, fig. 60-61.)

— **orientalis** L. — ♃. Europe orientale.

CARTHAMUS

— **tinctorius** L. — ①. Abyssinie.

CARDUNCELLUS

— **pinnatus** DC. — ♃. Sicile, Algérie.

Tribu XII. — MUTISIACÉES

GERBERA

— **Anandria** Sch. Bip. — ♃. Chine et Japon.
— — var. AUTUMNALIS Hort.

GERBERA
— *Jamesoni Bolus. — ♃. Transvaal.

Cette Composée vivace, dont la figure 49 montre le port, a beaucoup préoccupé les amateurs et les horticulteurs pendant ces dernières années, à cause de la réelle beauté de ses grandes fleurs rouge orangé vif, à ligules rayonnantes, très longuement pédonculées et se conservant fraîches du-

Fig. 49. — GERBERA JAMESONI.

rant une quinzaine de jours. Quelques variétés ou hybrides, notamment à fleurs jaunes, ont été récemment obtenus en Angleterre. La plante n'a pas, malheureusement, toutes les qualités requises pour devenir une plante horticole. Sa rusticité est imparfaite, sa végétation lente, ses fleurs peu nom-

GERBERA

breuses et très espacées: enfin, elle graine très faiblement et ne peut guère être propagée par l'éclatage. La culture en pots profonds et terre de bruyère siliceuse, avec hivernage sous châssis, est celle qui réussit le mieux à Verrières. — (*Revue Horticole*, 1903, p. 36, fig. 11, avec planche, et 1904, p. 270.)

— **Kunzeana** A. Br. et Aschers. — ♃. Himalaya.

Tribu XIII. — CHICORACÉES

SCOLYMUS

— **hispanicus** L. — ♃. Europe méridionale.

CATANANCHE

— **cærulea** L. — ♃. Région méditerranéenne.

—   — var. ALBA Hort.

— **lutea** L. — ♃. Région méditerranéenne.

CICHORIUM

— **Endivia** L. — ②. Orient. (Chicorée frisée et Scarole). — Variétés horticoles.

— **Intybus** L. — ♃. Europe (Chicorée sauvage et Chicorée à grosse racine). — Variétés horticoles.

CREPIS

— **aurea** Rchb. — ♃. Europe.

— **albida** Vill. (*C. macrocephala* DC.). — ♃. Espagne.

— **barbata** L. (*Tolpis barbata* Gærtn.). — ①. Europe mér.

— **bulbosa** Cass. — ♃. Europe.

— **rubra** L. — ①. Europe méridionale.

—   — var. ALBA Hort.

HIERACIUM

— **aurantiacum** L. — ♃. Europe.

— **gymnocephalum** Griseb. — ♃. Montenegro.

— **nemorense** Jord. — ♃. Europe.

LEONTODON

— **tuberosus** L. (*Thrincia tuberosa* DC.). — ♃. Europe.

TARAXACUM

— **officinale** Weber (*T. Dens-leonis* Desf.). — ♃. Europe. (Pissenlit). — Variétés horticoles.

—   — var. à fleurs blanches? — Japon.

J'expérimente en ce moment, à Verrières, un Pissenlit dont j'ai récolté les graines au Japon, en 1903, et qui se distingue de notre espèce indigène par ses fleurs blanches. Son feuillage abondant, blond et tendre, semble promettre une excellente salade de printemps.

LACTUCA
- **perennis** L. — ♃. Europe.
- — — var. ALBA Hort.
- **Scariola** L. (*L. sativa* L. var.). — ①. Asie centr. (Laitue et Romaine.) — Variétés horticoles.

MULGEDIUM
- **alpinum** Less. (*Lactuca alpina* Benth. et Hook. f.). ♃. Europe.
- **cacaliæfolium** DC. — ♃. Caucase.
- **floridanum** DC. — ♃. Amérique septentrionale.
- **macrophyllum** DC. (*Lactuca macrophylla* A. Gray.) — ♃. Origine incertaine.
- **Plumieri** DC. (*Lactuca Plumieri* Gr. et Godr.). — ♃. Europe.
  Cette espèce, la plus intéressante du genre, forme des touffes robustes et vigoureuses, dont les fortes tiges, dépassant 1 mètre, se couvrent de fleurs bleues et produisent, au printemps, un effet hautement pittoresque.

TRAGOPOGON
- **porrifolius** L. — ②. (Salsifis). Europe.

UROSPERMUM
- **Dalechampii** Desf. — ♃. Europe méridionale.

SCORZONERA
- **hispanica** L. — ♃. (Scorsonère). Europe méridionale.

LOBÉLIACÉES

LAURENTIA
- **tenella** A. DC. — ♃. Région méditerranéenne.

DOWNINGIA
- **pulchella** Torr. (*Clintonia pulchella* Lindl.). — ①. Amérique septentrionale.

PRATIA
- *angulata Hook. f. — ♃. Nouvelle-Zélande.
- *begonifolia Lindl. — ♃. Himalaya.
  Cette espèce rampante produit des baies pisiformes, rouge violacé et assez abondantes à l'automne. La plante demande à être hivernée sous châssis, de même que la précédente.

LOBELIA
- *cardinalis L. — ♃. Amérique sept. — Variétés horticoles.
- **Erinus** L. — ①. Afrique australe. — Variétés horticoles.
- *fulgens Willd. — ♃. Mexique.
- — — var. SPLENDENS Willd.
- *hybrida Hort. — ♃.
  Cette race, déjà ancienne et qui résulte du croisement successif des *L. cardinalis*, *L. fulgens* et *L. syphilitica*, a produit des variétés nom-

LOBELIA

breuses et souvent distinctes par leur port et leur feuillage. Les fleurs, disposées en longs épis, présentent des coloris variant du rose au rouge et au violet. — (Voir *Revue Horticole*, 1891, p. 252, avec planche.)

— *laxiflora H. B. K. — ♃. Mexique.

— sessilifolia Lamb. — ♃. Kamtschatka.

Fig. 50. — LOBELIA TUPA.

— *syphilitica L. — ♃. Amérique septentrionale.

— tenuior R. Br. (*L. ramosa* Benth.). — ①. Australie.

Ce *Lobelia*, cultivé depuis très longtemps en France, sous le nom de *L. ramosa*, et récemment réintroduit en Angleterre, sous celui de *L. tenuior*, qui a la priorité botanique, est une belle plante, trop négligée, dont les

LOBELIA

fleurs sont grandes, à lobe inférieur très ample et d'un beau bleu indigo, avec une tache oculaire blanche. Une variété naine et divers coloris ont été autrefois obtenus à Verrières. — (Voir *Le Jardin,* 1904, p. 328, et *Revue Horticole,* 1905, p. 192, fig. 71, avec planche.)

— ***Tupa** L. (*Tupa Feuillei* G. Don). — ♃. Chili.

Ce *Lobelia,* pour lequel certains auteurs avaient créé le genre *Tupa,* qui n'a pas été conservé, est une grande espèce à tige simple, dépassant 1 mètre et portant un long épi de fleurs très nombreuses, rouge vif, paraissant tubuleuses. — (Voir fig. 50, et *Rev. Hort.,* 1898, p. 188, fig. 75-76.)

HETEROTOMA

— ***lobelioides** Zucc. — ♃. Mexique.

Cette plante, que l'on ne trouve que dans les collections et qui demande l'abri d'un châssis ou d'une serre durant l'hiver, est intéressante par ses grappes de grandes fleurs jaune et rouge, de conformation très singulière, rappelant un oiseau-mouche. Elles lui ont valu le nom de « Oiseau pendu ». — (Voir *Revue Horticole,* 1905, p. 9, fig. 1.)

CAMPANULACÉES

JASIONE

— **humilis** Loisel. — ♃. Pyrénées, etc.

— **montana** L. — ②. Europe.

— **perennis** Lamk. — ♃. Europe.

WAHLENBERGIA

— **dalmatica** A. DC. (*Edraianthus dalmaticus* A. DC.). — ♃. Dalmatie.

— **graminifolia** A. DC. (*Edraianthus graminifolius* A. DC.). — ♃. Italie.

— **hederacea** Reichb. — ♃. Europe.

— **Pumilio** A. DC.(*Edraianthus dinaricus* Kern.). ♃. Dalmatie.

— **tenuifolia** A. DC. (*Edraianthus tenuifolius* A. DC.) — ♃. Dalmatie.

Le W. *hederacea,* notre espèce indigène, est une charmante petite plante rampante, aimant l'ombre et la fraîcheur. Ses fleurettes, bleu clair, sont en partie cachées sous un petit feuillage vert tendre et délicat. Sa culture est assez facile en milieu humide.

Les espèces orientales, plus connues sous le nom de *Edraianthus,* qu'on orthographie souvent *Hedræanthus,* sont des plantes à port compact, à feuillage étroit et fleurs bleues, en glomérules. Elles aiment le plein soleil et sont de courte durée sous notre climat, l'humidité les faisant souvent périr durant l'hiver, mais on les multiplie assez facilement par le semis, lorsqu'on peut s'en procurer des bonnes graines. (Une étude des *Hedræanthus* a été publiée par M. Correvon, dans la *Revue Horticole,* 1894, p. 330.)

PLATYCODON
- **grandiflorum** A. DC. (*P. autumnale* Dene ; *Campanula grandiflora* Jacq.). — ♃. Chine et Japon.
- —   — var. ALBUM Hort.
- —   — var. NANUM Hort. (*P. Mariesii* Hort. Angl.).

  (Voir *Revue Horticole*, 1893, p. 396.)

- —   — var. SEMI-DUPLEX Hort.

CODONOPSIS
- **ovata** Benth. — ♃. Himalaya.
- **rotundifolia** Royle (*C. lurida* Lindl.). — ♃. Himalaya.
- **ussuriensis** Hemsl. — ♃. Asie septentrionale.

  Plantes singulières et exceptionnelles dans leur famille par leur nature volubile. Le feuillage est très glabre et glauque, les fleurs en cloche, pendantes, assez grandes, mais de couleur livide et, par suite, peu décoratives.

MICHAUXIA
- **campanuloides** L'hérit. — ② ♃. Asie Mineure.

  Grande plante ne fleurissant qu'à la troisième ou même à la quatrième année et périssant ensuite. A l'état florifère, elle atteint 1 mètre 50 et forme une vaste panicule de fleurs nombreuses, pendantes, blanches, aussi belles que singulières par leur corolle divisée en lanières renversées. La plante est peu rustique et ses grosses racines charnues craignent beaucoup l'humidité durant l'hiver; elle entre en végétation dès le commencement de mars. — (Voir *Revue Horticole*, 1903, p. 30, fig. 8-9.)

- **Tchihatcheffii** Fisch. et Mey. — ② ♃. Asie Mineure.

PHYTEUMA
- **anthericoides** Nym. — ♃. Serbie.

  Cette espèce est bien distincte de ses congénères par son inflorescence, qui est une panicule rameuse, ample et plutôt lâche, portant de nombreuses petites fleurs bleues, à divisions étroites et comme étoilées.

- **comosum** L. — ♃. Europe.
- **Halleri** All. — ♃. Europe.
- **hemisphæricum** L. — ♃. Europe.
- **limoniifolium** Sibth. et Smith. — ♃. Europe australe, Asie Mineure.
- **Michelii** All. — ♃. Alpes d'Europe.
- **orbiculare** L. — ♃. Europe.
- **Sieberi** Spreng. (*P. Charmelii* Sieb.). — ♃. Europe.
- **spicatum** L. — ♃. Europe.
- —   — var. ALBUM Hort.

CAMPANULA

- **abietina** Griseb. — ♃. Europe.
- **alliariæfolia** Willd. (*C. lamiifolia* Bieb.). — ♃. Caucase.
- **barbata** L. — ♃. Europe.
- — var. ALBA Hort.

Cette Campanule, une des plus jolies espèces alpines, est assez facile à cultiver, même en pleine terre, mais elle souffre durant l'hiver, et sans doute plutôt d'humidité que de froid. Sa variété blanche est bien plus vigoureuse et plus résistante.

- **bononiensis** L. — ♃. Europe.
- **cæspitosa** Scop. — ♃. Europe.
- — var. ALBA Hort.

C'est une délicieuse petite espèce naine et traçante, dont les tiges nombreuses, hautes seulement de 10 cent., se couvrent en mai de nombreuses petites clochettes bleues ou blanches. Cette plante, de culture et multiplication faciles, est rustique et particulièrement recommandable pour orner les parties saines et ensoleillées des rochers. Elle semble aimer les terres plutôt calcaires.

- **carpatica** Jacq. — ♃. Europe orientale.
- — var. ALBA Hort.
- **Cervicaria** L. — ♃. Europe.
- **drabæfolia** Sibth. et Sm. — ①. Grèce.
- — var. ALBA Hort.
- *__*fragilis__ Cyrill. — ♃. Italie.

(Voir *Revue Horticole*, 1898, p. 483, fig. 170-171.)

- **garganica** Tenore. — ♃. Italie.
- — var. HIRSUTA Hort.

Cette espèce forme des pelotes compactes, à feuillage denté, vert foncé et persistant, et produit en juin d'abondantes fleurs bleues. Sa variété *hirsuta* est bien distincte par son port plus lâche, son feuillage et ses tiges fortement poilus et ses fleurs plus pâles.

- **glomerata** L. — ♃. Europe.
- GRANDIFLORA Jacq. — Voir *Platycodon grandiflorum*.
- **Hendersoni** Hort. — ♃. Origine horticole.
- **Hostii** Baumg. (*C. rotundifolia* L., var.). — ♃. Europe.
- — var. ALBA Hort.
- **isophylla** Moretti. — ♃. Italie.
- **lactiflora** Bieb. (*C. celtidifolia* Boiss.). — ♃. Caucase.
- — var. ALBA Hort. Vilm.
- **latifolia** L. — ♃. Europe.
- — var. MACRANTHA Fisch. — (Voir fig. 51.)
- — var. ALBA Hort.

CAMPANULA

- **latiloba** DC. (*C. grandis* Fisch. et Mey.). — ♃. Bithynie.
- — — var. ALBA Hort.
- **lingulata** Waldst. et Kit. — ♃. Europe orientale.
- **linifolia** Scop. — ♃. Europe.

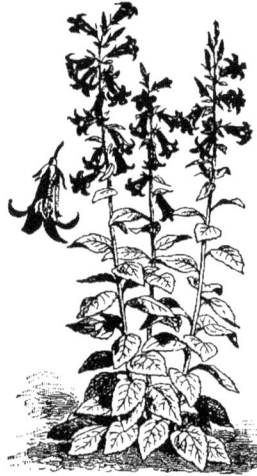

Fig. 51. — CAMPANULA LATIFOLIA, var. MACRANTHA.

- **Loreyi** Pollin. — ①. Europe australe.
- — — var. ALBA Hort. Vilm.

> Cette Campanule, anciennement connue et introduite, mais négligée chez nous jusqu'en ces dernières années, est annuelle, touffue, étalée, haute de 15 à 20 centimètres, et produit de juin en août de très nombreuses fleurs assez grandes, bien ouvertes et d'un bleu violet clair, ou blanches chez la variété qui a été obtenue et fixée à Verrières. — (Voir fig. 52, et *Revue Horticole*, 1903, p. 93, fig. 36.)

- **macrostyla** Boiss. — ①. Asie Mineure.

> Espèce annuelle, très distincte et décorative. Ses grandes fleurs, en cloche évasée, sont dressées, d'un beau violet franc, finement réticulées, vernissées et pourvues d'un gros style saillant, en forme de massue. La plante, haute de 50 centimètres, est rameuse, de bonne tenue et de culture facile. — (Voir fig. 53, et *Revue Horticole*, 1900, p. 135, fig. 61-62.)

- **Mayi** Hort. Angl. — ♃.
- **Medium** L. — ②. Europe. — Variétés horticoles.
- — — var. CALYCANTHEMA Hort.

> C'est une monstruosité des plus intéressantes qui, malheureusement, ne s'est présentée jusqu'ici que chez un très petit nombre d'autres plantes.

CAMPANULA

Le calice est ici transformé en un organe pétaloïde, formant une large collerette, de même nature et coloration que la corolle. Cette belle race, depuis longtemps cultivée, est aujourd'hui parfaitement fixée et présente les mêmes coloris que le type simple. — (Voir *Revue Horticole*, 1889, p. 518, avec planche.)

—   — var. FLORE PLENO Hort.

Fig. 52. — CAMPANULA LOREYI.

— **mirabilis** Alboff. — ♃. Caucase.

Cette Campanule, d'introduction encore récente, est une des plus difficiles à conserver et faire fleurir, à Verrières du moins, où je n'ai vu jusqu'ici qu'un seul pied parvenu à floraison. Le feuillage est épais, persistant, le port diffus et les fleurs bleues et grandes. — (Voir *Revue Horticole*, 1895, p. 477.)

— **nobilis** Lindl. — ♃. Chine.
— **pelviformis** Lamk. — ♃. Crète.
— **persicifolia** L. — ♃. Europe.
—   — var. ALBA Hort.
—   — var. FLORE PLENO Hort.
—   — var. MOERHEIMI Hort.

CAMPANULA

— **Portenschlagiana** Rœm. et Schult. (*C. muralis* Portensch.).
     — ♃. Dalmatie.
—   — var. BAVARICA Hort.
— **primulæfolia** Brot. — ♃. Portugal.
— **punctata** Lamk. — ♃. Chine et Japon.
—   — var. ALBA Hort.

Fig. 53. — CAMPANULA MACROSTYLA.

— **pyramidalis** L. — ♃. Europe.
—   — var. ALBA Hort.
— **pyrenaica** A. DC. — ♃. Pyrénées.

> Cette espèce ne diffère guère du *C. persicifolia* que par ses ovaires fortement hirsutes.

— **rapunculoides** L. — ♃. Europe. — Var. GRANDIFLORA Hort.
(*C. elegans* Hort. Vilm.).
— **Rapunculus** L. — ♃. Europe.
— **retrorsa** Labill. — ①. Asie Mineure.

CAMPANULA

— **rhomboidalis** L. — ♃. Europe.

C'est une de nos plus jolies espèces indigènes. La planche XIX en montre un pied tel qu'il fleurit généralement sur le rocher, à Verrières. De culture et multiplication faciles, la plante semble, toutefois, exiger la terre de bruyère ou au moins un sol léger et pauvre en chaux.

— **rotundifolia** L. — ♃. Régions tempérées.

— **sarmatica** Ker-Gawl. — ♃. Caucase.

— **Saxifraga** Bieb. — ♃. Caucase.

— **sibirica** L. — ②. Sibérie. — Var. EXIMIA Hort.

— SPECULUM L. — Voy. *Specularia Speculum*.

— **sulfurea** Boiss. — ①. Syrie.

— **thyrsoides** L. — ②. Europe.

Cette espèce, si spéciale par son gros épi court et compact de fleurs jaunâtres, est de courte durée. A Verrières, elle souffre, durant l'hiver, bien plus de l'excès d'humidité que du froid. En pleine terre, elle périt souvent avant d'avoir fleuri et ne persiste pas au delà de sa première floraison.

— **Trachelium** L. — ♃. Europe.

— — var. FLORE PLENO Hort.

— **turbinata** Schott. — ♃. Transylvanie.

— — var. ALBA Hort.

— **Van-Houttei** Hort. (*C. latifolia macrantha* × *C. nobilis*). ♃.

— **versicolor** Sibth. et Sm. (*C. Rosani* Ten.). — ♃. Italie, Grèce.

— *****Vidalii** Wats. — ② ♃. Açores.

Espèce toute spéciale par son port arborescent, par ses grosses tiges, son feuillage épais, persistant et par ses fleurs blanches, en grelot. Il lui faut l'abri d'un châssis durant l'hiver, et la plante, qui craint beaucoup l'humidité, ne vit pas généralement au delà de sa première floraison, qui a lieu la deuxième année. — (Voir *Revue Horticole*, 1892, p. 231.)

OSTROWSKIA

— *****magnifica** Regel. — ♃. Asie centrale.

(Voir *Revue Horticole*, 1892, p. 343; 1893, p. 472, avec planche.)

SPECULARIA

— **Speculum** A. DC. (*Campanula Speculum* L.). — ①. Europe.

— — var. ALBA Hort.

ADENOPHORA

— **liliifolia** Bess. — ♃. Europe, etc.

— **Potanini** Batalin. — ♃. Turkestan.

Cette espèce, d'introduction encore récente, produit, en juillet, des inflorescences hautes de 50 centimètres, plus rameuses que celles de l'*A. liliifolia* et très gracieuses. Les fleurs sont bleu tendre, très ouvertes et pendantes. Le feuillage est très polymorphe et la plante est rustique et de culture facile.

— **tricuspidata** DC. (*A. denticulata* Fisch.). — ♃. Dahourie.

SYMPHYANDRA

— **armena** A. DC. — ♃. Caucase.

— ***Hoffmanni** Pant. — ♃. Bosnie.

> C'est l'espèce la plus intéressante du genre. Le feuillage est ample, fortement veiné et la tige, généralement simple, forte, haute de 30 à 40 centimètres, se ramifie en panicule et produit de grosses fleurs blanches, en clochettes pendantes. Sa durée est courte et sa multiplication a lieu uniquement par le semis. Elle résiste médiocrement à nos hivers.

— **pendula** A. DC. — ♃. Caucase.

— **Wanneri** Heuff. — ♃. Transylvanie.

TRACHELIUM

— **cæruleum** L. — ♃. Afrique septentrionale.

—   — var. ALBUM Hort.

ÉRICACÉES

EPIGÆA

— **repens** L. — ♃. Amérique septentrionale.

> Quoiqu'elle soit nettement frutescente, je place ici cette intéressante petite plante à cause de son port traînant. Son feuillage persistant et ses jolies fleurs blanches en font une bonne plante de rocailles.

PIROLA

— **minor** L. — ♃. Régions septentrionales.

— **rotundifolia** L. — ♃. Régions septentrionales.

— UNIFLORA L. Voy. *Moneses grandiflora*.

MONESES

— **grandiflora** S. F. Gray (*Pyrola uniflora* L.). — ♃. Région septentrionale.

> J'ai reçu plusieurs fois déjà, et mon père avait recueilli à Thorenc, dans les Alpes-Maritimes, cette Pirole, remarquable par la grandeur de ses fleurs blanches, mais elle dépérit rapidement et jusqu'ici elle n'a pas pu être acclimatée à Verrières.

DIAPENSIACÉES

SHORTIA

— CALIFORNICA Nutt. — Voy. *Baeria coronaria*.

— **galacifolia** Torr. et Gray. — ♃. Caroline septentrionale.

> Très jolie plante vivace, traçante, à fleurs blanches, assez grandes et précoces, pendantes, à pétales dentés et solitaires sur des pédoncules radicaux, longs de 8 à 10 centimètres. Le feuillage est persistant, plus ou moins rougeâtre ou bronzé. La culture en est assez difficile, sous notre climat, du moins, où la sécheresse atmosphérique semble nuire à cette espèce. Il lui faut, en tout cas, de la terre de bruyère pure et un endroit plutôt frais et ombragé.

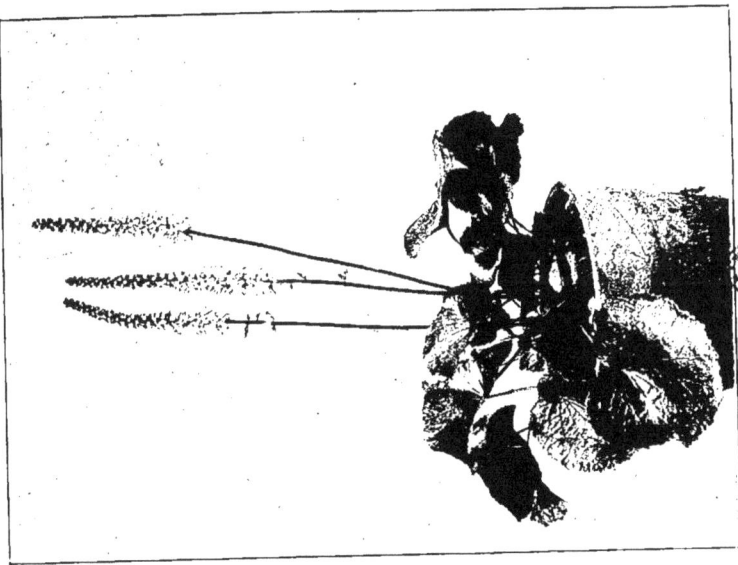

GALAX APHYLLA.

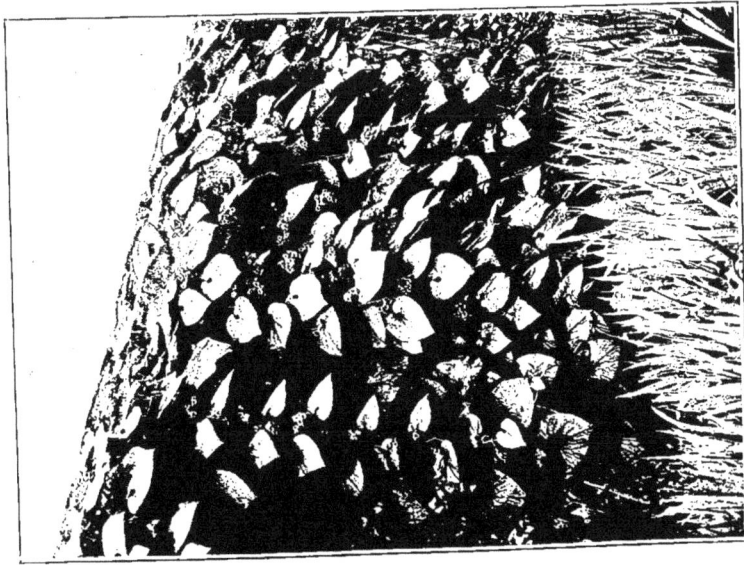

THLADIANTHA OLIVERI.

GALAX

— **aphylla** L. — ♃. Amérique septentrionale.

Cette plante, que représente la planche XVIII, est moins intéressante par ses fleurs, qui sont blanches, petites et disposées en longs épis effilés, que par ses grandes feuilles coriaces, persistantes et prennant en hiver une teinte rougeâtre plus ou moins vive. Elles sont employées en Amérique pour la décoration des appartements. La culture du *Galax aphylla* est assez facile en terre de bruyère et sa rusticité est suffisante pour nos hivers moyens.

PLOMBAGINÉES

ACANTHOLIMON

— **acerosum** Boiss. — ♃. Asie Mineure.
— **glumaceum** Boiss. — ♃. Asie Mineure.

Ces deux plantes sont assez intéressantes par leur port en boule compacte, formée de nombreuses feuilles aciculaires, raides, piquantes et persistantes. Les fleurs en sont petites, rouges, en épis courts et pauciflores. Leur rusticité est suffisante pour notre climat, mais il leur faut un endroit sec et de la terre de bruyère pure. Leur durée est fort longue et leur végétation lente. — (Voir *Revue Horticole*, 1891, p. 489, fig. 127.)

STATICE

— ARMERIA L. — Voy. *Armeria maritima*.
— **Bonduelli** Lestib. — ① ②. Algérie.
— **elata** Fisch. (*Goniolimon elatum* Boiss.). — ♃. Sibérie.
— **Gmelini** Willd. — ♃. Caucase.
— **incana** L. — ♃. Taurus, Sibérie, etc.
— **Limonium** L. — ♃. Europe.
— PSEUDO-ARMERIA Paxt. — Voy. *Armeria latifolia*.
— **sinensis** Girard. — ♃. Chine.

Intéressante espèce, peu répandue, rustique et d'assez longue durée, dont les tiges minces, raides, hautes d'environ 50 centimètres, sont très ramifiées dans le haut et portent de nombreuses petites fleurs à calice blanc et corolle jaune.

— **sinuata** L. — ①②. Région méditerranéenne.
— **Suworowi** Regel. — ①. Asie centrale.

Cette espèce est presque unique dans le genre par par son port tou différent de celui de ses congénères. Elle forme une rosette de larges feuilles radicales et étalées, au centre de laquelle se montrent, en été, plusieurs tiges simples ou rameuses et portant de très longs épis effilés, garnis de nombreuses petites fleurs roses. La culture en est facile, mais la plante, grainant très imparfaitement sous notre climat, l'emploi s'en trouve forcément très restreint. — (Voir fig. 54.)

— **tatarica** L. (*Goniolimon tataricum* Boiss.). — ♃. Caucase.

ARMERIA

— **alpina** Willd. — ♃. Europe.

ARMERIA

— **canescens** Boiss. — ♃. Dalmatie.
— **lanata** Hort. — ♃. Patrie incertaine.
— **latifolia** Willd. (*A. cephalotes* Hoffmgg et Link; *Statice Pseudo-Armeria* Paxt.). — ♃. Portugal.
— **magellensis** Boiss. — ♃. Italie.

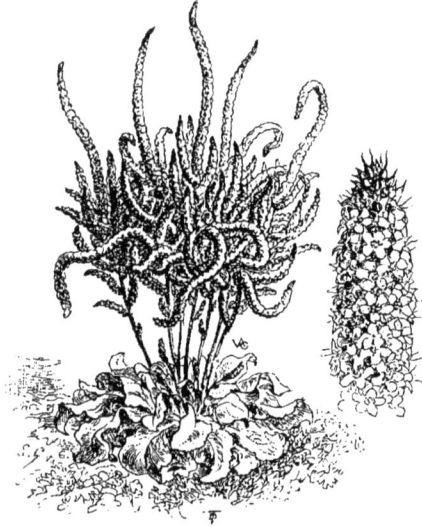

Fig. 54. — STATICE SUWOROWI.

— **maritima** Willd. (*Statice Armeria* L.). — ♃. Europe. — Variétés horticoles.
— **mauritanica** Wallr. — ♃. Afrique septentrionale.

> La plante ici mentionnée a tous les caractères généraux de l'*A. latifolia*, dont elle semble être une grande et très belle forme, à fleurs rose vif, en gros bouquets terminaux, dont les pédoncules dépassent 50 centimètres:

— **plantaginea** Willd. — ♃. Europe.

CERATOSTIGMA

— **plumbaginoides** Bunge (*Plumbago Larpentæ* Lindl.). — ♃. Chine.

PRIMULACÉES

PRIMULA
- **Auricula** L. — ♃. Europe. — Variétés horticoles.
- **calycina** Duby (*P. glaucescens* Moretti). — ♃. Lombardie.
- ***capitata** Hook. f. — ♃. Himalaya.
- **cortusoides** L. — ♃. Japon, Sibérie.
- **daonensis** Leyb. (*P. œnensis* Thom.). — ♃. Tyrol, Italie.

Fig. 55. — PRIMULA DENTICULATA.

- **denticulata** Smith. — ♃. Himalaya.

  (Voir fig. 55, et *Revue Horticole*, 1900, p. 699, fig. 290.)

- — var. ALBA Hort.
- — var. CASHMIRIANA Carr. — Asie centrale.
- **deorum** Velenov. (*spec. nov.*). — ♃. Bulgarie.

  (Voir *Gard. Chron.*, 1905, part. I, p. 98, fig. 44.)

- **elatior** Hill. — ♃. Europe.
- **farinosa** L. — ♃. Régions septentrionales.
- — var. WAREI Hort.

  Cette Primevère, bien connue, est une des plus intéressantes espèces alpines. Ses fleurs sont roses, réunies en ombelles longuement pédonculées. Sa culture est facile et peut être pratiquée en pleine terre ordinaire. La planche XX en représente un bel exemplaire obtenu, dans ces conditions, à Verrières.

PRIMULA

— *floribunda Wall. — ♃. Himalaya.

—   — var. ISABELLINA Hort.

(Voir *Revue Horticole*, 1894, p. 63; 1895, p. 400, fig. 130-131.)

— *Forbesii Franch. — ♃. Chine. — Variétés horticoles.

Cette Primevère, une des premières introductions de M. M. de Vilmorin, est une espèce à port très grêle et petites fleurs roses, d'aspect léger, que sa gracilité même a fait adopter comme plante d'ornement et dont il a été obtenu à Verrières plusieurs variétés améliorées. — (Voir *Revue Horticole*, 1892, p. 259, fig. 67.)

— frondosa Janka. — ♃. Thrace.

Cette espèce est voisine du *P. farinosa*, mais elle s'en distingue nettement par son feuillage plus ample, formant une large rosette glauque-poudreuse et surtout par ses hampes bien plus courtes, portant une cyme compacte de fleurs rose lilacé à œil jaune. La plante est bien plus robuste et prospère en pleine terre, où elle persiste même plusieurs années, ce qui l'a fait répandre dans les cultures d'ornement. — (Voir *Revue Horticole*, 1904, p. 90, fig. 33.)

— grandis Trautv. — ♃. Caucase.

— hortensis Hort. (*P. variabilis* Goupil; *P. acaulis* × *P. officinalis* ?). — ♃. Variétés horticoles.

— integrifolia L. — ♃. Alpes.

— involucrata Wall. — ♃. Himalaya.

—   — var. ALBA Hort. Vilm.

— japonica A. Gray. — ♃. Japon. — Variétés hort. — (Voir fig. 56.)

— *kewensis Hort. (*P. floribunda* × *P. verticillata*). — ♃.

Cette Primevère, donnée comme un hybride spontané qui se serait produit à Kew, entre le *P. floribunda* et le *P. verticillata*, possède tous les caractères généraux du *P. floribunda*, dont elle semble plutôt n'être qu'une grande et belle forme, stérile toutefois, ce qui en limite la multiplication à l'éclatage des touffes. — (Voir *Revue Horticole*, 1905, p. 138.)

— longiflora All. — ♃. Europe.

— luteola Rupr. — ♃. Caucase.

— marginata Curt. — ♃. Alpes.

— *megaseæfolia Boiss. — ♃. Asie Mineure.

Cette espèce, d'introduction récente, a beaucoup d'analogie de port avec le *P. obconica*, quoiqu'elle en soit parfaitement distincte. Son feuillage est persistant et beaucoup plus épais; ses fleurs sont d'un rose foncé, à calice non évasé. La plante est robuste, mais peu florifère. Elle reste stérile à Verrières et sa multiplication par éclatage ne donne, comme pour la plupart de ses congénères, que de médiocres résultats.

— minima L. — ♃. Europe.

Cette Primevère est une des plus petites espèces du genre. Sa culture est assez facile; mais, par contre, sa floraison est très rare. Elle n'a pas encore fleuri à Verrières, quoique nous l'ayons depuis plus de dix ans.

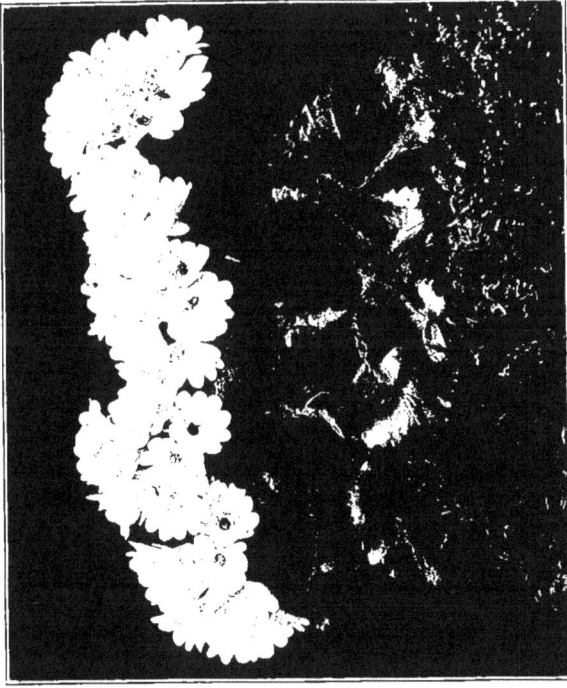

PRIMULA PUBESCENS ALBA (P. nivalis).

Hort. Vilm.

CAMPANULA RHOMBOIDALIS.

PRIMULA

— **mollis* Nutt. — ♃. Himalaya.

— **obconica* Hance. — ♃. Chine. — Variétés horticoles.

    (Voir *Revue Horticole*, 1892, p. 112, fig. 30 ; 1899, p. 548, avec planche.)

— **officinalis** Jacq. — ♃. Europe.

—   — var. MACROCALYX Bunge. — Sibérie.

—   — var. URALENSIS Fisch. — Sibérie.

Fig. 50. — PRIMULA JAPONICA.

— **Parryi** A. Gray. — ♃. Amérique septentrionale.

— **Poissoni* Franch. — ♃. Chine.

    Cette espèce, dont l'introduction remonte à plus de dix ans, se rapproche, par ses caractères généraux, du *P. japonica*. Comme elle lui est plutôt inférieure et de culture moins facile, elle est restée dans le domaine des collections.

— **pubescens** Jacq. Europe, var. ALBA Hort. (*P. nivalis* Hort.). ♃.

    Cette Primevère, dont la planche XIX représente un bel exemplaire, est une des plus jolies espèces alpines, remarquable surtout par la grandeur et la blancheur de ses fleurs, mais elle est stérile, et sa culture, comme celle de ses congénères de hautes régions, présente certaines difficultés dans les jardins de plaines.

— **rosea** Royle. — ♃. Himalaya.

— **Sieboldi** E. Morr. (*P. cortusoides amœna* Hort.). — ♃. Japon.

    Variétés horticoles. — (Voir *Revue Hort.*, 1892, p. 300, avec planche.)

PRIMULA

— *__sikkimensis__ Hook. — ♃. Himalaya.

— *__sinensis__ Lindl. — ② ♃. Chine. — Variétés horticoles.

> (Voir *Revue Horticole*, 1893, p. 60, avec planche)

— *__verticillata__ Forsk. — ♃. Abyssinie, var. GRANDIFLORA Hort.
  (*P. simensis* Hochst.). — (Voir *Rev. Hort.*, 1900, p. 40, fig. 11, 12.)

— __villosa__ Jacq. — ♃. Alpes.

— __viscosa__ All. — ♃. Pyrénées et Alpes.

— __vulgaris__ Huds. (*P. acaulis* L.). — ♃. Europe. Variétés hort.

> Les Primevères alpines, dont beaucoup figurent dans l'énumération qui
> précède, sont toutes intéressantes et plus ou moins belles, mais malheu-
> reusement délicates et parfois très difficiles à conserver dans les jardins
> de plaines. Aussi bien, pour les espèces qui ne grainent pas et dont on
> ne peut élever des plants de semis, est-on obligé de se réapprovisionner
> fréquemment dans les jardins installés dans les régions montagneuses.
> L'absence de neige durant l'hiver, la sécheresse de l'air durant l'été, sont
> les plus gros empêchements à leur conservation sous notre climat.
>   La couleur bleue, inconnue chez les espèces typiques de ce genre, existe
> déjà chez deux ou trois espèces essentiellement horticoles : *P. chinensis*,
> *P. acaulis* et *P. elatior* (et même chez le *P. farinosa*). Son obtention est
> récente et s'est produite, presque simultanément, chez ces trois espèces
> elle ne remonte pas au delà de dix à quinze ans. — (Voir *Revue Horti-
> cole*, 1893, p. 61, avec planche ; 1898, p. 12, avec planche.)

ANDROSACE

— __arachnoidea__ Schott. — ♃. Europe orientale.

— __carnea__ L. — ♃. Europe.

— __coronopifolia__ Ait. — ①. Europe.

> Espèce annuelle, intéressante par ses jolies fleurs blanches, en ombelles
> très légères, et par sa culture facile, aussi bien en pots qu'en pleine terre,
> les graines étant semées en juin ou juillet. — (Voir *Revue Horticole*, 1902,
> p. 181, fig. 77.)

— __foliosa__ Duby. — ♃. Himalaya.

— __lactea__ L. — ♃. Europe.

— __lactiflora__ Fisch. — ♃. Sibérie.

— __Laggeri__ Huet. — ♃. Transylvanie.

— *__lanuginosa__ Wall. — ♃. Himalaya.

— *__sarmentosa__ Wall. — ♃. Himalaya.

— — var. CHUMBYI Hort.

> Parmi les espèces vivaces ici mentionnées, l'*A. sarmentosa* est la plus
> facile à cultiver, en pleine terre ou en larges terrines. Il lui faut, toutefois,
> de la terre de bruyère. L'*A. lanuginosa* est beaucoup plus difficile à con-
> server, car il se comporte d'une façon capricieuse. Il redoute surtout l'humi-
> dité hivernale. — (Une étude générale du genre a été publiée, par M. Cor-
> revon, dans la *Revue Horticole*, 1893, p. 475.)

— *__sempervivoides__ Jacq. — ♃. Himalaya.

ANDROSACE

— **villosa** L. — ♃. Europe.
— Vitaliana Lap. — Voy. *Douglasia Vitaliana*.

DOUGLASIA

— **Vitaliana** Benth. et Hook. f. (*Androsace Vitaliana* Lap.). —
  ♃. Pyrénées.

CORTUSA

— **Matthioli** L. — ♃. Europe, Asie septentrionale.

SOLDANELLA

— **alpina** Willd. — ♃. Alpes.
— **minima** Hoppe. — ♃. Europe.
— **montana** Willd. — ♃. Europe orientale.

> (Une intéressante étude des espèces du genre a été publiée, par M. Correvon, dans la *Revue Horticole*, 1905. p. 123.)

DODECATHEON

— **Meadia** L. — ♃. Amérique septentrionale.
—   — var. ALBA Hort.
—   — var. GIGANTEA Hort.
- -   — var. RUBRA Hort.

> Les Gyroselles sont intéressantes par leurs fleurs roses ou blanches, disposées en ombelles terminales, longuement pédonculées, dont les pétales sont renversés en arrière, comme ceux des *Cyclamen*. Mais ces plantes, plutôt délicates, quoique rustiques, ne prospèrent qu'en terre de bruyère et à exposition ombragée. — (Voir *Revue Hort.*, 1898, p. 552, avec planche.)

CYCLAMEN

— ***africanum** Boiss. et Reut. (*C. macrophyllum* Hort.). — ♃.
  Afrique septentrionale.
— ***cilicicum** Boiss. — ♃. Cilicie.
— ***Coum** Mill. — ♃. Orient, Grèce.

> Intéressante petite espèce, de culture facile sous châssis froid. Ses fleurs, abondantes et gracieuses sont, chez le type, d'un rose foncé très vif; elles passent parfois au rose et au blanc à la reproduction par le semis, et les plantes obtenues en culture se confondent même avec le *C. ibericum*. Ces deux espèces sont d'ailleurs très voisines, la dernière ne se distinguant guère que par ses feuilles zonées de blanc. (Voir *Revue Hort.*, 1905, p. 119.)

— ***ibericum** Stev. — ♃. Espagne.
- -   — var. ALBUM Hort.
- - **europæum** L. — ♃. Europe.
— ***libanoticum** Hildebr. — ♃. Mont Liban.

> Cette espèce, nouvellement découverte au Mont Liban et introduite dans les cultures, a une certaine analogie avec le *C. Coum*, dont elle a la végé-

CYCLAMEN

tation hivernale et la floraison printanière, mais ses fleurs sont plus grandes, rose tendre, avec cinq taches pourpre vif à la gorge et des pétales lancéolés; elles répandent un parfum intense. — (Voir *Revue Horticole*, 1899, p. 182.)

— **neapolitanum** Tenore (*C. hederæfolium* Willd.). — ♃. Europe australe.

— 　　— var. ALBUM Hort.

— 　　— var. CYPRIUM Unger et Kotsch. — Chypre.

Fig. 57. — CYCLAMEN NEAPOLITANUM.

Ce Cyclamen est précieux pour l'ornement des bosquets, où il prospère et se multiplie même assez rapidement par le semis, lorsqu'il trouve, sous l'ombre des arbres, une terre légère et riche en terreau de feuilles. Sa floraison, très abondante, a lieu en septembre, un peu avant le développement des feuilles. — (Voir fig. 57.)

— *****persicum** Mill. (*C. latifolium* Sibth. et Sm.). — ♃. Grèce. Asie Mineure, non Perse. — Variétés horticoles.

— *****vernum** Reichb. — ♃. Europe australe.

LYSIMACHIA

— **ciliata** L. (*Steironema ciliatum* Rafin.). — ♃. Europe et Amérique septentrionale.

— **clethroides** Duby. — ♃. Japon.

— **crispidens** Hemsl. (*spec. nov.*). — ♃. Hupeh, Chine.

— **dubia** Ait. — ②. Asie Mineure, Perse.

LYSIMACHIA
- — **Ephemerum** L. — ♃. Europe australe.
- — **lobelioides** Wall. — ♃. Himalaya.
- — **nemorum** L. — ♃. Europe.
- — **Nummularia** L. — ♃. Europe.
- — **punctata** L. (*L. verticillata* Pall.). — ♃. Europe.
- — **racemosa** Michx. — ♃. Canada.
- — **thyrsiflora** L. — ♃. Région septentrionale.
- — **vulgaris** L. — ♃. Europe.

TRIENTALIS
- — **europæa** L. — ♃. Hémisphère septentrional.

ANAGALLIS
- — ***linifolia** L. (*A. fruticosa* Vent.; *A. grandiflora* Andr.; *A. Philipsii* Hort.). — ① ♃. Algérie. — Variétés horticoles.

  (Voir *Revue Horticole*, 1901. p. 212, avec planche.)

- — **tenella** L. — ♃. Europe.

SAMOLUS
- — **repens** Pers. — ♃. Australie.
- — **Valerandi** L. — ♃. Régions tempérées.

APOCYNACÉES

AMSONIA
- — **angustifolia** Michx. — ♃. Amérique septentrionale.
- — **Tabernæmontana** Wall. — ♃. Amérique septentrionale.
- — — var. SALICIFOLIA Bot. Mag. (*A. elliptica* Rœm. et Schult.).

VINCA
- — **acutiloba** Hort. Hartland. — ♃. Angl.

  Cette plante, peu répandue et dont j'ignore l'origine, a des fleurs blanches, de faibles dimensions, à lobes longs et pointus, et un feuillage un peu plus réduit que celui de la grande Pervenche.

- — **herbacea** Waldst. et Kit. — ♃. Europe.
- — **major** L. — ♃. Europe.
- — — var. FOLIIS VARIEGATIS Hort.
- — **minor** L. — ♃. Europe.
- — — var. FOLIIS VARIEGATIS Hort.
- — — var. FLORE PLENO Hort.
- — ***rosea** L. — ① ♃. Régions tropicales. — Variétés horticoles.

APOCYNUM
- — **androsæmifolium** L. — ♃. Amérique septentrionale.
- — **venetum** L. — ♃. Région méditerranéenne.

ASCLÉPIADIÉES

ASCLEPIAS

— **Cornuti** Dcne (*A. syriaca* L.). — ♃. Amérique septentrionale.

Cette plante est depuis longtemps naturalisée et largement dispersée en France. On la rencontre depuis Paris jusque dans le Midi ; elle abonde dans les sables du cours du Rhône. Sa naturalisation remonte à sa culture industrielle, durant la guerre de sécession, en vue de subvenir à la disette du coton. Les longues soies brillantes qui surmontent ses graines, devaient, en effet, tenter l'industrie du tissage. Elles n'ont malheureusement aucune solidité.

— *curassavica L. — ① ♃. Antilles.

— **speciosa** Torr. (*A. Douglasii* Hook.). — ♃. Amérique sept.

LOGANIACÉES

SPIGELIA

— **marylandica** L. — ♃. Amérique septentrionale.

GENTIANÉES

GENTIANA

— **acaulis** L. — ♃. Europe.

—   ‹ — var. CLUSII Perr. et Song.

—   — var. ANGUSTIFOLIA Hort.

Cette Gentiane, si remarquable par ses très grandes fleurs bleues, est aussi la plus facile à cultiver de toutes les espèces de hautes régions. Il lui faut tout simplement une terre argileuse et fraîche. Nous en possédons à Verrières de jolies bordures.

— **Amarella** L. — ①②. Régions septentrionales.

— **asclepiadea** L. — ♃. Europe.

—   — var. ALBA Hort.

La variété *alba* est beaucoup plus robuste que le type, car elle réussit très bien à Verrières, en pleine terre ; ses tiges, hautes de plus de 60 centimètres, se couvrent en août de nombreuses fleurs bien blanches. La plante graine et s'élève facilement de semis.

— **bavarica** L. — ♃. Europe.

— **Bigelowii** A. Gray. — ♃. Nouveau-Mexique.

— **brevidens** Franch. et Savat. — ♃. Japon.

— **Burseri** Lapeyr. — ♃. Pyrénées.

— **cruciata** L. — ♃. Europe.

— **decumbens** L. (*G. Olivieri* Griseb.). — ♃. Himalaya.

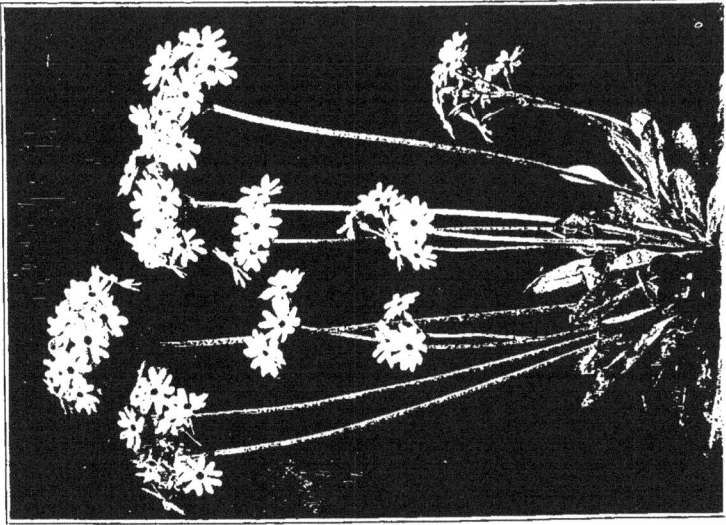

PRIMULA FARINOSA.

GENTIANA PURPUREA.

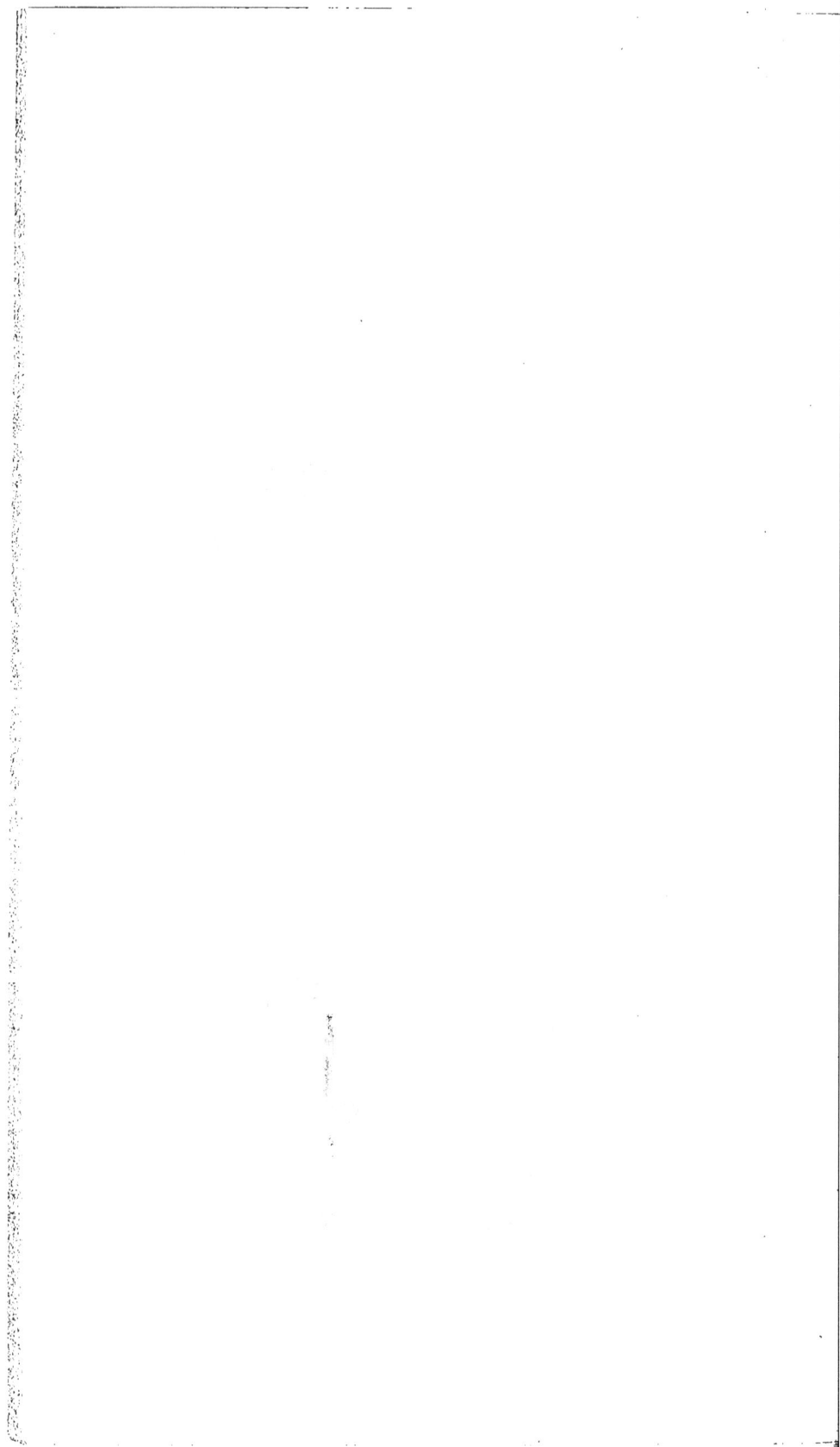

GENTIANA

— **dschungarica** Regel. — ♃. Turkestan.

Très jolie espèce, peu
répandue, haute de 15 à 20
centimètres, épanouissant
en juillet de grandes fleurs
bleues, en cloche évasée,
avec les divisions élégamment fimbriées. Il lui faut
de la terre de bruyère.

— **Kesselringii** Regel.
— ♃. Turkestan.

— **lutea** L. — ♃. Europe.

Quoique simplement al-
pestre, cette espèce, dont
la racine constitue la Gentiane des officines, est difficile à implanter dans les
jardins, à cause de ses
grosses racines longuement
pivotantes. Il lui faut, en
outre, une terre douce et
profonde. Il en existe à
Verrières une forte touffe
très ancienne qui fleurit
superbement chaque an-
née.

— **Parryi** Engelm. — ♃.
Amérique sept.

— **phlogifolia** Schott.—
♃. Transylvanie.

— **purpurea** L. — ♃.
Europe.

Cette Gentiane est une
belle espèce, haute de 40
à 50 centimètres, à feuillage ample et grandes fleurs
rouge sombre, dont la planche XX, montre un bel
exemplaire élevé en pot.
Sa culture, comme celles
des grandes espèces al-
pines, est assez difficile. Je
suis cependant parvenu à
en élever plusieurs pieds
de semis. Il lui faut de la
terre de bruyère pure.

— **Pneumonanthe** L.
— ♃. Europe.

— **pyrenaica** L. — ♃. Europe, Asie Mineure.

Fig. 58. — GENTIANA SCABRA.

GENTIANA

— **Saponaria** L. — ♃. Amérique septentrionale.

> Petite espèce, haute seulement d'une dizaine de centimètres, touffue, à fleurs bleues, en glomérules terminaux ; la culture en est assez facile en pleine terre, du moins à Verrières.

— ***scabra** Bunge. — ♃. Chine.

> Cette espèce, dont la figure 58 représente un rameau, est particulièrement intéressante par sa floraison qui n'a lieu qu'en octobre. Les fleurs sont assez grandes, violet et brun, à préfloraison spiralée, et fasciculées le long des tiges, qui forment de jolies touffes hautes d'environ 30 centimètres. On peut les mettre en pots pour en jouir plus longtemps, et les protéger ensuite contre les froids, l'espèce n'étant pas très rustique. Mais elle vient bien en pleine terre légère et humeuse, et se propage assez facilement par division. — (Voir *Revue Horticole*, 1904, p. 34, fig. 9.)

— **septemfida** Pall. — ♃. Caucase.
— **thibetica** King. — ♃. Himalaya.

> Grande espèce robuste et vigoureuse, à feuillage ample, et à fleurs blanches, veinées de brun, réunies en bouquets, mais peu décoratives.

— **verna** L. — ♃. Europe.
— **Walujewi** Regel. — ♃. Turkestan.

> Comme les Primevères, les Gentianes de hautes régions (*G. bavarica, G. punctata, G. purpurea, G. verna*, etc.) sont difficiles à conserver sous notre climat, et c'est grand dommage, car elles sont au nombre des plus belles plantes alpines. (Une intéressante étude de ces espèces a été publiée, par M. Correvon, dans la *Revue Horticole*, 1893, p. 525.)

SWERTIA

— **perennis** L. — ♃. Régions septentrionales.

MENYANTHES

— **trifoliata** L. — ♃. Régions septentrionales.

POLÉMONIACÉES

PHLOX

— **amœna** Sims. — ♃. Amérique septentrionale.

> Ce Phlox est un des plus jolis parmi les espèces naines et vivaces. Il forme des touffes hautes de 12 à 15 centimètres seulement, qui se couvrent dès la fin d'avril de nombreuses et grandes fleurs rose vif. On peut en faire de charmantes bordures.

— **carolina** L. — ♃. Amérique septentrionale.

> Cette espèce, également naine et vivace, est toutefois plus forte, plus haute que le *Ph. amœna*, atteignant une trentaine de centimètres. Ses fleurs, rose vif et réunies en cymes ombelliformes, ne s'épanouissent qu'au commencement de juin.

PHLOX

— **divaricata** L. — ♃. Amérique septentrionale.

—   — var. ALBA Hort. (*P. canadensis* Sweet).

> C'est une des espèces naines les plus répandues; ses fleurs bleu-mauve tendre, coloris exceptionnel dans le genre, sont très abondantes au commencement de mai. On l'emploie pour orner les corbeilles et faire des bordures printanières. Comme beaucoup de ses congénères, ce Phlox a le défaut de ne pas grainer. Sa variété blanche est connue dans les cultures sous le nom de *P. canadensis*. — (Voir *Revue Horticole*, 1899, p. 37.)

— **Drummondii** Hook. — ① ♃. Texas. — Variétés horticoles.

— **glaberrima** L. — ♃. Amérique septentrionale.

— **paniculata** L. (*P. acuminata* Pursh; *P. decussata* Lyon).
      — ♃. Amérique septentrionale. — Variétés horticoles.

— **reptans** Michx. — ♃. Amérique septentrionale.

— **setacea** L. — ♃. Amérique septentrionale.

—   — var. ALBA Hort.

— **Stellaria** A. Gray. — ♃. Amérique septentrionale,

— **subulata** L. — ♃. États-Unis. — Variétés horticoles.

COLLOMIA

— **coccinea** Lehm. — ①. Chili.

— **grandiflora** Dougl. — ①. Californie.

I. — EUGILIA

GILIA

— **capitata** Sims. — ①. Amérique septentrionale.

— **dianthoides** Endl. (*Fenzlia dianthiflora* Benth.). — ①.
      Californie.

—   — var. ALBA Hort.

— **dichotoma** Benth. — ①. Californie.

> (Voir *Revue Horticole*, 1893, p. 198, fig. 72.)

— **liniflora** Benth. — ①. Amérique septentrionale.

— **multicaulis** Benth. — ①. Californie.

— **tricolor** Benth. — ①. Californie. — Variétés horticoles.

II. — LEPTOSIPHON

GILIA

— **androsacea** Steud. (*Leptosiphon androsaceus* Benth.). — ①.
      Californie. — Variétés horticoles.

GILIA

— **micrantha** Steud. (*Leptosiphon aureus* Benth.). — ④. Californie.

—   — var. ROSEA Hort. (*Leptosiphon roseus* Thoms.). — ④. Californie.

III. — IPOMOPSIS.

GILIA

— **coronopifolia* Pers. (*Ipomopsis elegans* Michx.). — ④. Amérique septentrionale.

POLEMONIUM

— **cæruleum** L. — ♃. Régions tempérées septentrionales.

—   — var. ALBUM Hort.

—   — var. GRANDIFLORUM Hort.

flavum Greene. — ♃. Nouveau Mexique.

— **pauciflorum** S. Wats. — ♃. Mexique.

— **reptans** L. — ♃. Amérique septentrionale.

> Cette espèce est une charmante petite plante de rocailles, rustique, traçante, produisant en fin mai d'abondantes fleurs bleu foncé. Sa culture est très facile en terre ordinaire.

COBÆA

— **scandens* Cav. — ④ ♃. Mexique.

—   — var. ALBA Hort.

HYDROPHYLLACÉES

HYDROPHYLLUM

— **canadense** L. — ♃. Amérique septentrionale.

NEMOPHILA

— **insignis** Benth. — ④. Californie. — Variétés horticoles.

— **maculata** Benth. — ④. Californie.

— **Menziesii** Hook. et Arnott (*N. atomaria* Fisch. et Mey.) — ④. Californie. — Variétés horticoles.

PHACELIA

— **bipinnatifida** Michx. — ④. Amérique septentrionale.

— **campanularia** A. Gray. — ④. Californie.

— **tanacetifolia** Benth. — ④. Californie.

— **viscida** Torr. (*Eutoca viscida* Benth.). — ④. Californie.

WHITLAVIA

— **grandiflora** Harv. — ④. Californie.

—   — var. GLOXINIOIDES Hort.

ROMANZOFFIA

— *sitchensis Bong. — ♃. Ile Sitcha.

Charmante plante vivace, très naine, presque gazonnante, à petites feuilles persistantes, à cinq lobes ; à fleurs blanches, courtement pédonculées, fasciculées, nombreuses et se succédant longtemps au printemps. Sa culture est facile en terre de bruyère, mais il est prudent de l'hiverner sous châssis froid.

BORRAGINÉES

TOURNEFORTIA

— *heliotropioides Hook. — ♃. République Argentine.

Cette plante est robuste et traînante, mais imparfaitement rustique. Ses fleurs ressemblent, à s'y méprendre, à celles de l'Héliotrope, moins le parfum, toutefois, qui fait complètement défaut.

HELIOTROPIUM

— *corymbosum R. et P. — ♃. Pérou. — Variétés horticoles.

Les races d'Héliotropes à grandes fleurs qu'on cultive depuis quelques années ont été obtenues à la suite d'un croisement effectué par M. Lemoine, entre les *H. corymbosum* et *H. incanum*. Ces plantes sont très remarquables par l'ampleur de leur inflorescence terminale qui, souvent, dépasse 30 centimètres de diamètre, formant ainsi un vaste bouquet tout fait. Elles grainent et ont été amenées à se reproduire franchement par le semis.

— *peruvianum L. — ♃. Pérou. — Variétés horticoles.

CYNOGLOSSUM

— linifolium L. (*Omphalodes linifolia* Mœnch). — ①. Europe méridionale.

— Omphalodes L. (*Omphalodes verna* Mœnch). — ♃. Europe.
— — var. ALBUM Hort.

LINDELOFIA

— spectabilis Lehm. — ♃. Himalaya. .

ERITRICHIUM

— nanum Schrad. — ♃. Régions tempérées septentrionales.

Cette plante, une des plus jolies espèces alpines, forme une petite boule compacte de feuillage longuement cilié, sur lequel s'étalent, en mai, de délicieuses petites fleurs bleues, rappelant celles d'un Myosotis. Malheureusement, l'*E. nanum* est incultivable sous notre climat, où l'on ne peut en jouir qu'en plantant au printemps des touffes provenant directement des montagnes. Même dans ces conditions, la plante périt presque toujours après la floraison.

— pectinatum DC. — ♃. Sibérie.

KRINITZKIA

— virgata A. Gray. — ♃. Amérique septentrionale.

SYMPHYTUM

— **asperrimum** Donn. — ♃. Caucase.
— **officinale** L. — ♃. Europe. — Var. VARIEGATUM Hort.
— **tuberosum** L. — ♃. Europe.
— SPEC. à fl. bleues Hort. Cantabr. — ♃. Origine inconnue.

> Je tiens du Jardin botanique de Cambridge cette Consoude, bien distincte par ses grandes et abondantes fleurs bleu pur ou légèrement lilacées. La plante est robuste et forme de fortes touffes, assez décoratives. Sa détermination, toutefois, n'a pas pu être nettement établie jusqu'ici.

BORRAGO

— **officinalis** L. — ①. Europe.
— — var. ALBA Hort.

TRACHYSTEMON

— **orientale** D. Don. — ♃. Asie Mineure.

> Forte plante à rhizomes couchés, rameux, et à grandes feuilles cordiformes, hispidés. Les fleurs se montrent dès la fin de mars; elles sont nombreuses et disposées en grandes panicules rameuses, qui atteignent 30 centimètres de longueur; les divisions de la corolle sont libres et leur coloris passe du bleu au rose lilacé.

ANCHUSA

— **capensis** Thunb. — ♃. Cap.
— **italica** Retz. — ②. Europe.
— **sempervirens** L. — ♃. Europe.

PULMONARIA

— **officinalis** L. — ♃. Europe.
— **saccharata** Mill. — ♃. Europe.
— **rubra** Schott. — ♃. Transylvanie.

> Cette espèce est très intéressante par ses fleurs bien rouges, qu'elle développe dès la fin de mars. La plante est rustique et de culture facile.

MERTENSIA

— **echioides** Benth. — ♃. Himalaya.
— **paniculata** G. Don. — ♃. Amérique septentrionale.
— **sibirica** G. Don. — ♃. Sibérie.

> Les espèces précitées sont difficiles à cultiver; à Verrières, elles vivent péniblement et ne montrent que quelques rares fleurs, ne donnant aucune idée de la beauté que ces plantes acquièrent en d'autres régions plus propices.

MYOSOTIS

— **alpestris** Schmidt. — ② ♃. Europe. — Variétés horticoles.
— — var. RUPICOLA Smith.

> La variété *rupicola* est une forme naine, spéciale aux montagnes de l'Ecosse et qui, par sa taille réduite et ses abondantes fleurs bleu foncé, constitue une charmante plante de rocailles. Sa culture est facile, mais elle dégénère et passe progressivement au Myosotis des Alpes ordinaire, sous notre climat.

MYOSOTIS

— *azorica Wats. — ♃. Açores.

— cæspitosa Schultz. — ♃. Régions boréales, var. REHSTEI-
NERI Wartm. — Suisse.

> Ce Myosotis est une intéressante plante spéciale aux bords du lac de
> Constance. Elle est très naine et se couvre en mai et juin de petites cymes
> de fleurs bleu tendre, ne dépassant guère 5 à 6 centimètres de hauteur. La
> plante, de nature marécageuse, demande un endroit très humide et de la
> terre de bruyère mêlée de sphagnum.

— dissitiflora Baker. — ② ♃. Suisse.
(Voir Revue Horticole, 1896, p. 278, fig. 104.)

— *macrocalycina Batt. — ♃. Algérie.

... — var. ALBA Hort.

— palustris With. — ♃ ①. Europe.

— Welwitschii Boiss. et Reut. — ♃. Espagne.

LITHOSPERMUM

— prostratum Loisel. — ♃. Europe méridionale.

> C'est une très jolie petite plante suffrutescente, à rameaux couchés, à
> petit feuillage persistant et à grandes fleurs d'un beau bleu indigo, dispo-
> sées en bouquets terminaux et s'épanouissant au printemps.

— purpureo-cæruleum L. — ♃. Europe.

> Cette espèce indigène émet des rameaux de deux formes très distinctes
> et se multiplie suivant un procédé vraiment singulier. Les rameaux du
> centre de la touffe sont courts, dressés et portent des fleurs qui s'épa-
> nouissent en mars; ceux de la périphérie, au contraire, sont longs, sar-
> menteux et arqués, de telle sorte que leur extrémité, venant à rencontrer
> le sol, s'y enracine et devient l'origine d'une nouvelle plante. L'espèce se
> propage très rapidement et devient même envahissante.

ARNEBIA

— echioides DC. — ♃. Orient.

> Cette plante, vivace et rustique, a de jolies fleurs jaune vif, qui appa-
> raissent au printemps. Lors de l'épanouissement, les pétales présentent à
> leur base et sur la face interne des macules brun foncé qui pâlissent peu
> à peu et disparaissent totalement vers le quatrième jour, alors que la fleur
> est encore fraîche.

ONOSMA

— tauricum Willd. — ♃. Orient.

— tubiflora Hort. Munich. — ♃. Origine incertaine.

CERINTHE

— alpina Kitaib. — ♃. Europe.

> Cette plante est décorative par son feuillage fortement maculé de blanc
> et persistant tout l'hiver. Ses fleurs sont jaunes, en grappes terminales,
> pendantes et de peu d'effet.

CONVOLVULACÉES

IPOMŒA

— **hederacea** L. (*Pharbitis hederacea* Choisy). — ①. Régions tropicales. — Variétés horticoles.

— ***leptophylla** Torr. — ♃. Amérique septentrionale.

> Cette espèce est toute spéciale par sa souche formée de grosses racines presque charnues, par son port buissonneux, et par ses feuilles à lobes longs et très étroits. Je conserve depuis quelques années, sous châssis durant l'hiver, quelques pieds, mais je n'ai pas encore vu les fleurs, que l'on dit être rose purpurin et se succéder durant une partie de l'été.

— ***mexicana** Hort. (*Calonyction macrantholeucum* Colla). — ① ♃. Mexique.

— ***pandurata** Meyer. — ♃. Amérique septentrionale.

> Cette Ipomée, très rare dans les jardins, malgré l'ancienneté de son introduction, est tuberculeuse et ses tiges, qui peuvent atteindre plusieurs mètres de hauteur, produisent, en été, des grappes de grandes et belles fleurs blanches, à centre rouge. Il est prudent de protéger la souche contre les grands froids. — (Voir *Revue Horticole*, 1893, p. 574 avec planche ; 1899, p. 201, fig. 72.)

— **purpurea** Lamk (*Pharbitis hispida* Choisy). — ①. Amér. tropicale. — (Volubilis). Variétés horticoles.

— **Quamoclit** L. (*Quamoclit vulgaris* Choisy). — ①. Régions tropicales. — Variétés horticoles.

— ***versicolor** Meissn. (*Mina lobata* Cerv.). — ① ♃. Am. trop.

> (Voir fig. 59, et *Revue Horticole*, 1887, p. 18, fig. 3.)

CALYSTEGIA

— **pubescens** Lindl. — ♃. Chine, Japon. — Var. FLORE PLENO.

— **sepium** R. Br. — ♃. Régions tempérées.

— — var. ROSEA Hort. (*C. dahurica* Hort.,non Choisy).Chine.

> La variété ici mentionnée sous le nom de *rosea* a été reçue de Chine, il y a quelques années, par M. M. de Vilmorin. C'est une plante aussi robuste mais aussi envahissante que le type, dont elle diffère surtout par ses fleurs rose tendre. On la confond parfois avec le *C. dahurica* Choisy, qui a des fleurs d'un beau rose, liseré de blanc à l'intérieur. — (Voir *Revue Horticole*, 1895, p. 217.)

— **Soldanella** R. Br.(*Convolvulus Soldanella* L.).— ♃. Régions tempérées.

CONVOLVULUS

— **althæoides** L. — ♃. Région méditerranéenne.

— **Batatas** L. — ② ♃. Amérique australe. — Variétés hort.

CONVOLVULUS
— **Cantabrica** L.— ♃. Europe.
— *****Cneorum** L. — ♃. Europe méridionale.

> Cette espèce est particulièrement distincte par sa nature suffrutescente et son port arbustif, mais surtout intéressante par son feuillage épais, fortement couvert de poils blancs et brillants. Ses fleurs sont blanches, en bouquets terminaux et abondants. La plante est de culture et multiplication faciles.

— **lineatus** L. — ♃. Europe méridionale.

Fig. 59. — Ipomœa versicolor (*Mina lobata*).

— Soldanella L. — Voy. *Calystegia Soldanella*.
— **tricolor** L. — ①. Région médit.(Belle de jour). Variétés hort.

FALKIA
— *****repens** L. f. — ♃. Cap.

NOLANA
— **atriplicifolia** D. Don. — ①. Pérou.
— — var. ALBA.
— **prostrata** L. — ①. Pérou et Chili.

SOLANACÉES

LYCOPERSICUM

— *esculentum Mill. — ①. Amérique australe. — (Tomate). Variétés horticoles.

— — var. RACEMIGERUM Hort. — (Voir fig. 60.)

— — var. ROSARIGERUM Hort.

La Tomate, dont le fruit est devenu un article important de notre alimentation, a produit un très grand nombre de variétés. Les fruits varient,

Fig. 60. — LYCOPERSICUM ESCULENTUM, var. RACEMIGERUM.

comme couleur, du rouge au jaune et au violet, et, comme grosseur, de celle d'un petit melon à celle d'une groseille. Quelques variétés à fruits très petits, mais nombreux et disposés en grappes : Tomate groseille, Tomate en chapelet, etc., sont cultivées comme plantes ornementales.

SOLANUM

— *ciliatum Lamk. — ① ♃. Brésil. — Var. MACROCARPUM Hort.
(Voir *Revue Horticole*, 1903, p. 500, avec planche.)

— **Commersoni** Dunal (*S. Ohrondii* Carr.) ♃. Rép. Argentine.
Depuis quelques années on s'est beaucoup occupé de ce *Solanum*, dans la presse agricole, sous le nom de « Pomme de terre de l'Uruguay ». Décrit par Dunal, dans l'Encyclopédie de Poiret (Suppl. III, p. 746), il a été in-

SOLANUM

troduit dans la culture dès 1822, puis réintroduit et décrit par Carrière, sous le nom de *Solanum Ohrondii*, (Voir *Revue Horticole*, 1883, p. 497 fig. 99-100). Plus récemment (1900), M. le professeur Heckel, directeur du jardin botanique de Marseille, l'ayant reçu de nouveau, l'a distribué à plusieurs amateurs sous son vrai nom. La figure 61 montre le port de la plante, qui est surtout remarquable par ses grandes fleurs blanches odorantes et, par sa nature extrêmement traçante. Ses tubercules, plutôt petits, sont globuleux ou oblongs, jaunâtres et couverts de lenticelles. Le *Solanum Commersoni* prospère dans les terrains humides où le *Solanum tuberosum* ne peut vivre. — (Voir *Revue Hort.*, 1902, p. 338, fig. 140-141 ; *Bulletin de la Société nationale d'Agriculture de France*, mars 1904.)

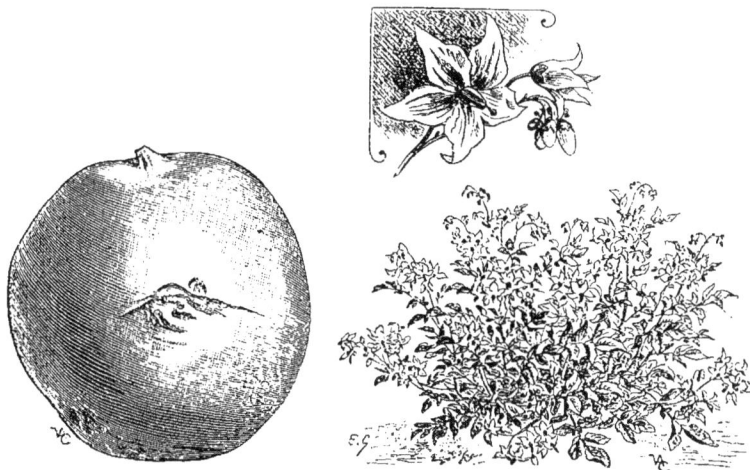

Fig. 61. — SOLANUM COMMERSONI. (Port, fleurs et tubercule).

— *cornutum Lamk. — ① ♃. Mexique.

Cette espèce est intéressante par ses fleurs jaune vif, couleur très rare dans le genre. La plante, haute de 50-60 centimètres, est rameuse, étalée et très épineuse. Elle fleurit abondamment et produit bon effet dans les plates-bandes. — (Voir *Revue Horticole*, 1900, p. 298, fig. 106-107.)

— *giganteum Jacq. — ① ♃. Indes.
— *hæmatocarpum Hort. — ① ♃. Amérique australe.
— *laciniatum Ait. — ① ♃. Nouvelle-Zélande.

SOLANUM

— *__Maglia__ Schlecht. — ♃. Chili.

> Ce *Solanum*, proche voisin du *S. Commersoni*, est une des espèces tuber-
> culeuses sud-américaines dont la culture en vue de l'amélioration de la
> Pomme de terre a été tentée, il y a déjà une vingtaine d'années, par la Maison
> Sutton, de Reading. Après plusieurs années d'essais infructueux, sa cul-
> ture a dû être abandonnée. J'en ai reçu cette année quelques petits
> tubercules de MM. Sutton.

— *__marginatum__ L. — ① ♃. Abyssinie.

Fig. 62. — SOLANUM ROBUSTUM.

— *__Melongena__ L. (*S. esculentum* Dunal). — ①. Indes. — (Au-
bergine). Variétés horticoles.
—   — var. OVIGERUM Dunal.
—   — var. OVIGERUM COCCINEUM Hort.
— *__Pseudocapsicum__ L. — ♃. Régions chaudes.
—   — var. NANUM Hort.
—   — var. HENDERSONI Hort. — (Voir *Revue Horticole*, 1892, p. 229.)
— *__robustum__ Wendl. — ① ♃. Brésil. — (Voir fig. 62.)

SOLANUM

— *sisymbriifolium Lamk. — ① ♃. Amérique australe.

— *texanum Dunal. — ④. Texas, var. OVIGERUM Hort.

— *tuberosum × utile Hort. Benary. — ♃.

— *tuberosum L. — ♃. Amérique australe. — (Pomme de terre). Variétés horticoles.

Comme toutes les plantes de première utilité, la Pomme de terre a été l'objet d'une sélection constante et son extrême variabilité a donné naissance à un nombre très considérable de formes. Il est certain que toutes n'ont pas le même intérêt pratique. Nous en cultivons à Verrières, dans un but d'étude, plus de 800 variétés provenant de tous les pays où l'on s'occupe de l'amélioration de la Pomme de terre. L'origine de cette collection est fort ancienne. Une série des variétés connues à cette époque fut confiée à mon bisaïeul, par la Société Royale d'Agriculture, en 1815, et depuis lors, avec de nombreuses additions, cette collection a été cultivée tous les ans à Verrières. Plusieurs des variétés de l'ancienne collection existent encore, quoique fort affaiblies, après quatre-vingt-dix ans de culture, dans le même sol et sans renouvellement de semence. — (Voir *Catalogue méthodique et synonymique des principales variétés de Pommes de terre,* édit. III, 1902.)

— *Warszewiczii Hort. — ① ♃. Amérique australe?

(Voir aussi Partie I, *Plantes ligneuses.*)

PHYSALIS

— Alkekengi L. — ♃. Europe.

— Francheti Mast. — ♃ Japon.

Cette plante, qui se rattache évidemment à notre espèce indigène par ses caractères généraux, comme aussi par sa nature vivace, traçante et rustique, s'en distingue, toutefois, bien nettement par sa végétation plus forte et surtout par ses fruits beaucoup plus gros, du même rouge intense et aussi longuement persistants. Elle s'est vite répandue dans les cultures et y a même acquis une certaine importance comme plante d'ornement. — (Voir *Revue Horticole,* 1897, p. 35, fig. 12; p. 276, avec planche.)

— *peruviana L. (*P. edulis* L.). — ④. Tropiques.

CAPSICUM

— *annuum Willd. — ④. Indes, Amérique austr. — (Piment). Variétés horticoles.

NICANDRA

— *physaloides Gærtn. — ①. Pérou.

SALPICHROA

— rhomboidea Miers. — ♃. République Argentine.

(Voir fig. 63, et *Revue Horticole,* 1897, p. 504, 529, fig. 159.)

MANDRAGORA

— *officinarum L. (*M. vernalis* Bertol.). — ♃. Région médit.

DATURA
- **ceratocaula** Jacq. — ①. Amérique tropicale.
- **fastuosa** L. — ①. Tropiques. — Variétés horticoles.
- **humilis** Desf. — ①. Indes?
- *****meteloides** DC. — ♃. Texas.

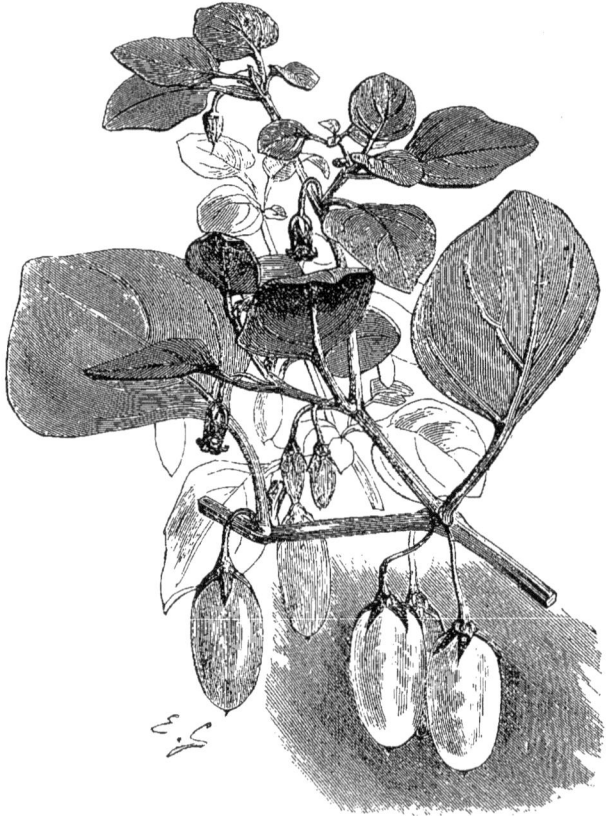

Fig. 63. — SALPICHROA RHOMBOIDEA.

SCOPOLIA
- **carniolica** Jacq. — ♃. Europe.

Cette plante, quoique peu décorative, est digne d'intérêt à cause de sa floraison très prolongée. Elle donne déjà des fleurs en mars, alors que les tiges sont à peine sorties de terre, et continue à en produire jusqu'en juin.

SCOPOLIA

Ces fleurs, d'une couleur pourpre terne, sont pendantes, courtement pédonculées et se développent, solitaires, à la naissance des rameaux secondaires.

— **tangutica** Maxim. — ♃ . Chine.

PHYSOCHLAINA

— **orientalis** G. Don (*Hyoscyamus orientalis* Bieb.). ♃ . Orient.

NICOTIANA

— *****affinis** T. Moore — ① ♃ . Brésil.

— *****colossea** E. André. — ♃ . Pérou.

—   —   var. VARIEGATA Hort.

— *****Forgetiana** Hort. Sander.— ① ♃ . — Variétés horticoles.

Cette espèce nouvelle, rapportée de l'Amérique du Sud par M. Forget, pour MM. Sander, porte de nombreuses petites fleurs rouges, à tube court et nettement zygomorphes, les deux pétales supérieurs étant arrondis, tandis que les inférieurs sont pointus.

D'après le *Flora and Sylva* (juillet 1905), il se pourrait que ce *N. Forgetiana*, qui n'est pas connu des botanistes, soit le *N. flexuosa* Jeffrey, originaire de l'Uruguay et découvert autrefois par Tweedie.

— *****Forgetiana** × **affinis** Hort. — ① ♃ .

Croisé par le *N. affinis*, le *Nicotiana Forgetiana* a donné des variations, différant du type par leurs coloris et les dimensions plus grandes de leurs fleurs. Le *N. Sanderæ* est une des premières variations résultant de ce croisement. — (Voir *Revue Horticole*, 1905. p. 16, fig. 3, avec planche.)

D'autres formes, fort intéressantes, ont été obtenues par la suite, dont la fleur possède l'ampleur et l'élégance de celle du *N. affinis*, avec des nuances rouges, roses, violacées et même des panachures. — (Voir *Flora and Sylva*, juillet 1904 ; *The Garden*, 1905, Partie I, p. 7, avec planche).

— *****glauca** Grah. — ① ♃ . Amérique australe.

— *****glauca** × **Tabacum** Hort. Vilm. — ① ♃ .

Ce croisement, pratiqué en 1901, a donné, à la première génération, 12 plantes, dont 11 parfaitement semblables entre elles, la douzième entièrement différente.

Les premières, nettement hybrides par leur port et caractères, étaient des plantes hautes d'environ 2 mètres, ramifiées en pyramide, avec des feuilles lisses, presque luisantes, et des petites fleurs ayant la forme de celles du *N. Tabacum*, mais de coloris jaune verdâtre passant au rose. Elles étaient complètement stériles et la plante, après avoir été conservée par le bouturage durant quelques années, a été abandonnée.

La plante unique, au contraire, très fertile et s'étant franchement reproduite, dès la première génération, est depuis cultivée chaque année à Verrières, comme curiosité botanique. C'est, en effet, une plante extrêmement singulière, relativement à son origine, car elle ne rappelle aucunement ses parents; sa plus grande ressemblance se trouvant dans le *N. rustica*. Elle est haute seulement de 80 centimètres, à feuillage ovale, réticulé et fleurs vert jaunâtre, disposées en épis lâches, avec la corolle courtement tubuleuse.

— *****longiflora** Cav. — ① ♃ . Chili.

NICOTIANA

— *noctiflora Hook. — ① ♃. Chili.

— rustica L. — ①. Mexique.

— *silvestris Spegg. et Comes. — ① ♃. République Argentine.

(Voir fig. 64, et *Revue Horticole*, 1899, p. 11, fig. 14.)

Fig. 64. — NICOTIANA SILVESTRIS.

— *silvestris × Tabacum Hort. Vilm. — ① ♃.

Dès 1891 et les années suivantes, divers croisements entre ces deux espèces ont été effectués à Verrières, dans un but à la fois scientifique et pratique. L'un d'eux a donné, en première génération, des plantes ayant, pour la plupart, le port et le feuillage du *N. Tabacum*, avec des tiges ramifiées supérieurement et des fleurs rouge clair, de même forme, mais plus longues et se succédant sur les mêmes inflorescences durant tout l'été,

NICOTIANA

par suite de leur nature à peu près stérile. Ce croisement, répété durant trois années, a toujours donné le même résultat. Il a d'ailleurs été obtenu et décrit par M. Bellair, dans la *Revue Horticole*, 1901, p. 545, fig. 242, année durant laquelle il l'a employé avec succès pour l'ornement du parc de Versailles.

Des quelques graines que cet hybride produit généralement à l'arrière-saison, il a été obtenu, à Verrières, en deuxième génération seulement, tantôt du *N. Tabacum*, tantôt du *N. silvestris* plus ou moins purs. Par la suite, chacune de ces deux formes s'est reproduite sans modifications sensibles, sauf toutefois un pied de *N. silvestris*, sorti en deuxième génération, avec un feuillage plus petit et des fleurs beaucoup plus courtes que chez le type de ce dernier. La variation de cette plante s'est accentuée par la suite et a donné naissance à plusieurs formes, dont une naine est encore cultivée à Verrières. Les variations obtenues en deuxième génération par M. Bellair sont décrites dans la *Revue Horticole*, 1903, p. 54, fig. 21 à 23.

— *solaniflora Walp. — ①. Chili.

— *Tabacum L. — ①. Amérique australe. — Var⁵ agr. et hort.

— *Tabacum × silvestris Hort. Vilm. — ① ♃.

Ce croisement, effectué en 1901, comme contre-partie du précédent, a donné des résultats très semblables, c'est-à-dire une grande et forte plante ayant le port de certaines variétés économiques du *N. Tabacum*, avec des fleurs roses, en vastes panicules. Il n'a malheureusement produit aucune graine. Ce même hybride a été réalisé par M. J. Daveau, qui l'a décrit dans la *Revue Horticole*, 1901, p. 548, fig. 243; il est également resté complètement stérile.

En résumé, il y a, dans ces croisements, prépondérance du *N. Tabacum* en première génération et parfois dissociation des deux parents qui, dans ce cas, reprennent chacun leur allure typique. — (Voir, pour de plus amples détails, mon Mémoire : « Some Hybrid Nicotianas », inséré dans les *Proceedings International Conference on Plant breeding and Hybridization*, New-York 1902, publié dans les *Memoirs* de l'« Horticultural Society of New-York » vol. I, p. 251.)

— *vincæflora Lag. — ①. Amérique australe.

PETUNIA

— *nyctaginiflora Juss. — ① ♃. La Plata.

— *violacea Lindl. — ① ♃. Brésil. — Variétés horticoles.

NIEREMBERGIA

— *frutescens Dur. — ① ♃. Andes du Chili. — Variétés hort.

— *gracilis Hook. — ① ♃. Buenos-Ayres.

— *rivularis Miers. — ♃. République Argentine.

C'est une espèce bien distincte par sa nature rhizomateuse, très traçante même Le feuillage est petit et radical. Les fleurs, grandes, blanches et sessiles, sont malheureusement trop rares, et la plante, quoique vigoureuse, n'est pas rustique. Il lui faut une terre tourbeuse et humide.

SCHIZANTHUS

— Grahami Gill. — ①. Chili.

SCHIZANTHUS
- **pinnatus** Ruiz et Pav. — ⓐ. Chili.
- — — var. PAPILIONACEUS Hort.
- **retusus** Hook. — ⓐ. Chili. — Var. ALBUS Hort.

SALPIGLOSSIS
- **sinuata** Ruiz et Pav. — ⓐ. Chili. — Variétés horticoles.

Il y a fort longtemps que cette plante est l'objet d'une sélection suivie, dont le résultat a été l'apparition de nombreux coloris remarquables par la richesse de leurs tons; il existe, en particulier, des rouges bruns et des violets veloutés, presque uniques dans le règne végétal. Mon grand-père avait déjà fixé et nommé un grand nombre de variétés. Mais, dans ces dernières années, nous est venue d'Allemagne, sous le nom de *S. superbissima*, une forme nouvelle, à port plus raide et dressé, à fleurs plus érigées, plus grandes, mais uniformément rouge cocciné avec veinures jaune d'or. Depuis lors, nous nous sommes appliqués, par des croisements méthodiques avec les anciens types, à obtenir, dans cette nouvelle race, tous les coloris compris dans les limites de variabilité de l'espèce. Nous y sommes parvenus, et il ne reste plus qu'à obtenir qu'ils se reproduisent franchement de semis.

BROWALLIA
- **viscosa** H. B. K. (*B. Czerwiakowskii* Warsz.) ⓐ ♃.—Antilles.
- **demissa** L. (*B. elata* L.). — ⓐ ♃. Pérou. — Variétés hort.
- *****speciosa** Hook. — ⓐ ♃. Nouvelle-Grenade. var. MAJOR Hort.

Cette espèce, dont l'introduction remonte à dix ans à peine, est la plus remarquable des Browalles cultivées. Ses fleurs sont très grandes, bleues, à centre blanc. La plante est trapue et très florifère, mais aussi un peu plus exigeante que ses congénères. — (Voir *Revue Horticole*, 1898, p. 489, fig. 173.)

SCROFULARINÉES

VERBASCUM
- **Blattaria** L. — ②. Europe. — Var. FLORE ALBO Hort.
- **phœniceum** L. — ②. Europe et Asie sept. — Variétés hort.
- **Thapsus** L. — ②. Europe.

CELSIA
- *****Arcturus** Jacq. — ⓐ ♃. Crète.

Quoique vivace et même suffrutescente en serre, cette espèce peut parfaitement être traitée comme annuelle. Ses fleurs sont jaune vif, en longues et nombreuses grappes assez jolies, mais, en plein air, elles se fanent trop rapidement et, par suite, la plante ne produit pas l'effet décoratif qu'on pourrait en attendre. Cultivé en pot et en serre, comme on le fait en Angleterre, ce *Celsia* est beaucoup plus intéressant.

CALCEOLARIA
- *****herbacea** Hort. — ②. Chili. — Variétés horticoles.

Cette race, dont l'origine est fort ancienne, est attribuée au croisement des *C. corymbosa* R. et P., *C. crenatiflora* Cav. et *C. arachnoidea* Grah. Le degré d'amélioration auquel les Calcéolaires herbacées ont été poussées

CALCEOLARIA

rend la recherche de leur ascendance à peu près impossible. C'est, à coup sûr, une des plus belles conquêtes de l'Horticulture. Les fleurs, grandes et de forme singulière, sont surtout notables par la bizarrerie des panachures qu'elles portent toujours et dont la variabilité est si grande qu'on a dû renoncer à les fixer séparément.

— *plantaginea Smith. — ♃. Détroit de Magellan.

— *polyrrhiza Cav. — ♃. Patagonie.

— *rugosa Ruiz et Pav. — ♃. Chili. — Variétés horticoles.

— *rugosa × herbacea Hort. Vilm. — ♃. (Calcéolaire ligneuse hybride variée).

Cette race est issue d'un croisement effectué à Verrières, en 1884, entre le *C. rugosa*, var. « Triomphe de Versailles » et une Calcéolaire herbacée. La plante a heureusement hérité du caractère le plus intéressant du père : la diversité des coloris et les panachures bizarres dont ses fleurs sont ornées. Le caractère ligneux du *C. rugosa* a été franchement conservé, de sorte qu'on possède, dans cet hybride, une belle race de « Calcéolaire vivace hybride variée », nom sous lequel elle s'est, d'ailleurs, répandue dans les cultures. C'est enfin un des rares exemples d'hybridation parfaite entre une espèce vivace et une espèce annuelle ou au moins monocarpique. — (Voir *Revue Horticole* 1886, p. 12, avec planche.)

— *scabiosæfolia Sims. — ①. Pérou.

Cette espèce se cultive facilement en pleine terre, où elle se ressème souvent d'elle-même et forme des touffes hautes de 30 à 40 centimètres, à feuillage profondément découpé. Ses fleurs sont jaune vif, très abondantes, mais trop petites comparativement à celles des Calcéolaires hybrides pour qu'on puisse l'admettre comme plante réellement ornementale.

ALONSOA

— linifolia Roezl. — ① ♃. Pérou.

— myrtifolia Roezl. — ① ♃. Pérou.

— Warscewiczii Regel. — ① ♃. Pérou.

DIASCIA

— *Barberæ Hook. f. — ① ♃. Afrique australe.

Cette plante, d'introduction récente et qui représente seule jusqu'ici le genre dans les cultures, est vivace et très traçante, mais non rustique. Elle est botaniquement voisine des *Nemesia*, mais elle en diffère très nettement par les caractères de ses fleurs, qui sont grandes, en coupe, rose cuivré, avec une petite tache jaune vif sur la lèvre supérieure, et pourvues en dessous de deux éperons courts et arqués. La floraison se prolonge durant toute la belle saison, grâce aux drageons qui émettent successivement de nouvelles tiges florales. — (Voir *Revue Horticole*, 1904, p. 94, fig. 34.)

NEMESIA

— floribunda Lehm. — ①. Cap.

— strumosa Benth. — ①. Cap. (Némésia d'Afrique). Var⁵. hort.

Ce *Nemesia*, d'introduction relativement récente, est venu augmenter d'une façon très heureuse l'intérêt horticole du genre, car jusque-là, les autres espèces, à port et fleurs de Linaire, étaient peu cultivées. La

15

NEMESIA

grandeur de ses fleurs et leurs riches coloris, variant aujourd'hui du blanc
au jaune et au rouge, leur abondance et leur longue succession, l'ont fait
rapidement adopter pour l'ornement printanier des jardins. — (Voir *Revue
Horticole*, 1902, p. 14, avec planche.)

— **strumosa** × **versicolor** Hort. Vilm. — ①.

> Dans le but de rendre les tiges du *N. strumosa* moins nues durant leur
> longue floraison, et aussi d'enrichir la gamme de ses coloris des tons bleus,
> qui font complètement défaut, des croisements ont été effectués, à Ver-
> rières et à Reuilly, avec le *N. versicolor*, et le résultat cherché a été atteint.

— **versicolor** E. Mey. — ①. Cap.

—   — var. TRICOLOR Hort.

LINARIA

— **alpina** Mill. — ②. Alpes d'Europe.

—   — var. ROSEA Hort.

> Petite espèce bisannuelle, traînante, à feuillage linéaire, glauque et à
> fleurs typiquement violettes, mais passant très facilement au rose.

— **aparinoides** Chav. — ①. Région médit. — Variétés hort.

— **bipartita** Willd. — ①. Algérie.

—   — var. ALBA Hort.

— **Cymbalaria** Mill. — ♃. Europe.

—   — var. ALBA Hort.

— **dalmatica** Mill. — ♃. Dalmatie.

> Cette espèce est une forte plante, susceptible d'atteindre 1 mètre de
> hauteur, avec de longs épis de grandes fleurs jaune d'or, qui rappellent,
> par leurs caractères, le *L. vulgaris*. Des fleurs péloriées, à cinq longs épe-
> rons, ont été observées en abondance durant une année sur un pied de la
> collection, sans jamais reparaître par la suite sur le même individu, pas
> plus que sur aucun autre.

— **græca** Chav. (*L. commutata* Benth.). — ♃. France occid.

— **hepaticæfolia** Spreng. — ♃. Corse.

— **maroccana** Hook. f. — ①. Maroc. — Variétés horticoles.

— **multipunctata** Hoffmg. et Link. — ①. Espagne, Maroc.

—   — var. ERECTA Hort.

— **pilosa** DC. — ♃. Italie.

— **reticulata** Desf. — ①. Portugal, var. AUREO-PURPUREA Hort.

ANTIRRHINUM

— ***Asarina** L. — ♃. France méridionale, Pyrénées.

> Espèce bien distincte par ses tiges couchées et par son large feuillage velu,
> qui cache en partie ses fleurs jaunes, grandes comme celles du Muflier
> commun. La plante est médiocrement rustique, craint l'humidité et pros-
> père surtout dans les crevasses des roches ensoleillées et dans les murs.

ANTIRRHINUM

— **majus** L. — ① ♃. Région méditerranéenne. — Variétés hort.
— — var. PELORIA Hort.
— **maurandioides** A. Gray. — ♃. Amérique septentrionale.

> Cette plante est exceptionnelle dans le genre par sa nature volubile et par son port, qui rappelle bien celui des *Maurandia;* mais ses fleurs, parfaitement personnées, rendent toute confusion impossible.

MAURANDIA

— **Barclaiana* Lindl. — ① ♃. Mexique. — Variétés horticoles.

RHODOCHITON

— ***volubile** Zucc. — ♃. Mexique.

LOPHOSPERMUM

— ***scandens** Don. — ① ♃. Mexique.

PHYGELIUS

— **capensis** E. Mey. — ♃. Afrique australe.

CHELONE

— BARBATA Cav. — Voy. *Pentstemon barbatus.*
— **glabra** L. (*Pentstemon glaber* Pursh). — ♃. Amérique sept.
— **Lyoni** Pursh. — ♃. Amérique septentrionale.

PENTSTEMON

— **barbatus** Roth (*Chelone barbata* Cav.). — ♃. (Galane barbue). Amérique septentrionale.
— — var. TORREYI Benth.

> La variété *Torreyi* diffère du type par sa plus grande vigueur, par ses tiges plus fortes, de tenue bien meilleure, atteignant jusqu'à 1ᵐ,50, et par ses fleurs plus abondantes et d'un rouge plus vif. C'est une plante supérieure à la Galane barbue ordinaire.

— ***barbatus × speciosus?** Hort. (Galane glabre hybride compacte variée). — ♃.
— **(barbatus × speciosus?) × barbatus** Hort. Vilm. (Galane barbue hybride variée). — ♃.

> Le premier hybride ici mentionné s'est répandu dans les cultures vers 1898. Il a pour mérites principaux d'être nain, de bonne tenue, à fleurs en grappes très fournies et de coloris très variés. L'origine en est quelque peu obscure, la parenté sus-indiquée n'étant, pour un des parents, qu'une simple supposition. — (Voir *Revue Horticole,* 1899, p. 286, fig. 93.)
> Cette plante, recroisée, dès son arrivée à Verrières, avec le *P. barbatus,* a donné naissance à un autre hybride, dans lequel un des parents est, par suite, entré deux fois. Il est intéressant de constater l'effet de ce double croisement, qui s'est manifesté dans un sens rétrograde; la plante ayant repris la grande taille, la durée franchement vivace, comme aussi la forme et la villosité des fleurs du *P. barbatus.* Il en est résulté une Galane barbue, à port rectifié et de coloris variés, très méritante au point de vue décoratif. — (Voir *Revue Horticole,* 1901, p. 326.)

PENTSTEMON

— **confertus** Dougl. (*P. procerus* Dougl.). — ♃. Am. sept.
— *__cordifolius__ Benth. — ♃. Californie.
— **Digitalis** Nutt. (*P. lævigatus* Ait.). — ♃. Amérique sept.
— GLABER Pursh. — Voy. *Chelone glabra*.
— **gracilis** Nutt. — ♃. Amérique septentrionale.
— *__Hartwegii__ Benth. (*P. gentianoides* Hort.). — ① ♃. Mexique.
— Variétés horticoles.

> C'est à cette espèce qu'on rapporte principalement l'origine des « Pents-temons hybrides à grandes fleurs », qui ornent si brillamment nos jardins durant la belle saison. Une race *erecta*, à fleurs dressées, a été obtenue durant ces dernières années.

— **heterophyllus** Lindl. — ♃. Amérique septentrionale.

> (Voir *Revue Horticole*, 1901, p. 164, avec planche.)

— *__Jeffreyanus__ A. Murr. — ♃. Amérique septentrionale.
— *__linarioides__ A. Gray. — ♃. Nouveau-Mexique.
— **Menziesii** Hook. — ♃. Amérique sept.-occident.

> Ce *Pentstemon* est bien caractérisé par sa nature franchement frutes-cente. Sa rusticité est suffisante pour nos hivers moyens. Il forme, avec l'âge, des touffes basses, mais larges, raides, à feuilles persistantes, et produit, de mai en juin, des grappes de belles fleurs bleu violet.

— — var. SCOULERI Dougl.
— *__Murrayanus__ Hook. — ♃. Texas. — Variétés horticoles.

> Ce *Pentstemon*, si distinct par ses hautes tiges simples, raides et par son feuillage glauque, a produit, dans les cultures de Verrières, une race à fleurs plus grandes, plus nombreuses et de coloris variés, qui en font une plante aussi décorative que celle dérivée du *P. Hartwegii*, mais mal-heureusement un peu plus délicate sous le climat parisien.

— **ovatus** Dougl. — ♃. Amérique sept.-occidentale.
— **pubescens** Soland. — ♃. Amérique septentrionale.
— *__puniceus__ A. Gray. — ♃. Arizona.

> (Voir *Revue Horticole*, 1892, p. 448, fig. 135.)

— *__speciosus__ Douglas. — ♃. Amérique septentrionale.

> (Voir *Revue Horticole*, 1895, p. 382, fig. 124.)

— **spectabilis** Thunb. — ♃. Californie.
— **virgatus** A. Gray. — ♃. Sud des États-Unis.
— *SPEC? New-Mexico Hort. — ♃.

> Nous avons reçu et essayé, cette année seulement, ce *Pentstemon*, qui n'a point l'air d'une plante spontanée, mais plutôt d'un hybride, à l'obtention duquel la Galane glabre hybride et le *P. speciosus* pourraient bien n'être pas complètement étrangers. C'est en tout cas une fort jolie race de Pents-temon, à tiges demi-naines, fortes et à longues grappes très fournies de fleurs un peu ventrues et de coloris bien variés.

GERARDIA

— *tenuifolia Hort. (non Vahl). — ① ♃.

> La plante ici mentionnée n'est pas un *Gerardia*, mais très probablement un *Pentstemon;* les *Gerardia* étant, comme plusieurs autres plantes de cette famille, notamment les *Rhinanthus, Odontites,* etc., plus ou moins parasites sur les racines d'autres végétaux, ce qui en rend la culture très difficile.— (Voir *Revue Horticole,* 1900, p. 75, fig. 32-33.)

COLLINSIA

— bicolor Benth. — ①. Californie. — Variétés horticoles.
— tinctoria Hartw. — ♃. Californie.
— verna Nutt. — ①. Amérique septentrionale.

ZALUZIANSKYA

— selaginoides Walp. (*Nycterinia selaginoides* Benth.). ① ②. Afrique australe.

MIMULUS

— *cardinalis L. — ① ♃. Am. sept.-occid. — Variétés horticoles.
— *cupreus Regel. — ① ♃. Chili. — Variétés horticoles.
— *floribundus Dougl. — ①. Californie.
— *luteus L. — ♃. Amérique boréale et australe.
— *moschatus L. — ① ♃. Amérique australe.
— primuloides Benth. — ♃. Amérique boréale-orientale.

> C'est une espèce toute spéciale par sa petite taille, par sa nature acaule et surtout par son mode d'hivernage très singulier et rappelant celui des *Pinguicula.* Ses tigelles se réduisent, à l'approche des froids, à l'état de bourgeon lenticulaire, sans racine, restant inerte à la surface du sol durant tout l'hiver, et reproduisant la plante l'année suivante. Celle-ci émet, durant le cours de la végétation, des stolons filiformes, qui propagent rapidement l'espèce. Ses fleurs sont jaune vif, assez grandes et solitaires sur de longs pédoncules filiformes. La culture de ce petit Mimulus est facile en terre de bruyère.

MAZUS

— *Pumilio R. Br. — ♃. Australie et Nouvelle-Zélande.

> Petite plante à feuilles radicales en rosette, au centre de laquelle se montre, en mai ou juin, une courte tige portant quelques fleurs bleu violet. Elle se propage rapidement par drageons, mais il lui faut l'abri d'un châssis durant l'hiver.

TORENIA

— *Bailloni Godefroy. — ①. Indes.

> Ce *Torenia,* anciennement connu, tend à se répandre dans les cultures. Il n'a pas la bonne tenue de l'espèce suivante, ses longs rameaux étant grêles et étalés; ses fleurs sont jaune et pourpre.

— *Fournieri Linden. — ①. Cochinchine. — Variétés horticoles.

> Cette espèce a été cultivée pendant longtemps sans aucun ébranlement du type. Une variété à fleurs blanches et une autre à grandes fleurs ont été récemment obtenues et répandues dans les cultures.

LIMOSELLA

— **aquatica** L. — ♃. Régions tempérées.

SIBTHORPIA

— **africana** L. — ♃. Orient.

— **europæa** L. — ♃. Europe occidentale.

— * — var. AUREA Hort.

— * — var. VARIEGATA Hort.

> Les deux variétés sus-mentionnées sont des plantes intéressantes . la première par sa coloration fortement dorée ; la seconde par sa panachure blanche, abondante et constante. Bien plus délicates que le type, ces deux formes demandent, en même temps qu'une humidité constante, une certaine somme de chaleur, au moins durant l'hiver, période durant laquelle il est prudent de les conserver soit en serre tempérée, soit sur une petite couche. Il faut, en outre, avoir soin de les replanter en terre de bruyère neuve, au moins chaque année. — (Voir *Rev. Hort.*, 1899, p. 412, fig. 180.)

— ***peregrina** L. — ♃. Ile Maurice.

DIGITALIS

— **ambigua** Murr. (*D. grandiflora* Lamk). — ♃. Europe, Asie.

— **ferruginea** L. — ♃. Europe méridionale.

— **lanata** Ehrh. — ②. Europe orientale.

— **lutea** L. — ♃. Europe.

— **purpurea** L. — ♃. Europe. — Variétés horticoles.

> Une des plus curieuses variétés de la Digitale pourpre, si répandue dans les jardins, est celle désignée sous le nom de « Digitale à fleur campanulée ». C'est une véritable monstruosité, résultant de la réunion de plusieurs fleurs, au sommet de la tige principale et souvent des latérales, en une seule et grande fleur évasée en forme de cloche ou godet dressé, rappelant certaines Campanules. La plante est naine, rameuse et se reproduit aujourd'hui assez franchement par le semis. — (Voir *Revue Horticole*, 1896, p. 379.)

REHMANNIA

— ***angulata** Hemsl. (*spec. nov.*). — ♃. Chine.

> Ce *Rehmannia*, récemment introduit, est une espèce bien distincte de la suivante, à port plus élancé, à fleurs bien plus grandes, rouge violacé foncé, pendantes et réellement supérieures au point de vue décoratif. — (Voir *Revue Horticole*, 1903, p. 409, fig. 163.)

— ***chinensis** Libosch. — ♃. Chine et Japon.

> Cette espèce, la plus anciennement connue et plusieurs fois introduite, ne parvient pas à se faire admettre dans les cultures d'ornement, à cause du coloris rouge ocreux, pâle et terne de ses fleurs, bien que celles-ci soient grandes et disposées en grappe ombellée au sommet. La plante, que représente la figure 65, possède de longs rhizomes tortueux, traçants, qui en rendent la multiplication très facile ; sa rusticité n'est pas très grande. — (Voir *Revue Horticole*, 1903, p. 407, fig. 162.)

ERINUS

— **alpinus** L. — ♃. Alpes d'Europe.

— — var. HIRSUTUS Gren.

— — var. HIRSUTUS ALBUS Hort.

> Les deux variétés d'*Erinus* précitées, qui diffèrent botaniquement du type par leur pubescence, sont de charmantes petites plantes, prospérant dans les rochers, voire même dans les murs ensoleillés, et dont la floraison est abondante et fort jolie. La variété à fleurs blanches est plus décorative et se reproduit franchement par le semis.

Fig. 65. — REHMANNIA CHINENSIS.

OURISIA

— **coccinea** Pers. — ♃. Ile de Chiloe.

> Très jolie plante à rhizomes rampants, sur lesquels se développent en mai des tiges nues, hautes d'environ 20 centimètres, portant une grappe de longues fleurs rouge vif. La plante demande une terre humeuse et non calcaire ; elle est peu répandue dans les cultures.

WULFENIA

— **Amherstiana** Benth. — ♃. Himalaya.

WULFENIA
— **carinthiaca** Jacq. — ♃. Carinthie.

> Je possède depuis longtemps cette plante, assez robuste, même en pleine terre, sur le rocher, mais cette année seulement j'ai pu en voir les fleurs, qui sont bleu foncé, réunies en épi compact, sur une hampe d'environ 15 centimètres de hauteur.

PÆDEROTA
— **Ageria** L. — ♃. Tyrol, etc.

Fig. 66. — VERONICA GENTIANOIDES.

I. — ESPÈCES HERBACÉES

VERONICA
— **Allionii** Vill. — ♃. Sud-Ouest de l'Europe.
— **alpina** L. — ♃. Régions septentrionales.
— **aphylla** L. — ♃. Régions alpines.
— *****canescens** T. Kirk. — ♃. Nouvelle-Zélande.
— **crassifolia** Zeyh. — ♃. Hongrie.
— **filifolia** Lipsky. — ♃. Patrie inconnue.
— **gentianoides** Vahl. — ♃. Sud-est de l'Europe.

> (Voir fig. 66, et *Revue Horticole*, 1903, p. 137, fig. 58.)

— — var. ALBA Hort.
— — var. STENOPETALA Hort.
— **incana** L. — ♃. Europe méridionale.

VERONICA

— **longifolia** L. (*V. maritima* L.). — ♃. Europe, Asie sept.
—   — var. ALBA Hort.
—   — var. ROSEA Hort.
— **Nummularia** Gouan. — ♃. Europe.
— **officinalis** L. — ♃. Europe.
— **pectinata** L. — ♃. Grèce.
— **Ponæ** Gouan. — ♃. Europe.
— **prostrata** L. — ♃. Europe.
—   — var. PULCHELLA Hort.

> Cette espèce, dont certains auteurs font une variété du *V. Teucrium*, est une de nos plus belles plantes indigènes. Elle forme de larges touffes basses, qui se couvrent au printemps d'épis de fleurs bleues et produisent un effet charmant dans les rocailles. On la rencontre dans les jardins sous divers noms erronés.

— **repens** DC. — ♃. Corse.
— **saxatilis** Scop. (*V. fruticulosa* L.). — ♃. Europe boréale.
— **serpyllifolia** L. — ♃. Europe.
— **sibirica** L. — ♃. Dahourie.
—   — var. ALBA Hort.
— **spicata** L. — ♃. Europe et Asie boréale. — Variétés hort.
— **subsessilis** Meg. (*V. longifolia*, var. *subsessilis* Hort.).— ♃. Japon.

> Cette espèce est, à ma connaissance du moins, la plus belle des Véroniques vivaces de pleine terre. Bien venue, elle forme des touffes hautes de 40 à 60 centimètres, compactes, de bonne tenue, à feuillage ample et vert foncé, qui produisent en été de longs épis axillaires de fleurs d'un beau bleu foncé. Mais la plante est de courte durée et graine peu sous notre climat.

— **syriaca** Rœm. et Schult. — ①. Syrie.

> Des nombreuses Véroniques annuelles, celle-ci est à peu près la seule qui mérite d'être cultivée; ses fleurs, bleu clair et blanc, sont notablement plus grandes que celles de ses congénères.

— **Teucrium** L. — ♃. Europe et Asie boréale.
—   — var. LATIFOLIA Hort.
— **urticæfolia** L. — ♃. Europe méridionale.
— **virginica** L. — ♃. Amérique septentrionale.
—   — var. ALBA Hort.
— **Waldsteiniana** Schott. — ♃. Europe.

       II. — ESPÈCES FRUTESCENTES

VERONICA
— *****Bidwillii** Hook. f. — ♃. Nouvelle-Zélande.

VERONICA

— *carnosula Hook. f. — ♃. Nouvelle-Zélande.
— *Colensoi Hook. f. — ♃. Nouvelle-Zélande.
—   — var. GLAUCA Hort.
— *Cookiana Armstr. — ♃. Nouvelle-Zélande.
— *corstorphinensis Hort. Angl. — ♃.
— *cupressoides Hook. f. — ♃. Nouvelle-Zélande.
— *Darwiniana Colenso. — ♃. Nouvelle-Zélande.
— *decumbens Armstr. — ♃. Nouvelle-Zélande.
— *diosmifolia R. Cunn. — ♃. Nouvelle-Zélande.
— *elliptica Forst. — ♃. Nouvelle-Zélande.
— *epacridea Hook. f. — ♃. Nouvelle-Zélande.
— *Haastii Hook. f. — ♃. Nouvelle-Zélande.
— *Hectori Hook. f. — ♃. Nouvelle-Zélande.
— *Kirkii Armstr. — ♃. Nouvelle-Zélande.
— *ligustrifolia A. Cunn. — ♃. Nouvelle-Zélande.
— *Lindsayi Hort. — ♃. Nouvelle-Zélande.
— *Lyalli Hook. f. — ♃. Nouvelle-Zélande.
— *macroura Hook. f. — ♃. Nouvelle-Zélande.
— Traversii Hook. f. — ♃. Nouvelle-Zélande.
— *vernicosa Hook. f. — ♃. Nouvelle-Zélande.

J'ai cru devoir faire deux sections des nombreuses espèces de Véroniques ici mentionnées, parce que celles de nature frutescente sont spéciales à la Nouvelle-Hollande et entièrement différentes de port, d'aspect, comme aussi de traitement, des espèces herbacées. Beaucoup sont susceptibles de résister dans les endroits abrités, mais elles ne sauraient supporter les grands hivers que nous subissons parfois.

Je dois à l'obligeance de M. Lynch, directeur du Jardin botanique de Cambridge, la plupart des espèces que je possède. Elles fleurissent peu, mais plusieurs sont très curieuses par leur port et surtout par leur aspect; telles sont, entre autres, les *V. cupressoides* et *V. epacridea*, qui ressemblent à s'y méprendre aux plantes que rappellent leurs noms spécifiques.

Le *V. Traversii* est une des plus grandes Véroniques néo-zélandaises et peut-être aussi la plus rustique. Elle résiste à nos hivers moyens et forme, avec l'âge, un arbuste à port symétrique et petit feuillage persistant, ce qui constitue son plus grand mérite décoratif, les fleurs étant petites.

PEDICULARIS

— palustris L. — ♃. Europe.

J'obtiens de temps à autres quelques pieds de cette espèce, en semant ses graines dans un petit marécage garni de sphagnum. Sa réputation d'être parasite sur les racines d'autres plantes offre autant d'intérêt que ses fleurs, qui sont purpurines, réunies en courte grappe feuillée. Les autres espèces dont j'ai reçu des graines de mes correspondants ne se sont pas accommodées du milieu cultural dont je dispose.

OROBANCHÉES

OROBANCHE

— **amethystea** Thuill. — ♃. Europe, Asie Min., Afrique sept. (Sur *Eryngium*).

— **speciosa** DC. — ♃. Europe méridionale. (Sur Fèves).

> J'ai pu implanter l'*O. amethystea* sur des *Eryngium* existant dans le rocher. Ce n'est, toutefois, que la deuxième année, que les graines que j'avais répandues ont donné naissance à des Orobanches, qui se montrent depuis chaque année.
>
> Quant à l'*O. speciosa*, j'en ai obtenu, également à la deuxième année du semis, dans des terrines que j'avais préalablement ensemencées de Fèves, des touffes extrêmement garnies, dont les tiges les plus hautes atteignaient 30 à 40 centimètres et s'approchaient beaucoup de l'ampleur et de l'élégance que cette espèce acquiert dans le Midi, où elle est très commune, notamment dans nos cultures d'Antibes.

LATHRÆA

— **Clandestina** L. — ♃. Europe. (Sur *Salix*).

LENTIBULARIÉES

PINGUICULA

— **vulgaris** L. — ♃. Europe.

> Cette petite plante, si spéciale par la nature charnue et extrêmement tendre de son feuillage, qui lui a valu le nom de « Grassette », l'est encore plus par son mode d'hivernage. Elle se transforme, à l'automne, en un simple bourgeon pointu, gros comme un petit pois, qui passe l'hiver, sans aucune racine, à fleur de terre, et reconstitue la plante l'année suivante. Les fleurs en sont violettes, assez jolies. La forme d'Irlande, que j'ai reçue de M. Beamish, est à fleurs beaucoup plus grandes que celles du type indigène chez nous et réellement très belles. Je cultive assez facilement ce *Pinguicula*, en terrines remplies de terre de bruyère tourbeuse, mélangée de sphagnum et tenues dans un endroit ombragé et très humide.

GESNÉRACÉES

GLOXINIA

— *hybrida Hort. — ♃. Variétés horticoles.

ACHIMENES

— *hybrida Hort. — ♃. Variétés horticoles.

NÆGELIA

— *hybrida Hort. — ♃. Variétés horticoles.

CONANDRON

— *ramondioides Sieb. et Zucc. — ♃. Japon.

> Cette plante, dont le port et surtout les longues feuilles charnues, luisantes et fortement cloquées, rappellent celles de certains *Streptocarpus*,

produit des cymes de fleurs violacées, pendantes. Sa végétation est lente, capricieuse et demande une certaine somme de chaleur. La plante est, en tout cas, incapable de résister ni même de prospérer en plein air sous notre climat.

CHIRITA

Fauriei Franchet (*spec. nov.*). — ♃. Chine.

Le pied unique, né des graines reçues de Chine par M. M. de Vilmorin, est une petite plante à feuilles radicales, charnues, velues et disposées en croix; les tiges florales, hautes de 10 centimètres, portent au sommet deux grosses bractées concaves, abritant trois fleurs pendantes, tubulées, peu ouvertes et lilacées. Cette plante semble demander une certaine somme de chaleur et sans doute la serre tempérée. (Voir *Revue Hort.*, 1904, p. 470).

STREPTOCARPUS

— *kewensis* Wats. (*S. Rexii* × *S. Dunnii*). — ♃.

Cet hybride est devenu une race de plantes de serre, aujourd'hui très répandue dans les cultures et estimée pour la diversité de ses coloris. Les fleurs, réunies par cinq ou six sur de nombreuses hampes, sont longues de 4 à 5 centimètres et présentent de nombreuses nuances intermédiaires entre le blanc, le rouge et le violet, avec des stries ou panachure très élégantes. Elles s'épanouissent successivement durant l'hiver et le printemps. — (Voir *Revue Horticole*, 1892, p. 133; 1896, p. 12, avec planche.)

RAMONDIA

— **Nathaliæ** Panc. et Petrov. — ♃. Serbie.

— **pyrenaica** Rich. — ♃. Pyrénées.

—   — var. ALBA Hort.

— **serbica** Panc. — ♃. Serbie.

Le *R. pyrenaica*, le plus connu, peut, à bon droit, être considéré comme une des plus belles plantes alpines. Ses larges rosettes de feuilles fortement crépues, autant que ses belles fleurs violettes, en cymes nombreuses, sont, en effet, très décoratives. Sa culture est, en outre, facile aussi bien en pots qu'entre les fissures perpendiculaires des roches. Il prospère de préférence dans les endroits ombragés et exposés au nord. La planche XXI représente un bel exemplaire élevé en pot.

Les *R. Nathaliæ* et *R. serbica* sont des espèces voisines, peut-être même des formes géographiques, plus délicates, moins florifères et qui ne valent pas le type au point de vue décoratif.

SAINTPAULIA

— *ionantha* H. Wendl. — ♃. Afrique centrale.

Cette petite plante, dont le port et les fleurs rappellent assez bien le *Ramondia pyrenaica*, a été introduite de graines dans les cultures, vers 1892. Les fleurs, typiquement bleu-violet foncé, lui ont valu le nom familier de « Violette de l'Usambara ». Elles ont rapidement varié vers le blanc, le rose et le lilas. La plante s'est vite répandue dans les cultures, grâce à la facilité de son traitement et surtout à l'abondance et à la longue durée de sa floraison. Elle se propage très facilement par le semis et même par le bouturage des feuilles. M. Ed. André l'a employée avec succès, dans son parc de Lacroix, en Touraine, comme plante alpine, à côté des *Ramondia*, durant la belle saison. — (Voir *Revue Hort.*, 1893, p. 321, fig. 103; 1902, p. 184, avec planche.)

RAMONDA PYRENAICA.

HABERLEA RHODOPENSIS.

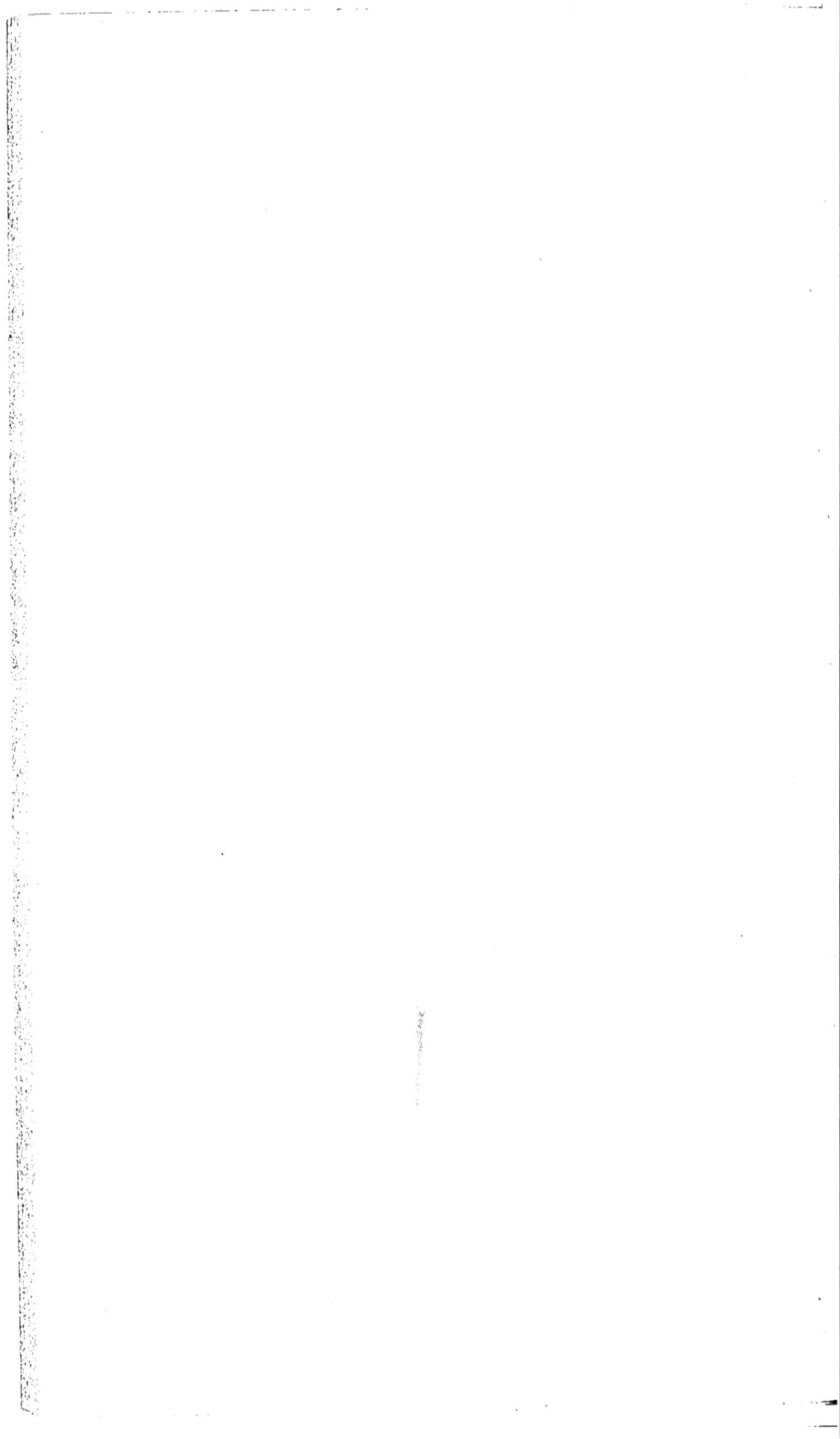

HABERLEA

— *Ferdinandi-Coburgii Urumoff. — ♃. Balkans.

— *rhodopensis Frivald. — ♃. Grèce.

— — var. ALBA Hort.

Très jolie plante presque rustique, de culture facile, et produisant en mai de nombreuses cymes de fleurs lilacées, assez grandes, qui forment une touffe très élégante, ainsi qu'en témoigne l'exemplaire représenté par la planche XXI.

Je dois à l'obligeance du Prince Ferdinand de Bulgarie la variété blanche de cette espèce, ainsi que l'*H. Ferdinandi-Coburgii.*

Fig. 67. —- INCARVILLEA DELAVAYI.

BIGNONIACÉES

AMPHICOME

— *arguta Royle. — ♃. Himalaya.

— *Emodi Royle. — ♃. Himalaya.

Ces deux plantes, quoique bien distinctes, offrent entre elles certaines analogies; le mode de végétation est le même; les fleurs sont roses, tubulées et disposées en grappes dans les deux espèces, qui offrent enfin ce défaut commun de donner en abondance des graines de médiocre faculté

INCARVILLEA

germinative. D'autre part, l'*A. Emodi* est suffrutescent, ses fleurs sont plus grandes que celles de l'*A. argula;* enfin, il est moins rustique et exige l'abri d'un châssis pendant l'hiver, tandis que l'*A. argula* peut être laissé en pleine terre sous une couverture de litière.

— **compacta** Maxim. — ♃. Chine.

> Cette plante, dont je n'ai pas encore pu voir les fleurs, est plus délicate que l'*I. grandiflora* et en sera sans doute très voisine.

Fig. 68. — INCARVILLEA GRANDIFLORA.

— **Delavayi** Bur. et Franch. — ♃. Chine.

> Cette espèce, dont la première floraison eut lieu au Muséum, en 1888, est aujourd'hui largement dispersée dans les cultures. C'est une grande et belle plante, à longues feuilles pinnées, dont la tige, d'abord courte, porte une grappe ombelliforme de fleurs tubuleuses, grandes et d'un beau rose. Cette tige s'allonge ensuite notablement et, à la maturité des graines, elle atteint souvent plus de 1 mètre de hauteur. — (Voir fig. 67, et *Revue Hort.*, 1893, p. 544, avec planche; *Le Jardin*, 1893, p. 55, fig. 20.)

— **grandiflora** Bur. et Franch. — ♃. Se-tchuen.

> Cette espèce, introduite de Chine en 1897, par les soins de M. M. de Vilmorin, peut, à bon droit, être considérée comme la perle du genre. Elle est très distincte de ses congénères par sa souche tuberculeuse, par son

INCARVILLEA

port nain, son feuillage étalé, et surtout par ses tiges, hautes de 15 à 20 centimètres au plus, qui ne portent souvent qu'une seule mais très grande et superbe fleur, à limbe ample et d'un beau rose carminé vif, avec la gorge sillonnée de larges raies blanches, qui en rehaussent beaucoup l'éclat. — (Voir fig. 63, et *Revue Horticole*, 1898, p. 330; 1899, p. 12, avec planche; *Le Jardin*, 1900, p. 179, fig. 67.)

— **Olgæ** Regel. — ♃. Turkestan.

— *__sinensis__ Lamk. — ② ♃. Chine.

Cet *Incarvillea*, un des plus anciennement connus, produit, sur des tiges feuillées dépassant 1 mètre de hauteur, des grappes de fleurs rose foncé et très jolies, mais sa durée est courte et sa culture très capricieuse.

— *__variabilis__ Batalin. — ♃. Chine orientale.

D'introduction encore récente, cette espèce est naine, plutôt grêle, à feuillage finement découpé et à fleurs rose tendre, en grappes lâches et terminales. — (Voir *Le Jardin*, 1900, p. 180, fig. 68.)

ECCREMOCARPUS

— *__scaber__ Ruiz et Pav. — ② ♃. Chili.

PÉDALINÉES

MARTYNIA

— *__fragrans__ L. — ①. Mexique.
— *__lutea__ Lindl. — ①. Brésil.
— *__proboscidea__ Glox. — ①. Amérique septentrionale.

SESAMUM

— *__indicum__ L. — ①. Tropiques.

ACANTHACÉES

THUNBERGIA

— *__alata__ Bojer. — ① ♃. Afrique. — Variétés horticoles.

RUELLIA

— *__ciliosa__ Pursh. — ♃. Amérique septentrionale.

ACANTHUS

— **hirsutus** Boiss. — ♃. Orient.

Je possède à Verrières, depuis de nombreuses années, un pied de cette espèce, qui reste chétif et injugeable, sans doute à cause de l'insuffisance de notre climat.

— **mollis** L. — ♃. Europe méridionale.

— — var. LATIFOLIUS Hort. (*A. lusitanicus* Hort.).

SÉLAGINÉES

HEBENSTRETIA
— **comosa** Hochst. — ①. Cap. (Voir *Revue Hort.*, 1901, p. 120, fig. 42.)

GLOBULARIA
— **cordifolia** L. -- ♃. Alpes.

> Petite espèce rampante, dont les rameaux se terminent par une rosette de petites feuilles échancrées en cœur au sommet, entre lesquelles naissent, en juin, de nombreux glomérules de fleurs bleu lilacé, très élégants. C'est une plante charmante pour l'ornement des parties ensoleillées et calcaires des rocailles.

— **nana** Lamk. — ♃. Provence.
— **nudicaulis** L. — ♃. Alpes.
— **salicina** Lamk. — ♃. Madère.
— **trichosantha** Fisch. et Mey. — ♃. Asie Mineure.
— **vulgaris** L. — ♃. Europe, Caucase.
—   — var. ALBA Hort.
— **Willkommii** Nym. — ♃. Europe.

VERBÉNACÉES

LANTANA
— *Camara L. — ♃. Amérique tropicale. — Variétés horticoles.

LIPPIA
— *canescens Kunth (*L. repens* Hort., non Spreng.). — ♃. Pérou.

VERBENA
— **Aubletia** Jacq., var. DRUMMONDII Lindl. — ①. Sud des États-Unis.
— **incisa** Hook. — ① ♃. Amérique méridionale.
— **officinalis** L. — ♃. Europe.
— **pulchella** Sweet. — ① ♃. La Plata.
— **teucrioides** Gill. et Arn. — ① ♃. La Plata. — Variétés et hybrides horticoles.
— **venosa** Gill. et Hook. — ① ♃. Région Argentine, Chili.

LABIÉES

OCIMUM
— **Basilicum** L. — ①. Asie occid. et trop. — Variétés hort.
—   — var. MINIMUM L.

COLEUS
— *hybridus Hort. (*C. Blumei* Benth.; *C. Verschaffelti* Ch. Lem.). — ♃. Java.

COLÉUS
— ***thyrsoideus** Baker. — ♃. Afrique centrale.

Cette espèce, d'introduction encore récente, est intéressante, non plus comme plante à feuillage, mais bien par ses fleurs, qui sont bleues, disposées en longues grappes dressées, s'épanouissant vers la fin de l'hiver, en serre. Malgré ce mérite, la plante, de culture facile et grainant même, est tombée dans le domaine des collections après quelques essais infructueux de production pour le commerce. — (Voir *Le Jardin*, 1902, p. 136, avec planche, et *Revue Horticole*, 1903, p. 476, avec planche.)

PERILLA
— **nankinensis** Dcne (*P. arguta* Benth.). — ①. Chine.
— — var. LACINIATA Hort.

MENTHA
— **piperita** L. — ♃. Europe, Asie, Afrique septentrionale.
— **Pulegium** L. — ♃. Europe.
— **Requienii** Benth. — ♃. Corse.

Cette espèce est une des plus petites du genre. Elle est bien distincte de ses congénères par son port absolument rampant. Elle forme rapidement de larges plaques et se ressème abondamment d'elle-même à Verrières, où elle est presque naturalisée. La plante est, en outre, remarquable par l'odeur de Menthe très puissante que répand, au moindre frottement, son petit feuillage.

PYCNANTHEMUM
— **pilosum** Nutt. — ♃. Amérique septentrionale.

ORIGANUM
— ***Dictamnus** L. — ♃. Crète.
— **pulchrum** Boiss. et Heldr. — ♃. Grèce.
— **sipyleum** L. (*O. hybridum* Mill.). — ♃. Asie Mineure.

Cette espèce est une des plus jolies du genre par les nombreux petits épis pendants qu'elle produit en juillet-août. Les grandes bractées rouges qui accompagnent les fleurs et qui persistent longtemps après elles, jouent le principal rôle décoratif. La plante est rustique, vigoureuse, de culture et multiplication faciles.

— **vulgare** L. — ♃. Europe, etc.
— — var. PRISMATICUM Gaud. — France méridionale.

THYMUS
— **Chamædrys** Fries. — ♃. Europe, var. COMOSUS Hort.
— **Serpyllum** L. — ♃. Europe.
— — var. LANUGINOSUS Hort., etc.

La variété *lanuginosus* est extrêmement différente du type, non seulement par l'abondante villosité de toutes ses parties, mais encore et surtout par son port nettement rampant et par sa vigueur qui lui permet de former rapidement de larges plaques. C'est une excellente plante tapissante pour les terrains secs.

(Voir aussi Partie I, *Plantes ligneuses*.)

16

SATUREIA
— **hortensis** L. — ♃. Région méditerranéenne.
— **montana** L. — ①. Europe méridionale.

HYSSOPUS
— **officinalis** L. — ♃. Europe, Asie tempérée.

CALAMINTHA
— **alpina** Lamk. — ♃. Europe, etc.
— **croatica** Host. — ♃. Europe méridionale.
— **grandiflora** Mœnch. — ♃. Europe méridionale.

MELISSA
— **officinalis** L. — ♃. Région méditerranéenne, Orient.
— — var. AUREA Hort.

HORMINUM
— **pyrenaicum** L. — ♃. Alpes et Pyrénées.
— — var. ALBUM Hort.

PEROWSKIA
— **atriplicifolia** Benth. — ♃. Himalaya.

> C'est une grande plante, atteignant plus de 1^m,50, à rameaux simples, effilés, raides, dressés, à petit feuillage glauque et à fleurs bleues, en longs épis, s'épanouissant d'août en septembre.
> (Voir *Revue Horticole*, 1905, p. 314, avec planche.)

SALVIA
— **Æthiopis** L. — ②. Europe australe, Orient.
— **argentea** L. — ②. Région méditerranéenne.

> Ces deux espèces sont voisines et nettement caractérisées par leur grand feuillage fortement velu-laineux et très blanc, formant, la première année, de très larges touffes. Au printemps suivant, se montrent des tiges feuillues, également velues et portant de nombreux épis de petites fleurs bleuâtres. Ces *Salvia*, qui aiment les endroits chauds et secs, produisent, par l'ampleur et la teinte de leur feuillage, un effet très pittoresque dans les parties ensoleillées des grands rochers.

— *azurea Benth. — ♃. Amér. sept., var. GRANDIFLORA Hort.
— *carduacea Benth. — ① ♃. Californie.
— *coccinea Juss. — ① ♃. Amér. sept. et tropicale.
— *farinacea Benth. — ♃ ①. Mexique, Texas.
— grandiflora Etling. — ♃. Asie Mineure.
— *Horminum L. — ①. Région méditerranéenne. — Variétés horticoles.
— officinalis L. — ♃. Région méditerranéenne.

SALVIA

— **patens** Cav. — ♃. Mexique.
— **Sclarea** L. — ②. Région méditerranéenne.
— *splendens** Ker-Gawl. — ♃. Brésil. — Variétés horticoles.
— **turkestanica** Hort. — ♃. Patrie incertaine.

MONARDA

— **didyma** L. — ♃. Amérique septentrionale.
— **fistulosa** L. — ♃. Amérique septentrionale.
— — var. ALBA Hort.
— — var. ROSEA Hort.
— — var. RUBRA Hort.

LOPHANTHUS

— *rugosus** Fisch. et Mey. — ① ♃. Chine.

> Cette plante, qui forme des touffes dressées, atteignant environ 1 mètre dès la première année, possède dans toutes ses parties une odeur anisée, très puissante, qui a déjà donné lieu à des essais d'extraction industrielle. Ce *Lophanthus* n'est pas complètement rustique sous notre climat, mais il peut être aisément propagé annuellement par le semis.

NEPETA

— **Cataria** L. — ♃. Europe, Orient.
— GLECHOMA Benth. — Voy. *Glechoma hederacea*.
— **Mussini** Spreng. — ♃. Caucase, Perse.

> (Voir *Revue Horticole*, 1891, p. 300, avec planche.)

GLECHOMA

— **hederacea** L. (*Nepeta Glechoma* Benth.). — ♃. Europe.
— — var. FOLIIS-VARIEGATIS Hort.

DRACOCEPHALUM

— **moldavica** L. — ①. Europe, Asie boréale.
— **Ruprechtii** Regel. — ♃. Turkestan.
— **Ruyschiana** L. — ♃. Europe, Asie boréale.
— — var. JAPONICUM A. Gray. — Japon.

SCUTELLARIA

— **alpina** L. — ♃. Europe, Asie boréale.
— — var. LUPULINA Benth. — Sibérie.

> C'est une des plus jolies espèces du genre et une interessante plante de rocailles, formant des touffes lâches, hautes de 25 centimètres environ, dont les rameaux se couronnent, en juin, de bouquets de grandes fleurs dressées, de couleur violacée, avec la lèvre inférieure plus pâle, variant d'ailleurs de nuance dans la variété *lupulina*, qui est connue aussi sous le nom de *bicolor*. — (Voir *Revue Horticole*, 1889, p. 12, avec planche.)

SCUTELLARIA
— **baikalensis** Georgi (*S. macrantha* Fisch.). — ♃. Sibérie.
— **peregrina** L. — ♃. Europe méridionale, Orient.

BRUNELLA (Prunella).
— **vulgaris** L. — ♃. Europe. — Var. ALBA Coss. et Germ.
— **Webbiana** Hort. — ♃. Origine horticole.

> Cette Brunelle est une forte plante, formant de larges touffes, hautes d'environ 30 centimètres, dont les tiges se terminent, en juillet, par de gros et nombreux épis de fleurs bleu-violacé, produisant un bel effet décoratif.

PHYSOSTEGIA
— **virginiana** Benth. (*P. speciosa* Hort.). — ♃. Amérique sept.
— — var. ALBA Hort. — (Voir *Rev. Hort.*, 1898, p. 336, avec planche.)
— — var. CARNEA Hort.

MELITTIS
— **Melissophyllum** L. — ♃. Europe.
— — var. GRANDIFLORA Smith.
— — var. ALBA Hort.

> La variété *grandiflora*, indigène aux environs de Paris, où elle est commune, est une jolie plante, robuste, vivant sous bois, et qui pourrait avantageusement être introduite dans les parcs pour orner les bosquets.

I. — STACHYS
STACHYS
— **alpina** L. — ♃. Europe, Caucase.
— ***coccinea** Jacq. — ♃. Mexique.
— **corsica** Pers. — ♃. Région méditerranéenne.
— **lanata** Jacq. — ♃. Orient.
— **sibirica** Link. — ♃. Sibérie.
— **affinis** Bunge (*S. Sieboldii* Miq.; *S. tuberifera* Naud.). — (Crosne). ♃. Japon.

II. — BETONICA
STACHYS
— **Alopecuros** Benth. (*Beton. Alopecuros* L.). ♃. Eur. mérid.
— — var. ALBA Hort.
— **Betonica** Benth. (*Betonica officinalis* L.). ♃. Europe, Asie.
— — var. ALBA Hort.
— **grandiflora** Benth. (*Betonica grandiflora* Willd.). — ♃. Asie Mineure, Perse.
— **longifolia** Benth. (*Betonica orientalis* L.). — ♃. Caucase.

LEONURUS
— **Cardiaca** L. — ♃. Rég. temp. sept., var. LACINIATA Hort.

LAMIUM
— **Galeobdolon** Crantz. — ♃. Europe.
— **longiflorum** Tenore. — ♃. Europe méridionale.
— **maculatum** L. — ♃. Europe, Orient.
— **Orvala** L. — ♃. Europe méridionale.

BALLOTA
— **spinosa** Link. — ♃. Europe méridionale.

PHLOMIS
— **agraria** Bunge. — ♃. Sibérie.
— **Samia** L. — ♃. Orient.
— **tuberosa** L. — ♃. Europe, Orient.

(Voir aussi Partie I, *Plantes ligneuses.*)

EREMOSTACHYS
— **labiosa** Bunge. — ② ♃. Perse.
— **laciniata** Bunge. — ② ♃. Asie Mineure.
— — var. OCHROLEUCA Hort.

Cette plante, ancienne mais peu répandue, est assez intéressante par son port spécial. Elle développe quelques grandes feuilles profondément découpées et sa tige, simple et le plus souvent unique, est forte, peu feuillue et se termine par un gros épi fortement laineux, garni de quelques feuilles réduites et composé de nombreuses fleurs jaunâtres.

TEUCRIUM
— **Chamædrys** L. — ♃. Europe, Asie boréale.
— **flavum** L. — ♃. Région méditerranéenne.
— **fruticans** L. (*T. latifolium* L.). — ♃. Europe méridionale.
— **montanum** L. — ♃. Europe, Orient.
— **Polium** L. — ♃. Région méditerranéenne, Orient.

AJUGA
— **reptans** L. — ♃. Europe.

PLANTAGINÉES

PLANTAGO
— **alpina** L. — ♃. Alpes.
— **Psyllium** L. — ①. Région méditerranéenne, Orient.

LITTORELLA
— **lacustris** L. — ♃. Europe.

NYCTAGINÉES

MIRABILIS
- **Frœbelii** Greene. — ① ♃. Californie.
- **Jalapa** L. — ① ♃. Amérique tropicale.
- — var. CALYCANTHEMA Hort.
- — var. TRICOLOR Hort., etc.

> La variété *calycanthema*, reçue de Chine, par M. M. de Vilmorin, il y a plusieurs années déjà, possède un calice agrandi et coloré en rouge comme la corolle, mais encore insuffisamment pour que cette monstruosité puisse augmenter la beauté des fleurs, comme c'est le cas chez la Campanule à grosses fleurs calycanthèmes et quelques autres plantes. Elle est toutefois remarquable par sa parfaite fixité, trop grande même, puisqu'il nous a été impossible jusqu'ici d'observer la moindre variation; l'amélioration se trouve, de ce fait, rendue impossible.

- **longiflora** L. — ① ♃. Mexique. — Variétés horticoles.
- **multiflora** Hort. (*M. hybrida* Lepel, var.). — ① ♃.

ABRONIA
- **umbellata* Lamk. — ① ♃. Californie.

ILLÉCÉBRACÉES

PARONYCHIA
- **Cephalotes** Steven. — ♃. Tauride.
- **nivea** DC. (*P. cæspitosa* Lamk). — ♃. Région méditerran.

AMARANTACÉES

CELOSIA
- **cristata** L. — ①. Indes.
- — *subspec.* FASCIATA Hort. (Crête de Coq). Variétés hort.
- — *subspec.* PYRAMIDALIS Hort. (Célosie à panache). — Variétés horticoles.

> Malgré le nom spécifique de cette espèce, la race dite « Crête de Coq », n'est qu'une monstruosité fixée dans les cultures. Il n'est pas douteux, cependant, que l'espèce elle-même n'ait une tendance très marquée à la fasciation, que l'on observe souvent, même dans la Célosie à panache.

AMARANTUS
- **bicolor** Nocca. — ①. Régions tropicales. — Variétés horticoles.
- **caudatus** L. — ①. Indes orientales, Afrique tropicale.
- — var. GIBBOSUS Hort.
- **melancholicus** Hort. — ①. Régions tropicales. — Var⁵ hort.
- **salicifolius** Hort. — ①. Origine inconnue.

AMARANTUS

— **sanguineus** L. (*A. paniculatus* L.). — ①. Indes.

— **speciosus** Sims. — ①. Indes.

— **splendens** Hort. Vilm. — ①. Origine inconnue.

— **tricolor** L. (*A. gangeticus* L.) — ①. Indes.

> Sauf l'*A. caudatus*, tout spécial par ses longues inflorescences spici-
> formes, les autres espèces sont voisines, peut-être même des variétés ou
> formes d'un type spécifique largement dispersé dans les régions chaudes.
> Ce sont, en effet, des plantes peu élevées, à port touffu et à beau feuillage,
> souvent coloré, rappelant parfois celui des *Coleus*, et qui fait, d'ailleurs,
> leur principal mérite décoratif.

GOMPHRENA

— **globosa** L. — ①. Indes orientales. — Variétés horticoles.

CHÉNOPODIACÉES

HABLITZIA

— **tamnoides** Bieb. — ♃. Caucase.

> Cette plante, rare dans les cultures, prospère à Verrières le long d'un
> mur exposé au midi. Ses longues tiges sarmenteuses le garnissent d'un
> abondant feuillage et d'épis de fleurs verdâtres. — (Voir *Revue Horti-
> cole*, 1890, p. 191.)

CHENOPODIUM

— **Bonus-Henricus** L. — ♃. (Arroche Bon-Henri). — Europe.

BETA

— **Cicla** L. — ② (Poirée). Europe, etc. — Variétés horticoles.

— **vulgaris** L. — ②. (Betterave). Europe, etc. — Variétés horticoles et agricoles.

> Cette espèce indigène est importante par les nombreuses formes bien
> distinctes qu'on y a fixé par la sélection, notamment la Betterave pota-
> gère, où la coloration rouge du suc des cellules a été exagérée ; la Bette-
> rave fourragère, dans laquelle on a cherché à augmenter le poids de la
> racine, et la Betterave à sucre, dans laquelle on est arrivé à développer la
> proportion du sucre au point qu'il atteint parfois 20 pour 100 du poids
> de la racine. L'amélioration de cette dernière race est intimement liée à
> l'histoire de Verrières, puisque c'est mon grand-père qui entreprit, en 1850,
> une série d'expériences ayant pour but d'augmenter la richesse saccharine
> de la Betterave qui, à cette époque, ne dépassait pas 7 à 8 pour 100. —
> (Voir *Bull. séances Soc. Imp. et Centr. d'Agricult.* sér. XI, tome 6,
> pp. 169, 268; *Comptes rendus Acad. Sciences*, 1856, semestre 2, p. 871). Cer-
> tains auteurs voient également, dans le *Beta vulgaris*, l'origine de la Poirée
> qui se distingue de la Betterave parce que ce sont les côtes des feuilles et
> non plus la racine qui ont été développées.

SPINACIA

— **oleracea** L. — ① ②. (Épinard). Asie centr. ? — Variétés hort.

ATRIPLEX
- **hortensis** L. — ①. (Arroche). Orient. — Variétés horticoles.
- **semi-baccata** R. Br. — ①. Australie.

> Cette Arroche australienne a été recommandée comme plante fourragère susceptible d'être utilisée pour l'ensemencement des terrains de nature saumâtre
> (Voir aussi Partie I, *Plantes ligneuses.*)

KOCHIA
- **scoparia** Schrad. — ①. Europe orientale, etc. — Variété.

> La plante ici mentionnée n'est pas le type subspontané et cultivé dans le midi pour fournir des rames à vers à soie et faire des balais. C'est une variété d'origine américaine, encore innommée, qui s'est répandue dans les cultures durant ces dernières années, à cause de la teinte rouge sombre qu'elle prend à l'automne sous l'influence des premiers froids. La plante est, en outre, bien différente par son port, qui affecte très régulièrement la forme d'un œuf, et son feuillage est abondant, étroit et d'un vert très blond.

BASELLA
- **alba** L. — ①. Régions tropicales.
- **rubra** L. — ①. Régions tropicales.

BOUSSINGAULTIA
- *****baselloides** Kunth. — ♃. Ecuador.

PHYTOLACCACÉES

PHYTOLACCA
- **acinosa** Roxb. — ♃. Himalaya. — (Voir *Revue Hort.*, 1890, p. 191)
- **decandra** L. — ♃. Floride.
- **octandra** L. — ♃. Japon.

POLYGONACÉES

ERIOGONUM
- **flavum** Nutt. — ♃. Amérique septentr. occidentale.
- *****latifolium** Sm. — ♃. Californie.
- **umbellatum** Torr. — ♃. Amérique septentr. occidentale.

POLYGONUM
- **affine** D. Don. — ♃. Himalaya.
- **oxyphyllum** Wall. — ♃. Himalaya.

> On n'est pas d'accord sur la détermination exacte de cette espèce, qui s'est surtout répandue dans les cultures durant ces dernières années. Pour le Dr Clos, c'est le *P. amplexicaule* D. Don var. *oxyphyllum* Meissn.; pour d'autres c'est le *P. polystachyum* Wall., ou plutôt le *P. molle* D. Don, d'après M. Hariot; enfin, M. Ed. André, considérant la plante comme spécifiquement distincte, l'a décrite sous le simple nom de *P. oxyphyllum* Wall.,

POLYGONUM

désignation brève, qui semble prévaloir dans les cultures. La plante est très robuste, touffue, haute de 1 mètre et plus, et ses tiges, garnies de grandes et longues feuilles, se terminent, en fin octobre seulement, par des panicules amples et très légères de petites fleurs blanc rosé, produisant un effet charmant. — (Voir *Le Jardin*, 1901, p. 41, fig. 15; *Revue Horticole*, 1903, p. 8, fig. 1-2.)

— **australe** Spreng. — ♃. Australie.

— **Bistorta** L. — ♃. Régions septentrionales.

— **capitatum** Buchan. — ①. Himalaya.

Espèce annuelle, à port étalé et à petit feuillage maculé, dont les rameaux produisent, vers la fin de l'été, de nombreux petits capitules rosés, assez élégants. La plante est robuste et se ressème d'elle-même; on la rencontre maintenant subspontanée sur le rocher et sur divers points du parc, à Verrières.

— **compactum** Hook. f. — ♃. Japon.

— **cuspidatum** Sieb. et Zucc. — ♃. Japon.

— *****equisetiforme** Sibth. et Sm.— ♃. Région méditerranéenne.

— **filiforme** Thunb. — ♃. Japon, var. FOLIIS VARIEGATIS Hort.

— **lanigerum** R. Br. — ①. Tropiques.

— **orientale** L. — ①. Orient.— Variétés horticoles.

— *****rosmarinifolium** Hort. — ♃. Patrie inconnue.

— **rude** Meissn. — ♃. Himalaya.

— **sachalinense** F. Schmidt. — ♃. Ile Sachalin, etc.

Cette grande espèce a été recommandée, il y a une dizaine d'années, comme plante fourragère pour les terrains secs. Les essais n'ont donné que des résultats négatifs. Bien que résistant dans les terrains médiocres et secs, cette plante demande, pour atteindre son grand développement, des terres fraiches, sinon humides, et plutôt fertiles. Elle est donc bientôt redevenue ce qu'elle était auparavant, c'est-à-dire une plante à port pittoresque, susceptible de former de belles touffes isolées dans les jardins paysagers, mais très traçante, comme l'est d'ailleurs le *P. cuspidatum.* — (Voir *Revue Horticole*, 1893, pp. 326, 395, fig. 124, 125.)

— **sphærostachyum** Meissn. — ♃. Himalaya.

— **vaccinifolium** Wall. — ♃. Himalaya.

(Voir aussi Partie I, *Plantes ligneuses.*)

FAGOPYRUM

— *****cymosum** Meissn. — ① ♃. Himalaya, Chine.

Ce Sarrasin vivace a été recommandé comme plante fourragère et pour faire des couverts à gibier. Il est, en effet, très vigoureux, traçant et produit une masse considérable de matière verte; mais il donne peu de graines et sa souche ne résiste pas aux gelées, à Verrières, du moins, où on le traite comme plante annuelle.

— **emarginatum** Mœnch. — ①. Népaul.

FAGOPYRUM

- **esculentum** Mœnch. — ①. (Sarrasin). Europe, Asie boréale.
  — Variétés agricoles.
- **tataricum** Gærtn. — ①. Europe, Asie boréale.

RHEUM

- **acuminatum** Hook. — ♃. Himalaya.
- **compactum** L. — ♃. Sibérie, Mongolie.
- **officinale** Baillon. — ♃. Thibet.
- **palmatum** L. — ♃. Tartarie, Mongolie.
- **undulatum** L. — ♃. Tartarie.
- **Rhaponticum** L. — ♃. Sibérie. Variétés hort. et hybrides.
- **spiciforme** Royle. — ♃. Himalaya.

> Toutes les espèces ici mentionnées sont, en même temps qu'économiques par leurs pétioles, dont on fait des tartes, des confitures, etc., hautement décoratives par l'ampleur de leur végétation et fréquemment employées pour l'ornement pittoresque des parcs et des grands jardins.

RUMEX

- **Acetosa** L. — ♃. (Oseille). Europe. — Variétés horticoles.
- **alpinus** L. — ♃. Alpes d'Europe, Caucase.
- *****hymenosepalus** Torr. — ♃. Amérique septentrionale.

> Cette espèce, plus connue sous le nom de « Canaigre », intéresse l'industrie par ses grosses racines charnues et pivotantes, qui renferment une substance tannante très appréciée pour la préparation des cuirs fins. La plante est médiocrement rustique, sensible à l'humidité et, par suite, incultivable en grand dans le nord de la France.

- **montanus** Desf. — ♃. Alpes d'Europe.
- **Patientia** L. — ♃. Orient.

ARISTOLOCHIACÉES

ASARUM

- *****caudatum** Lindl. — ♃. Californie.
- **europæum** L. — ♃. Europe.
- **grandiflorum** Lodd. — ♃. Amérique septentrionale.

> Les trois espèces précédentes produisent de curieuses fleurs pourpre livide, campanulées, dont les trois lobes sont prolongés en long acumen chez l'*A. caudatum*. Elles sont sessiles et cachées sous les feuilles. Notre espèce indigène forme, toutefois, des belles touffes dans les endroits ombragés.

ARISTOLOCHIA

- **debilis** Sieb. et Zucc. — ♃. Chine et Japon.

> Cette Aristoloche est franchement herbacée et rappelle par ses fleurs et son feuillage l'*A. Clematitis* L., commune chez nous, mais ses tiges sont volubiles et susceptibles d'atteindre plusieurs mètres de hauteur.
>
> (Voir aussi Partie I, *Plantes ligneuses*.)

PIPÉRACÉES

SAURURUS

— **cernuus** L. — ♃. Amérique septentrionale.

— **Loureiri** Dcne. — ♃. Asie orientale.

> Cette espèce, que représente la figure 69, est intéressante par ses feuilles terminales qui, à l'approche de la floraison, prennent une teinte blanche très accentuée, compensant avantageusement l'insignifiance des fleurs. Celles-ci sont petites, blanches et disposées en épis subterminaux. La plante est rustique, robuste, très traçante, et prospère dans les endroits marécageux.

Fig. 69. — SAURURUS LOUREIRI.

GYMNOTHECA

— **chinensis** Dcne. — ♃. Chine.

EUPHORBIACÉES

EUPHORBIA

— *Caput-Medusæ** L. — ♃. Afrique australe.

> Cette Euphorbe est une des espèces céréiformes cultivées dans les collections de plantes grasses. Sa tige cylindrique, haute de 20 centimètres environ, porte au sommet, des feuilles rudimentaires et des petites fleurs blanchâtres

— **Lathyris** L. — ②. Europe méridionale.

— **marginata** Pursh (*E. variegata* Sims). — ①. Amér. sept.

> J'ai rencontré cette Euphorbe à l'état spontané dans le Texas. Son mérite décoratif réside dans la panachure blanche des feuilles terminales qui entourent les inflorescences d'une élégante collerette. Cette panachure étant propre à l'espèce se reproduit fidèlement en culture.

EUPHORBIA
— **Myrsinites** L. — ♃ . Europe méridionale.

> Espèce bien distincte par ses tiges étalées, garnies d'un feuillage abondant, court et très glauque, qu'elles conservent tout l'hiver. Les fleurs, jaune verdâtre et réunies en ombelles, sont, comme chez la plupart de ses congénères, peu remarquables. La plante forme, dans les rochers, des touffes assez décoratives.

PACHYSANDRA
— **procumbens** Michx. — ♃ . Amérique septentrionale.
— **terminalis** Sieb. et Z. — ♃ . Japon, v. FOLIIS VARIEGATIS Hort.

> Plante basse, traçante, rustique, formant des touffes décoratives par la panachure jaune, très constante, qui couvre une bonne partie de son feuillage épais et persistant.

RICINUS
— **communis** L. — ⚀ ♃ . Indes. — Variétés horticoles.

URTICACÉES

HUMULUS
— **japonicus** Sieb. et Zucc. — ⚀. Japon.
—   — var. VARIEGATUS Hort.
— **Lupulus** L. — ♃ . (Houblon). Europe. — Variétés agricoles.

CANNABIS
— **sativa** L. — ⚀. (Chanvre). Asie centrale. — Variétés agric.

URTICA
— **cannabina** L. — ♃ . Asie boréale, Perse.

BŒHMERIA
— **nivea** Gaudich. — ♃ . Chine.

> Cette plante, dont la fibre textile est connue sous le nom de « Ramie », mérite une place dans les jardins d'agrément. Sa rusticité est suffisante pour notre climat et, en terre fertile, elle forme des touffes volumineuses, atteignant environ 1^m,50, à beau feuillage fortement veiné, dont le revers est blanc argenté.

HELXINE
— *****Soleirolii** Req. — ♃ . Corse et Sardaigne.

> C'est une petite plante rampante; le joli gazon vert tendre que forme son feuillage constitue son plus grand mérite décoratif, ses fleurs étant petites, rares et cachées sous les feuilles. La plante a beaucoup d'analogie de port et même d'aspect avec le *Mentha Requienii*.

MONOCOTYLÉDONES

ORCHIDÉES

LIPARIS
— **Lœselii** A. Rich. — ♃. Europe.

CALYPSO
— **borealis** Salisb. — ♃. Régions boréales.

> J'ai plusieurs fois reçu cette petite Orchidée septentrionale et j'ai eu le plaisir de lui voir produire sa jolie et délicate fleur rose, mais je ne suis pas parvenu jusqu'ici à la faire prospérer dans la collection de Verrières.

BLETIA
— **hyacinthina* Ait. — ♃. Chine, Japon.

LISTERA
— **cordata** R. Br. — ♃. Régions septentrionales et arctiques.

> Je cultive depuis sept ou huit ans, dans un seul pot, quelques pieds de cette Orchidée minuscule, dont la tige ne dépasse guère 5 à 8 centimètres. Elle a été recueillie au Mont-Dore, par mon père, durant les dernières années de sa vie.

— **ovata** R. Br. — ♃. Europe et Asie septentrionale.

SPIRANTHES
— **autumnalis** A. Rich. — ♃. Europe, Asie.

> Je conserve depuis plusieurs années en pot un pied de cette Orchidée indigène, dont les fleurs sont sans effet ornemental, mais intéressantes par leur disposition spiralée sur l'épi. Sa floraison n'a lieu qu'en septembre alors que les autres Orchidées indigènes sont depuis longtemps défleuries.

GOODYERA
— **repens** R. Br. — ♃. Régions septentrionales.

> Je parviens difficilement à conserver quelques pieds de cette Orchidée, plus curieuse que décorative, les conditions du milieu dans lesquelles elle vit étant difficiles à réaliser, à Verrières, faute de futaie de Pins. Elle abonde dans les plantations de l'École forestière des Barres-Vilmorin effectuées par mon arrière-grand-père, d'où je m'en réapprovisionne de temps à autre.

EPIPACTIS
— **gigantea** Dougl. — ♃. Amérique septentrionale, Himalaya.
— **latifolia** All. — ♃. Europe.
— — var. RUBIGINOSA Crantz. — Europe.

EPIPACTIS

— **palustris** L. — ♃. Europe, Orient.

> Ces Orchidées rhizomateuses et rustiques se cultivent assez facilement
> en terre de bruyère tourbeuse ou siliceuse. L'*E. palustris*, que je cultive
> à Verrières, dans un petit marécage artificiel, est un des plus vigoureux et
> des plus jolis par ses fleurs blanches.

ANACAMPTIS

— **pyramidalis** Rich. — ♃. Europe, Orient.

ORCHIS

— **incarnata** L. — ♃. Europe.

— INTACTA Link. — Voy. *Habenaria intacta.*

Fig. 70. — ORCHIS PURPUREA.

— **latifolia** L. — ♃. Europe, etc.

— — var. ROSEA.

— **laxiflora** Lamk. — ♃. Europe, Orient.

— — var. ALBA Hort.

— **maculata** L. — ♃. Europe, Asie Mineure.

— — var. ROSEA Hort.

— **mascula** L. — ♃. Europe, etc.

— — var. IMMACULATA Hort.

ORCHIS

— **Morio** L. — ♃. Europe, etc.
—   — ALBA Hort.
— *****pseudo-sambucina** Tenore. — ♃. Europe mérid., Orient.
— **purpurea** Huds. — ♃. Europe, etc. — (Voir fig. 70.)
— **sambucina** L. — ♃. Europe.

Je n'entrerai pas dans les détails descriptifs des Orchidées terrestres ici mentionnées, toutes jolies et très intéressantes ; mais je puis dire qu'à Verrières leur culture n'offre aucune difficulté, aussi bien en pots qu'en pleine terre ; quelques-unes tendent même à se naturaliser dans le rocher. Le point essentiel de leur traitement réside surtout dans l'observation de leur période de repos. A cet effet, les espèces cultivées en pots sont tenues plutôt sèches lorsque leur végétation se termine. Puis, leurs bulbes sont mis complètement à nu, en septembre, et rempotés tout de suite dans un mélange de terre franche et de terreau.

LOROGLOSSUM

— **hircinum** Rich. — ♃. Europe. — (Voir fig. 71.)

SERAPIAS

— *****cordigera** L. — ♃. Europe méridionale.
— *****Lingua** L. — ♃. Europe méridionale, Afrique boréale.

Ces Orchidées méridionales sont au nombre des plus intéressantes par leurs grandes et singulières fleurs. Leur culture à Verrières a lieu uniquement en pots, avec hivernage sous châssis, car elles ne peuvent résister en pleine terre sous notre climat, mais exactement comme je viens de l'indiquer pour les *Orchis*. Leur adaptation à ce traitement est si parfaite que les bulbes se multiplient évidemment par prolifération, leur nombre étant bien plus considérable aujourd'hui que lorsque je les ai reçus, il y a plusieurs années déjà, par les soins de M. Delacour.

Fig. 71. — LOROGLOSSUM HIRCINUM.

ACERAS

— **anthropophora** R. Br. — ♃. Europe.
— DENSIFLORA Boiss. — Voy. *Habenaria intacta*.

OPHRYS

—- **apifera** Huds. — ♃. Europe, etc.

— **Arachnites** Lamk. — ♃. Europe, etc. — (Voir fig. 72.)

— ***Bertolonii** Moretti. — ♃. Italie.

Les *Ophrys* sont au nombre de nos Orchidées indigènes les plus intéressantes par leurs fleurs qui rappellent singulièrement divers insectes : mouche, frelon, araignée, etc. Leur culture n'offre pas plus de difficulté que celle des *Orchis* et se pratique exactement de la même manière. M. Delacour a recueilli pour moi, il y a plusieurs années déjà, l'*O. Bertolonii*, un des plus jolis parmi les espèces méridionales.

HERMINIUM

— **Monorchis** R. Br. — ♃. Europe, etc.

HABENARIA

— **albida** R. Br. (*Gymnadenia albida* A. Rich.). — ♃. Europe.

— **bifolia** R. Br. (*Platanthera bifolia* A. Rich.). — ♃. Europe, etc.

— **conopea** Benth. (*Gymnadenia conopsea* R. Br.). — ♃. Europe, etc.

— ***intacta** Benth. (*Orchis intacta* Link; *Aceras densiflora* Boiss.). — ♃. Europe méridionale.

— **nigra** R. Br. (*Nigritella angustifolia* A. Rich.). ♃. Europe.

— **odoratissima** Franch. (*Gymnadenia odoratissima* A. Rich.). — ♃. Europe.

— **viridis** R. Br. (*Satyrium viride* L.; *Peristylus viridis* Lindl.). — ♃. Europe, Amérique septentrionale.

Fig. 72. — OPHRYS ARACHNITES.

Les espèces précitées ne sont, il est vrai, qu'un très petit nombre de celles aujourd'hui comprises dans ce genre, pour lequel j'ai suivi la nomenclature de l'*Index kewensis*, mais je ne puis m'empêcher de remarquer qu'elles sont physiquement si différentes entre elles qu'elles formaient, peut-être avec de meilleures raisons, les anciens genres indiqués comme synonymes. Leur traitement à Verrières est le même que celui que j'ai mentionné plus haut pour les *Orchis* et genres voisins.

BRODIÆA IXIOIDES.

CYPRIPEDIUM PUBESCENS.

CYPRIPEDIUM

— **Calceolus** L. — ♃. Europe.
— **macranthon** Swartz. — ♃. Sibérie.
— **parviflorum** Salisb. — ♃. Amérique septentrionale.
— **pubescens** Willd. — ♃. Amérique sept. — (Voir planche XXII.

Fig. 73. — MUSA ARNOLDIANA.

— **spectabile** Salisb. — ♃. Amérique septentrionale.

Des espèces précitées, le *C. Calceolus*, quoique indigène, est le plus difficile à conserver et à faire fleurir. Les autres espèces prospèrent assez bien, à Verrières, dans un carré creux du rocher, préparé surtout à leur intention. Les grandes et superbes fleurs dont elles nous gratifient chaque année compensent amplement les quelques soins qu'elles exigent. Le *C. pubescens*, à fleurs jaunes, parait le plus facile à traiter, même en pots, mais le *C. spectabile*, avec ses fortes tiges et ses grandes fleurs blanc et rose, reste incontestablement la perle des espèces de pleine terre. Le *C. macranthon*, quoique plus nain, est aussi facile à cultiver et non moins remarquable par la grandeur et le beau coloris rouge de ses fleurs.

MUSACÉES

MUSA

— ***Arnoldiana** de Wildem. — ♃. Congo.

> Le principal mérite de ce *Musa* réside dans la résistance de ses feuilles à l'action des vents. C'est une très belle plante à port trapu, bien distincte par son feuillage très épais, vert foncé, nervé, avec la côte médiane très forte et rougeâtre sur la face inférieure. — (Voir figure 73, et *Revue Horticole*, 1901, pp. 511, 521.)

— ***Basjoo** Sieb. (*M. japonica* Hort.). — ♃. Japon.

> Le *M. Basjoo*, plus connu peut-être sous le nom de *M. japonica*, est d'introduction déjà ancienne et surtout intéressant par sa rusticité relative, qui lui permet de passer l'hiver en pleine terre sous le climat parisien, avec une bonne couverture de litière sèche. Il trace et forme, avec l'âge, des touffes dont les stipes atteignent 1ᵐ, 50 de hauteur, mais les feuilles ont le grave défaut de se laisser facilement déchirer par les vents. — (Voir *Revue Horticole*, 1896, p. 202, fig. 72.)

— ***Ensete** J. F. Gmel. — ♃. Abyssinie.

— ***religiosa** Dybowski (*M. Gilleti* de Wildem.). — ♃ Congo.

> Ce *Musa*, d'abord répandu sous le nom de « Musa fétiche », possède la faculté de former, lorsqu'il est jeune, un tubercule susceptible d'être conservé en repos comme celui d'une plante bulbeuse. Cette faculté, qui a vivement sollicité l'attention des horticulteurs, ne semble pas se conserver lorsque la plante devient adulte. — (Voir *Revue Horticole*, 1900, p. 262; 1901, p. 156, fig. 58, 59 et 60.)

> Durant ces dernières années, la Maison Vilmorin-Andrieux et Cⁱᵉ a introduit et répandu dans les cultures deux espèces de *Musa* précitées, les *M. Arnoldiana* et *M. religiosa*, dont l'emploi et l'éducation par le semis sont le mêmes que ceux du M. *Ensete*, mais qui ont sur lui l'avantage de posséder un feuillage beaucoup plus résistant à l'action des vents et aussi une germination meilleure.

ZINGIBÉRACÉES

CANNA

— ***Annei**, var. AUREO-PICTA ✕ **indica major** Hort. Crozy (Canna florifère). — ♃. Variétés horticoles.

— ***florifère**, var. Mᵐᵉ Crozy ✕ **flaccida** Hort. Dammann (Canna à fleur d'Orchidée, Canna italien). — ♃. Variétés horticoles.

> La culture des Cannas est très ancienne et leur histoire des plus confuses. Longtemps cultivés comme plantes à feuillage, les Cannas ont fait l'objet d'améliorations incessantes, qui ont progressivement conduit à l'obtention des deux races florifères ici mentionnées, elles-mêmes encore en voie de perfectionnements notables. Il est juste de reconnaître que M. Crozy, de Lyon, a été le créateur et le principal artisan de l'amélioration

CANNA

des Cannas florifères. La race, aujourd'hui bien connue, qui porte son nom est, non seulement la plus ancienne et la plus importante pour notre climat mais encore un des parents de la race italienne à grandes fleurs.

On trouvera dans la *Revue Horticole*, comme d'ailleurs dans la plupart des périodiques et des ouvrages horticoles, des articles et des planches ou figures relatifs aux variétés de l'époque, trop nombreux pour pouvoir être tous cités ici. Les références suivantes ont seulement trait aux races modernes :

Cannas florifères. — *Revue Horticole*, 1889, p. 420, avec planche, p. 497; 1902, p. 18.

Cannas à fleurs d'Orchidées. — *Revue Horticole*, 1895, p. 517, fig. 168, 169; 1896, p. 84, avec planche; 1898, p. 108, avec planche; 1900, p. 259, fig. 119; 1901, p, 446.

HÆMODORACÉES

OPHIOPOGON

— **japonicus* Ker-Gawl. — ♃. Japon.

— spicatus Ker-Gawl. — Voy. *Liriope spicata*.

LIRIOPE

— **spicata* Lour. (*Ophiopogon spicatus* Ker-Gawl.). ♃. Chine.

TECOPHILÆA

***Cyanocrocus** Leyb. — ♃. Chili.

Très jolie petite plante bulbeuse, à port de *Crocus*, dont les fleurs sont printanières et d'un beau bleu indigo. Malheureusement, on n'est pas parvenu jusqu'ici à conserver les bulbes au delà de quelques années, ce qui explique la rareté de la plante dans les cultures. — (Voir *Revue Horticole*, 1900, p. 70, avec planche.)

IRIDÉES

I. — Apogon

IRIS

— **albo-purpurea** Baker. — ♃. Japon.

— **aurea** Lindl. — ♃. Himalaya.

Cet Iris, voisin de l'*I. orientalis*, possède comme lui un grand et beau feuillage dressé et de fortes tiges portant plusieurs fleurs de même grandeur et d'un beau jaune d'or.

— **Delavayi** Micheli. — ♃. Yunnan.

Cet Iris, introduit du Thibet par le Jardin des plantes de Paris, en 1890, est une espèce robuste, susceptible de résister en terre sèche, mais ne se développant dans toute son ampleur qu'en terrain humide. Son feuillage abondant, haut de 80 centimètres, forme alors une vaste touffe, et ses nombreuses hampes, qui peuvent atteindre jusqu'à 1m,50 de hauteur, portent plusieurs fleurs, larges de 7 à 8 centimètres, violet foncé et brillant, maculées de blanc vers la base des divisions. Sa floraison a lieu en juin. — (Voir figure 74, et *Revue Horticole*, 1895, p. 398, fig. 128-129.)

IRIS

-- **Douglasiana** Herb. — ♃ . Californie.
— **ensata** Thunb. — ♃ . Japon.
—   — var. BIGLUMIS Vahl.
--   — var. PABULARIA Ndn. ?

Je rapporte à cette espèce, comme variété, l'*I. pabularia*, recommandé par Naudin, il y a longtemps déjà, sous le nom de « Krishum du Kashmyr », comme plante fourragère pour les terrains secs.

— **fœtidissima** L. — ♃ . Europe.
—   — var. VARIEGATA Hort.
— **fulva** Ker-Gawl. ♃ . États-Unis.
— **graminea** L. — ♃ . Europe.
— **Gueldenstædtiana** Lepech.—
       ♃ . Europe, Asie.
— **lævigata** Fisch. (*I. Kæmpferi* Sieb.). — ♃ . Japon.— Variétés horticoles.

Cet Iris, plus connu sous le nom d'*I. Kæmpferi*, est introduit depuis fort longtemps, mais ce n'est que depuis une dizaine d'années que sa culture tend à se généraliser. La faute en est, sans doute, à l'opinion généralement admise que cet Iris ne peut prospérer qu'en terrain inondé ou marécageux. Nous avons pu constater qu'il n'en est rien, car l'*I. lævigata* prospère parfaitement en pleine terre ordinaire, à l'aide de quelques arrosages durant la sécheresse. Nous en possédons à Verrières d'importantes cultures, établies en terre plutôt légère et saine, dont la planche XXIV montre une partie.

Les fleurs, remarquablement grandes et belles, se présentent sous diverses formes allant jusqu'à la duplicature, et les coloris varient du blanc au violet foncé, en passant par le mauve, le lilas et le pourpre. Il n'y a pas lieu de s'enorgueillir des variétés qu'on peut obtenir chez nous par le semis; le mérite principal en revient aux Japonais, qui cultivent cette plante depuis très longtemps et l'ont amenée au degré de variabilité et de perfection

Fig. 74 — IRIS DELAVAYI.

qui fait aujourd'hui notre admiration. — (Voir figure 75, et *Revue Horticole*, 1895, p. 421, fig. 138 à 141 ; 1902, p. 505.)

— **longipetala** Herb. — ♃ . Californie.

Hort. Vilm.

IRIS LÆVIGATA (Kaempferi).

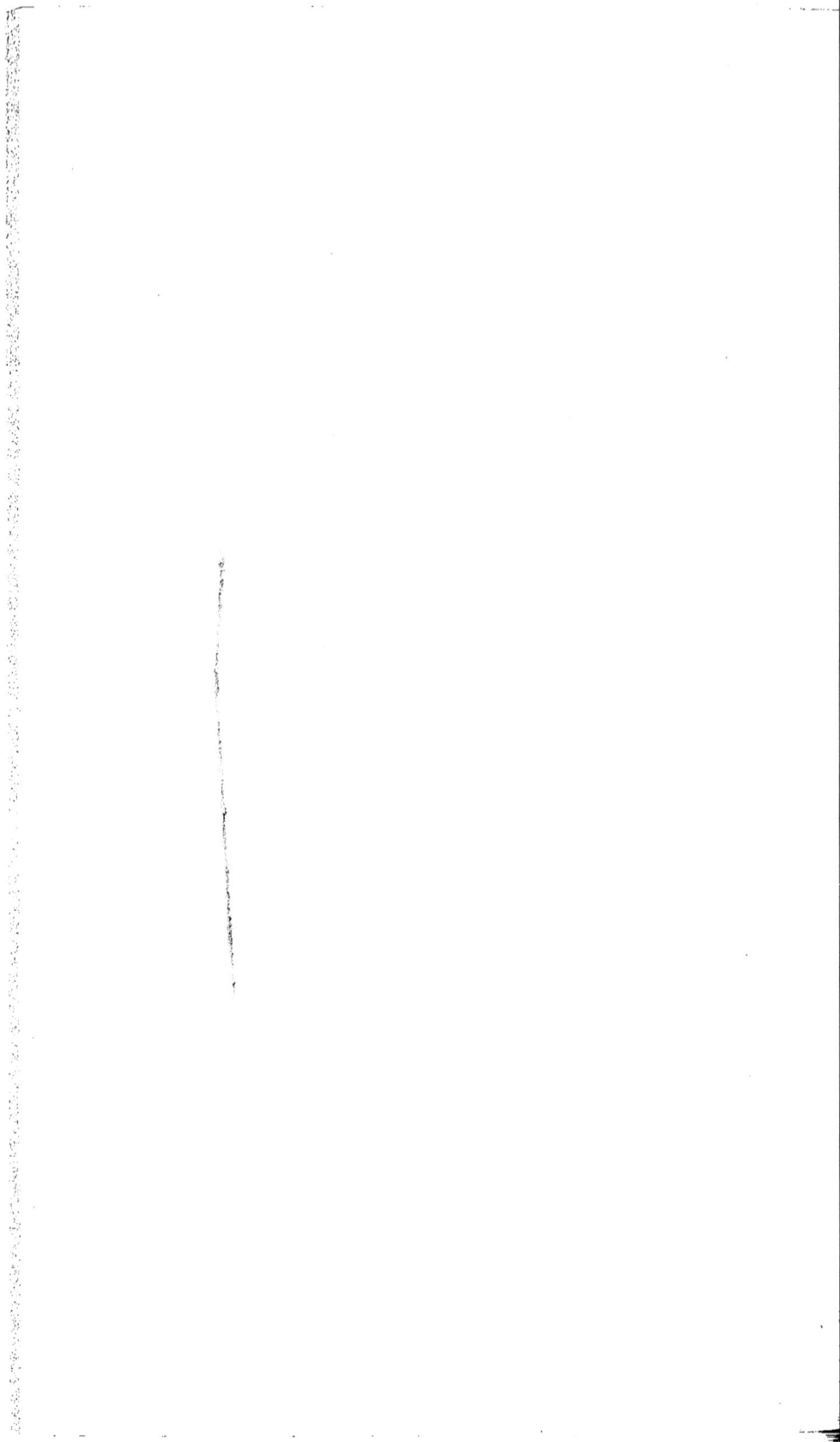

IRIS

— **missouriensis** Nutt. (*I. Tolmieana* Herb.). — ♃. Amérique septentrionale.

— **Monnieri** DC. — ♃. Crète.

— **orientalis** Mill. (*I. ochroleuca* L.; *I. Gueldenstædtiana*, var. *alba* Hort.; *I. gigantea* Carr.). — ♃. Asie Mineure, Syrie.

Cet Iris, parfois désigné sous les noms d'*I. ochroleuca* et *I. Gueldenstædtiana alba*, est un des plus beaux de la section. Son feuillage est très ample, d'un beau vert et dressé ; ses hampes, très fortes, atteignent par-

Fig. 75. — IRIS LÆVIGATA, var. FLORE PLENO.

fois plus de 1ᵐ,50, et ses fleurs, très grandes, à divisions étroites, sont blanches, avec le centre et l'onglet des divisions jaune clair. — (Voir *Revue Horticole*, 1904, p. 120, fig. 49.)

L'*I. gigantea* Carr. (*Revue Horticole*, 1875, p. 356.), n'est qu'une grande forme, peut-être simplement due à des conditions de milieu particulièrement favorables.

L'*I. orientalis* forme, avec les *I. aurea* et *I. spuria* var. *notha*, un groupe trichrome, d'espèces à port analogue, que je recommande à l'attention des amateurs pour l'ornement des jardins et en particulier pour celui du bord des pièces d'eau.

IRIS

— **Pseudacorus** L. — ♃. Europe.

   — var. ACOROIDES Spach. — Amérique septentrionale.

   — var. FOLIIS VARIEGATIS Hort.

> La variété *acoroides* ne se distingue du type que par la teinte de ses fleurs beaucoup plus pâle. Quant à la variété à feuilles panachées, les feuilles sont bien panachées de jaune au printemps; mais, à mesure que la saison avance la panachure disparaît progressivement, si bien que les feuilles sont totalement vertes à l'automne.

— **setosa** Pall. — ♃. Sibérie orientale.

— **sibirica** L. — ♃. Europe, etc

   — var. ALBA Hort.

   — var. ANGUSTIFOLIA Hort.

   — var. COREANA Regel.

   — var. ORIENTALIS Thunb. non Mill. (*I. sibirica*, var. *sanguinea* Hort.).

— **songarica** Schrenk? — ♃. Perse, Afghanistan.

— **spuria** L. — ♃. Région méditerranéenne.

   — var. ATOMARIA Hort.

   — var. NOTHA Bieb.

> La variété *notha* est un des Iris les plus élégants. Ses fleurs, bleu tendre, à divisions étroites, mais par cela même très légères, s'épanouissent souvent deux ou trois à la fois et s'étagent très gracieusement sur la tige. Sa floraison, qui a lieu au commencement de juin, est très abondante.

— *stylosa Desf. (*I. unguicularis* Poir.). — ♃. Algérie.

   — var. ALBA Hort.

   — var. ANGUSTIFOLIA Hort.

> Cet Iris, remarquable par la grande longueur du tube de ses fleurs, qui simule un pédoncule, est, en outre, intéressant par la précocité de sa floraison, qui est hivernale dans le Midi. A Verrières, le type et quelques variétés résistent bien en pleine terre, à l'aide d'une légère protection, mais les fleurs sont tellement rares, même sur les exemplaires cultivés en grandes terrines et hivernés sous châssis, que cet Iris semble être médiocrement intéressant pour le nord de la France. — (Voir *Revue Horticole*, 1900, p. 300, avec planche.)

— **verna** L. — ♃. États-Unis.

— **versicolor** L. — ♃. Amérique septentrionale.

   — var. VIRGINICA L.

— **Watsoniana** Purdy. — ♃. Californie.

— SPEC. n° 1780 MV. — ♃. Chine.

> Plante naine, à hampes courtes, très distincte par ses fleurs roses, à divisions longues et étroites, géminées dans des gaines très amples et renflées; fleurit à la fin d'avril.

II. — Oncocyclus

IRIS

— ***Lortetii** Barbey. — ♃. Liban.

— ***Saari** Schott. — ♃. Asie Mineure.

— ***susiana** L. — ♃. Perse.

Les espèces de cette section sont, sans doute, les plus remarquables du genre par la grandeur et la richesse de coloris de leurs fleurs. Mais ce sont aussi les plus difficiles, sinon à faire fleurir, lorsqu'on reçoit des rhizomes bien préparés, du moins à conserver par la suite, l'humidité de nos hivers leur étant funeste, même lorsqu'on les conserve sous châssis.

L'*I. susiana* est un des plus répandus et des plus singuliers par ses fleurs fortement veinées de brun noir. L'*I. Lorteti* est sans doute le plus beau; ses fleurs sont grandes et d'un beau rose.

Fig. 76. — Iris tectorum.

III. — Regelia

IRIS

— **Leichtlini** Regel. — ♃. Turkestan.

IV. — Evansia

IRIS

— **cristata** Soland. — ♃. États-Unis.
— ***japonica** Thunb. (*I. fimbriata* Vent.). — ♃. Japon et nord de la Chine.

> La rareté, dans les cultures, de cette espèce, d'introduction déjà ancienne, tient sans doute à ce qu'elle est incomplètement rustique sous notre climat. Ses fleurs sont petites mais gracieuses, leurs divisions sont finement frangées et les hampes rameuses et multiflores. Lorsque cet Iris est cultivé en pots et en serre durant l'hiver, sa floraison est précoce et beaucoup plus belle que celle qui se produit naturellement de mai en juin en plein air. — (Voir *Revue Horticole*, 1905, p. 175, fig. 63.)

— ***Milesii** Foster. — ♃. Himalaya.
— **nepalensis** D. Don (*I. decora* Wall.). — ♃. Himalaya.
— ***tectorum** Maxim. — ♃. Chine et Japon.

> Introduit depuis une trentaine d'années, cet Iris commence seulement à se répandre en France. Il est bien distinct par ses rhizomes minces, traçants, et par ses larges feuilles vert cru, mais il est surtout remarquable par ses grandes fleurs bleues, paraissant comme étoilées. Les divisions externes sont longuement onguiculées et à limbe ovale, horizontal, portant une crête ou lamelle fimbriée et panachée de blanc; les divisions internes sont également étalées, plus courtes et violet uni. C'est cet Iris que les Japonais cultivent sur les toitures de leurs habitations. Sa rusticité est plutôt faible, mais suffisante si le terrain est sain et bien exposé, en le couvrant au besoin d'un peu de litière. Il existe déjà quelques variétés, notamment une à fleurs blanches. — (Voir figure 76.)

V. — Pogoniris

A. — *Germanicæ*.

IRIS

— **asiatica** Stapf (*I. macrantha* Hort.). — ♃. Asie Mineure. — Variétés horticoles.
— **benacensis** Kern. — ♃. Tyrol méridional.
— **Cengialti** Ambrosi. — ♃. Tyrol méridional.
— — var. Loppio Foster.
— **cypriana** Foster et Baker. — ♃. Chypre.
— **flavescens** Delile. — ♃. Caucase. — Variétés horticoles.
— **florentina** L. — ♃. Europe centr. et mérid. Variétés hort.
— — var. Albicans Lange.— Espagne.
— **germanica** L. — ♃. Europe, Orient. — Variétés horticoles.
— **hybrida** Retz (*I. amœna* DC.). — ♃. Origine inconnue. — Variétés horticoles.
— **Kochii** Kern. — ♃. Istrie.

IRIS

— **lurida** Soland. — ♃. Sud-est de l'Europe.
— **neglecta** Horn. — ♃. Origine inconnue. — Variétés hort.
— **pallida** Lamk. — ♃. Europe méridionale. — Variétés hort.
—   — var. VARIEGATA Hort.
— **plicata** Lamk. — ♃. Patrie incertaine. — Variétés horticoles.
— **sambucina** L. — ♃. Europe centrale. — Variétés horticoles.
— **squalens** L. — ♃. Europe centrale. — Variétés horticoles.
— **Swertii** Hort. ex Lamk. — ♃. Origine inconnue.
— **troyana** Hort. (non Kern.). — ♃. Asie Mineure.
— **variegata** L. — ♃. Europe orientale. — Variétés horticoles.

B. — *Pumilæ.*

— **biflora** L. — ♃. Portugal.
— **Chamæiris** Bertol. — ♃. Europe méridionale.
—   — var. OLBIENSIS Hénon.
— **lutescens** Lamk. — ♃. Europe méridionale.
— **pumila** L. — ♃. Europe. — Variétés horticoles.

(Voir *Revue Horticole*, 1903, p. 132, avec planche.)

- **virescens** Delarbre. — ♃. Europe.

Les espèces de cette section forment, au point de vue horticole, deux groupes d'importance inégale, mais qui renferment les Iris les plus répandus et les plus généralement estimés pour la beauté incontestable des nombreuses variétés qui en ont été obtenues.

On désigne généralement, sous le nom d'*Iris germanica*, toute une série de variétés à l'obtention desquelles l'espèce *germanica* n'est certes pas étrangère, mais où l'on reconnaît également l'influence des *I. flavescens, I. lurida, I. neglecta, I. pallida, I. sambucina, I. squalens, I. variegata* et de quelques autres espèces affines. Des croisements effectués entre ces espèces et leurs descendants, les uns sont stériles et les autres fertiles. Le nombre des formes et coloris est extrêmement considérable. A Verrières, malgré de nombreuses suppressions, nous cultivons encore plus de 300 variétés.

Le deuxième groupe, désigné sous le nom collectif d'*I. pumila*, ne renferme qu'un petit nombre de variétés horticoles, attribuables aux espèces mentionnées plus haut, qui sont également si voisines qu'on peut les admettre comme des formes botaniques d'un même type. Ces Iris nains ont tous les caractères généraux des Iris d'Allemagne, moins la taille. Leur floraison, très précoce, devance de plusieurs semaines celle des précédents. Il est surprenant que le nombre des variétés horticoles soit resté aussi limité, alors que les *I. germanica* ont tant progressé. Ces deux groupes, si distincts quand on envisage des formes extrêmes, passent insensiblement de l'un à l'autre par de nombreuses variétés intermédiaires de taille et de précocité.

VI. — XIPHION

IRIS

— *reticulata Bieb. — ♃. Asie Mineure.

— — var. HISTRIOIDES Foster. — ♃. Algérie.

Cet Iris est une charmante espèce bulbeuse, naine, très estimée à cause de sa floraison précoce; il en existe une demi-douzaine de variétés, dont plusieurs d'origine spontanée ont été décrites comme espèces par les auteurs.

La variété *histrioides*, ici mentionnée, est particulièrement intéressante par sa floraison si hâtive qu'elle a lieu dès la fin de janvier, sous châssis.

Fig. 77. — IRIS RETICULATA.

simplement protégés contre les gelées. Ses fleurs, qui se montrent avant les feuilles, sont grandes, bleu foncé, à divisions plus ou moins fortement bigarrées de jaune, coloris d'ailleurs variable.

Les bulbes de ces Iris doivent être plantés à l'automne, en pots ou en terrines profondes et espacés de quelques centimètres seulement, pour former des touffes bien garnies. J'obtiens tous les ans quelques terrines de ces deux Iris, qui sont d'autant plus intéressantes que ce sont les premières plantes en fleurs de ma collection. — (Voir fig. 77, et *Revue Horticole*, 1890, p. 133, fig. 41, 42; 1893, p. 151.)

— ***xiphioides** Ehrh. — ♃. Pyrénées. — Variétés horticoles.

(Voir fig. 78, et *Revue Horticole*, 1891, p. 36, avec planche.)

— ***Xiphium** L. — ♃. Europe. — Variétés horticoles.

IRIS BUCHARICA.

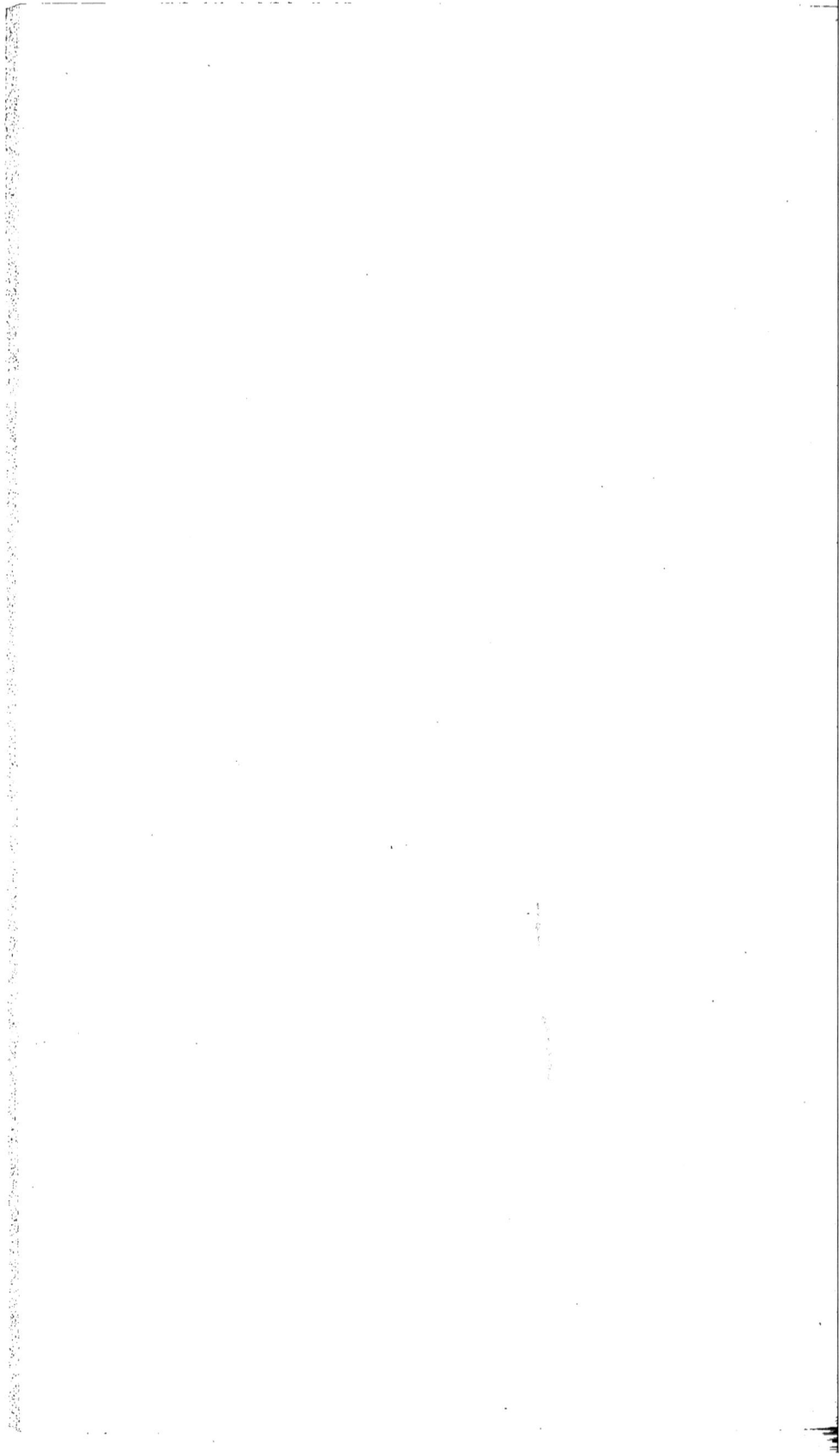

VII. — Juno

IRIS

— *alata Poir. — ♃. Région méditerranéenne.
— *assyriaca Haussk. — ♃. Syrie.
— *bucharica Foster. — ♃. Bokhara.
— *orchioides Carr. — ♃. Turkestan.

Fig. 78. — Iris xiphioides.

— *persica L. — ♃. Asie Mineure.
—   — var. Tauri Siehe.
— *sindjarensis Boiss. et Haussk. — ♃. Mésopotamie.
— *warleyensis Foster. — ♃. Turkestan.

Les Iris de cette section sont des espèces bulbeuses, très intéressantes par leurs caractères généraux, exceptionnels dans le genre. L'*I. persica*, qui est un des plus anciennement connus, est acaule et à fleurs bleu tendre. Les autres espèces précitées, d'introduction plus ou moins récente, sont nettement caulescentes, à tige feuillée, pluriflore, susceptible d'atteindre 30 à 50 centimètres de hauteur et à floraison très précoce et centrifuge; la fleur terminale s'épanouissant la première. Leurs couleurs varient du jaune au bleu et au violet. La planche XXIII montre une touffe de l'*I. bucharica*, à fleurs jaune vif, représentant bien les caractères si spéciaux de ces Iris. Malheureusement, ils ne sont pas rustiques, leur durée est très limitée et leur multiplication impraticable sous notre climat. — (Voir *Revue Horticole*, 1903, p. 429.)

VIII. — Hybridæ

IRIS

— **iberica** × **pallida** Foster. — ♃. Origine horticole.

— **Monspur** Foster. (*I. Monnieri* × *spuria*). ♃. Origine hort.

— **paradoxa** × **sambucina** Foster. — ♃. Origine horticole.

HERMODACTYLUS

— *****tuberosus** Mill. — ♃. Région méditerranéenne.

> Cette plante indigène, démembrée du genre *Iris*, n'offre pas d'intérêt décoratif, mais ses fleurs sont très curieuses par la couleur brun noirâtre très foncé du limbe des divisions externes du périanthe. Sa culture et sa multiplication sont très faciles. — (Voir *Revue Horticole*, 1896, p. 34.)

MORÆA

— *****sinensis** Thunb. — ♃. Chine.

CYPELLA

— *****Herberti** Herb. — ♃. Brésil.

TIGRIDIA

— *****conchiflora** Sweet. — ♃. Mexique. — Variétés horticoles.

— *****Pavonia** Ker-Gawl. — ♃. Mexique. — Variétés horticoles.

HOMERIA

— *****collina** Vent. — ♃. Afrique australe.

— *****miniata** Sweet. — ♃. Afrique australe.

CROCUS

— **alatavicus** Regel et Semenow. — ♃. Europe

— **asturicus** Herb. — ♃. Espagne.

— *****banaticus** Heuff. — ♃. Transylvanie.

— **biflorus** Mill. — ♃. Toscane. — Variétés horticoles.

— **byzantinus** Ker-Gawl. (*Crociris iridiflora* Schur). ♃. Eur.

— **cancellatus** Herb. (*C. damascenus* Herb.). ♃. Asie Mineure.

— — var. CILICICUS Kotschy.

— **candidus** Clarke. — ♃. Asie Mineure.

— **chrysanthus** Herb. — ♃. Asie Mineure.

— — var. FUSCO-LINEATUS Maw.

— *****dalmaticus** Vis. — ♃. Dalmatie.

— **etruscus** Parlat. — ♃. Toscane.

CROCUS

— *hadriaticus Herb. — ♃. Iles Ioniennes.
— — var. ALBUS Hort.
— — var. CHRYSOBELONICUS Maw.
— *hyemalis Boiss. et Blanche. — ♃. Palestine.
— Imperati Tenore. — ♃. Italie.

> C'est une des plus jolies espèces, à fleurs grandes et précoces, notables surtout parce qu'elles sont discolores; la face interne étant violet veiné tandis que l'externe est jaune.

— insularis J. Gay (C. minimus DC.). — ♃. Corse.

> Petite espèce à fleurs lilacées, printanières, que j'ai eu le plaisir de recueillir à l'état spontané, en Corse, il y a quelques années.

— iridiflorus Heuff. — ♃. Europe orientale.
— longiflorus Rafin. — ♃. Italie.
— luteus Lamk. — ♃. Iles Cyclades. — Variétés horticoles.
— *Malyi Vis. — ♃. Dalmatie.
— obesus Hort. — ♃. Patrie inconnue.
— *Olivieri J. Gay. — ♃. Grèce.
— *peloponesiacus Orphan. — ♃. Grèce.
— pulchellus Herb. — ♃. Europe orientale.
— reticulatus Bieb. — ♃. Europe orientale.
— sativus L. — ♃. Europe.
— — var. PALLASII Bieb.
— *Sieberi J. Gay. — ♃. Grèce.
— speciosus Bieb. — ♃. Asie Mineure.
— susianus Ker-Gawl. — ♃. Crimée. — Variétés horticoles.
— *Tomasinianus Herb. — ♃. Dalmatie.
— vernus All. — ♃. Europe. — Variétés horticoles.
— *versicolor Ker-Gawl. — ♃. — Italie. — Variétés horticoles.
— vitellinus Wahl. — ♃. Syrie, var. GRAVEOLENS Boiss. et Reut.
— Weldeni Hoppe (C. biflorus var.). ♃. Toscane, var. ALBUS Hort.
— zonatus J. Gay. — ♃. Asie Mineure.

> Les C. iridiflorus, C. longiflorus, C. pulchellus, C. zonatus et C. sativus, ce dernier cultivé pour la production des styles, qui constituent le safran, sont des espèces à floraison automnale.

ROMULEA

— *Bulbocodium Sebast. et Mauri. — ♃. Europe méridionale.

> Cette espèce indigène est une intéressante petite plante bulbeuse, à fleurs lilacées, abondantes et s'épanouissant au soleil, que je cultive facilement et depuis longtemps en terrines.

ROMULEA

*candida Tenore. — ♃. Afrique australe.

--- *Columnæ Sebast. et Mauri. — ♃. Europe méridionale.

*ramiflora Tenore. — ♃. Région méditerranéenne.

— *sublutea Baker (*R. aurea* Klatt). — ♃. Afrique australe.

> Rare espèce, bien supérieure à ses congénères par ses fleurs plus grandes, jaune vif, à divisions aiguës et par ses hampes plus hautes, plus multi-flores. C'est réellement une plante intéressante.

LIBERTIA

- *formosa Grah. — ♃. Chili.

· *grandiflora Sweet. — ♃. Nouvelle-Zélande.

Fig. 79. — SCHIZOSTYLIS COCCINEA.

SISYRINCHIUM

--- *chilense Hook. — ♃. Amérique tropicale.

--- *convolutum Nocca. — ♃. Amérique tropicale.

·· *graminifolium Lindl. — ♃. Chili.

-- striatum Smith. — ♃. Chili.

> C'est la plus belle des espèces ici mentionnées, comme aussi la plus forte et la plus rustique. Elle forme des touffes de feuillage glauque et rubanné, comme celui des Iris, et ses hampes, qui atteignent 50 centim. de hauteur, sont nombreuses, fortes, bien dressées et longuement garnies de fleurs blanc jaunâtre, lignées de rose, peut-être un peu petites, mais nombreuses et s'épanouissant successivement de juin à juillet.

SCHIZOSTYLIS

— *coccinea Back. et Harv. — ♃. Afrique australe.

> Le mérite principal de cette Iridée, à port de Glaïeul, réside dans la date tardive de sa floraison, qui ne se produit, sous le climat parisien, que vers la fin d'octobre. Ses longs épis de fleurs rouge vif sont alors très précieux pour la confection des bouquets. — (Voir figure 79.)

IXIA

— *crocata L. — ♃. Cap.

— *maculata L. — ♃. Cap.

FREESIA

— *refracta Klatt. — ♃. Afrique australe.

— — var. ALBA Hort.

— — var. LEICHTLINIANA Hort.

> L'espèce ici mentionnée et ses variétés sont des plantes aujourd'hui assez répandues, dans le Midi pour la production des fleurs à couper, dans le Nord pour l'ornementation printanière des serres. Les fleurs, variant du blanc au jaune, sont très odorantes et disposées en grappe horizontale, la hampe étant curieusement courbée à angle droit. — (*Revue Horticole*, 1900, p. 52, fig. 54.)

LAPEYROUSIA

— *cruenta Benth. (*Anomatheca cruenta* Lindl.). — ♃. Cap.

> Intéressante petite plante de culture et multiplication faciles, dont les fleurs, rappelant celles de la « Goutte de sang », par leur couleur rouge vif, se succèdent longtemps durant l'été. (Voir *Revue Hort.*, 1903, p. 179.)

BABIANA

— *villosa Ker. -- ♃. Cap.

CROCOSMIA

— *aurea Planch. (*Tritonia aurea* Pappe). — ♃. Cap.

TRITONIA

-- AUREA Pappe. — Voy. *Crocosmia aurea*.

— *Pottsii Benth. et Hook. f. — ♃. Afrique australe.

MONTBRETIA

— *crocosmiæflora Hort. Lem. (*Tritonia Pottsii* × *Crocosmia aurea*). — ♃. Variétés horticoles.

> Cette plante, aujourd'hui si répandue dans les cultures, est intéressante par son origine autant que par ses mérites décoratifs. C'est un hybride bigénérique, obtenu par M. Lemoine, vers 1880, du croisement des espèces sus-indiquées, dont les genres sont toutefois très voisins. Il en a été obtenu un assez grand nombre de variétés, dont les coloris ne s'écartent malheureusement pas assez sensiblement du rouge orangé et du jaune, mais les fleurs s'agrandissent progressivement. La variété *Germania*, obtenue dans ces dernières années, est la plus remarquable sous ce rapport. — (Voir *Belgique Horticole*, 1881, p. 302; *Revue Hort.*, 1890, p. 36, avec planche.)

SPARAXIS
- *grandiflora Ait. — ♃. Cap.
- *tricolor Ait. — ♃. Cap.

GLADIOLUS
- *brenchleyensis Hort., ex Baker. — ♃. Origine horticole.
- byzantinus Mill. — ♃. Région méditerranéenne.

> Ce Glaïeul est une des plus intéressantes espèces à floraison printanière à cause de sa rusticité relative sous notre climat. Il suffit, en effet, de couvrir les bulbes, qu'on doit planter à l'automne, d'une légère couche de litière, pour les voir produire, à la mi-juin, des tiges un peu grêles, hautes de 40 à 50 centimètres, portant des fleurs violet purpurin vif.

- *cardinalis Curt. — ♃. Afrique australe.
- *Childsii Hort. Leicht. (*G. Saundersii* × *gandavensis*). — ♃. Variétés horticoles.
- *Colvillii Sweet (*G. tristis* × *cardinalis*). — ♃.
- — — var. ALBUS Hort.

> Cet hybride est le type principal d'une race de Glaïeuls à plantation automnale et à floraison printanière, peu répandue dans le Nord, parce qu'elle n'est pas rustique, mais très cultivée dans le midi de la France, pour l'exportation des fleurs coupées. La variété à fleurs blanches, désignée en Angleterre sous le nom « The Bride », est très estimée pour la pureté du coloris de ses fleurs.
>
> On cultive, sous le nom de Glaïeuls nains, une race résultant de croisements et mélanges plus ou moins intimes des espèces à floraison printanière comprenant, en outre du *G. Colvillii*, les *G. cardinalis*, *G. byzantinus*, *G. communis*, etc.

- communis L. — ♃. Europe et Orient, var. ALBUS Hort.

> Ce que nous disons plus haut du *G. byzantinus*, s'applique également à notre espèce indigène, dont les fleurs sont simplement un peu plus petites. Il existe une variété à fleurs blanches.

- *dracocephalus Hook. f. — ♃. Natal.
- *floribundus Jacq. — ♃. Afrique australe.
- *gandavensis V. Houtte, ex Bedingh. (*G. psittacinus* × *cardinalis* ou *oppositiflorus*). — ♃. Variétés horticoles.
- *hybridus aspersus Hort. — ♃. Origine horticole.

> Ce Glaïeul, dont j'ignore l'origine exacte, mais dont un des parents probables est le *G. dracocephalus* ou plutôt le *G. psittacinus*, est une plante forte et robuste, dont les fleurs, assez grandes, sont finement mais fortement mouchetées de rouge sur fond jaune clair, avec une ou deux macules jaunes sur les divisions inférieures. L'épi est très fourni et l'on peut compter jusqu'à sept fleurs épanouies à la fois. Par croisement de ce Glaïeul avec d'autres Glaïeuls horticoles, j'ai obtenu plusieurs variétés ayant conservé, sous diverses nuances, cette panachure spéciale.

- *Leichtlini Baker. — ♃. Transvaal.

GLADIOLUS

— ***Lemoinei** Hort. Lemoine (*G. purpureo-auratus* × *ganda-vensis*). — ♃. Variétés horticoles.

— ***nanceianus** Hort. Lemoine (*G. Lemoinei* × *Saundersii*). — ♃. Variétés horticoles.

— ***oppositiflorus** Herb. — ♃. Cafrérie.

— ***Princeps** Hort. Van Fleet (*G. cruentus* × *Childsii*). — ♃.

Ce Glaïeul est le dernier venu parmi les hybrides horticoles du genre. C'est aussi un des plus remarquables par l'ampleur inusitée et le beau coloris rouge écarlate très chaud et rehaussé de macules blanches de ses fleurs, très grandes et largement ouvertes, mais qui ne s'épanouissent qu'en petit nombre à la fois sur l'épi. Sa floraison est en outre tardive. Quatre espèces botaniques ont concouru à sa formation, comme on le verra par le tableau généalogique ci-après. — (Voir *Revue Horticole*, 1904, p. 208, avec planche.)

— ***psittacinus** Hook. — ♃. Natal.

— ***purpureo-auratus** Hook. f. — ♃. Afrique australe.

— ***ramosus** Schneevogt. — ♃. Origine incertaine.

— — var. FORMOSISSIMUS Hort.

— — var. MAGNIFICUS Hort.

— — var. INSIGNIS Paxt.

— *SPEC. affinis *aurantiacus* Klatt. — ♃. Afrique occidentale.

— *SPEC. affinis *Cooperi* Baker. — ♃. Afrique occidentale.

Les graines de ces deux derniers Glaïeuls ont été reçues du Plateau de Lhuilla, dans l'Afrique occidentale, en 1895, et ils sont cultivés depuis ce temps à Verrières. Leur détermination exacte n'a pas pu être effectuée jusqu'ici. Ce sont deux plantes voisines, plus curieuses que belles, à petites fleurs jaunes, striées de rouge. Celles du *G. affinis aurantiacus* sont singulières par leurs divisions très inégales de grandeur ; la supérieure, de beaucoup la plus ample, est concave et si fortement arquée en avant qu'elle cache complètement la gorge et recouvre toutes les autres divisions.

Il serait trop long et d'ailleurs superflu de parler des mérites des trois races principales de Glaïeuls cultivés : *G. gandavensis*, *G. Lemoinei*, *G. nanceianus*, dont les magnifiques variétés, qui se comptent aujourd'hui par centaines, font la gloire de nos jardins durant l'été et l'automne. Leur histoire est pleine d'intérêt et leur amélioration place au premier rang les semeurs français, en particulier M. Souchet et ses successeurs, MM. Souillard et Brunelet, pour les Glaïeuls de Gand ; M. Lemoine pour les deux autres races. Les journaux et les ouvrages horticoles sont remplis d'articles et de figures ou planches coloriées, relatant les nouvelles obtentions ou la culture de ces magnifiques Iridées.

Les recherches que j'ai faites pour établir l'origine exacte du *G. Princeps* m'ont amené à établir un tableau généalogique des Glaïeuls cultivés, que j'ai publié dans la *Revue Horticole*, 1904, p. 208. Je reproduis ci-après ce tableau, parce qu'il résume succinctement la filiation la plus probable des principales races de Glaïeuls à floraison estivale qu'on possède jusqu'ici.

TABLEAU GÉNÉALOGIQUE DES GLAIEULS CULTIVÉS

Gladiolus psittacinus $\times$ $\begin{cases} G.\ cardinalis \\ \text{ou } G.\ oppositiflorus \end{cases}$

gandavensis
(Bedinghaus)

gandavensis$\times$*psittacinus*	*purpureo-auratus*$\times$gandavensis	*Saundersii*$\times$gandavensis
massiliensis (Deleuil)	*dracocephalus*$\times$Lemoinei$\times$*Saundersii* (Lemoine)	*cruentus*$\times$Childsii (Leichtlin)
	Hybrides de dracocephalus (Lemoine)	nanceianus (Lemoine)	Princeps (Van Fleet)

AMARYLLIDÉES

I. — MAGNICORONATI.

NARCISSUS

— ***Bulbocodium** L. — ♃ . Europe méridionale.

— — var. CONSPICUUS Hort.

— — var. MONOPHYLLUS T. Moore (*N. Clusii* Dunal). Algérie.

Ce Narcisse est une des espèces les plus distinctes par sa grande coronule en forme d'entonnoir et par ses divisions réduites à des languettes linéaires. La plante n'est, malheureusement, pas rustique sous notre climat, mais elle se cultive très facilement en pots, sous châssis froid. J'obtiens ainsi, chaque année, de bonne heure, plusieurs potées de la variété *conspicuus*, qui est particulièrement robuste et florifère, celle que représente, d'ailleurs, la planche XXV. La variété *monophyllus* est à fleurs blanches, de même forme, mais la plante est bien plus délicate.

— **cernuus** Salisb. — ♃ . Pyrénées.

— **cyclamineus** Baker. — ♃ . Portugal.

Ce petit Narcisse est bien distinct par sa coronule très longue et tubuleuse, dépassant beaucoup les divisions. C'est une plante d'amateur, à cultiver en pots et sous châssis.

— **Humei** Hort. Angl. (*N. poculiformis* $\times$ *Pseudo-Narcissus*).
— ♃ . Variétés horticoles.

— **Macleayi** Lindl. (*N. Pseudo-Narc.* $\times$*Tazetta*). ♃ . Pyrénées.

— — var. NELSONI Hort. Angl.

NARCISSUS BULBOCODIUM.

ORNITHOGALUM NUTANS.

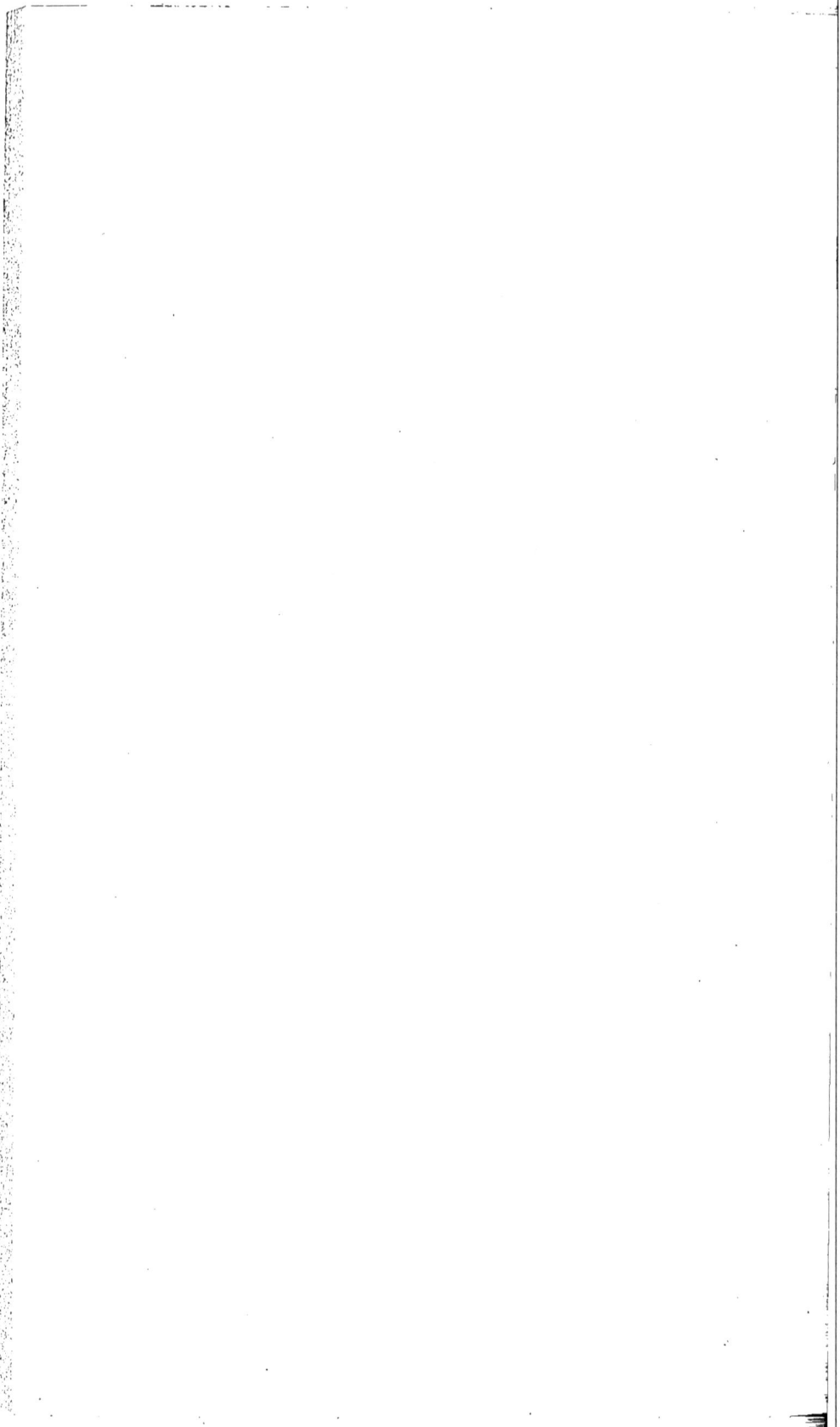

NARCISSUS

— **minor** L. — ♃. Europe.

— — var. MINIMUS Hort.

Ce Narcisse a tous les caractères généraux du *N. Pseudo-Narcissus*, dont il n'est, au demeurant, qu'une forme géographique très réduite. Sa variété *minimus*, plus petite encore, est, à ma connaissance du moins, un des plus petits Narcisses.

— **moschatus** L. — ♃. Pyrénées. — Variétés horticoles.

Fig. 80. — NARCISSUS PSEUDO-NARCISSUS, variétés.

— **Pseudo-Narcissus** L. — ♃. Europe. — Variétés hort.

Les variétés de ce Narcisse, si commun en France, forment, avec celles du *N. incomparabilis*, la base des importantes collections que cultivent les Anglais et les Hollandais. J'en possède à Verrières une collection d'une centaine de variétés. Celles qui se multiplient le plus facilement ont été naturalisées dans les bosquets et sur les pelouses du parc, où leurs jolies fleurs jaunes, blanches ou bicolores produisent un effet charmant au printemps. Ces variétés sont malheureusement trop peu répandues chez nous. Les fleurs de quelques variétés d'obtention encore récente: Mme de Graaff, Glory of Leiden, Ajax, sont les plus grandes du genre et remarquables surtout par l'ampleur de leur très longue coronule.— (Voir fig. 80, et *Revue Horticole*, 1889, p. 253, fig. 64.)

NARCISSUS
— **reflexus* Loisel. — ♃. Bretagne.

> Je dois à l'obligeance de M. Hariot les quelques bulbes que je possède
> de cette espèce, une des plantes les plus rares de la flore française. Ses
> fleurs sont blanc crémeux, pendantes, à coronule en cloche et à divisions
> étalées. Je la cultive en pots sous châssis froid. — (Voir *Revue Horticole*,
> 1901, p. 189, fig. 69.)

II. — MEDIOCORONATI.

— **incomparabilis** Mill. — ♃. Europe. — Variétés horticoles.

> Les variétés de ce Narcisse, plus nombreuses encore que celles du
> *N. Pseudo-Narcissus*, ont des fleurs moins amples, mais plus légères et
> plus nombreuses; elles conviennent mieux pour l'ornement des vases
> d'appartements; les plantes sont aussi plus robustes et se multiplient plus
> facilement. Les quelques variétés doubles qu'on en possède produisent les
> plus grandes et les plus belles fleurs doubles du genre. Chez la variété
> *Capax*, d'origine fort ancienne, la coronule a presque entièrement disparu,
> et la fleur, de couleur blanc crème, rappelle celle d'un Gardénia. La va-
> riété Mᵐ Langtry est une des plus belles variétés simples, à fleurs blanc
> pur. Chez la variété Sir Watkins, les fleurs sont également simples, jaune
> d'or, abondantes et les plus grandes de cette espèce. En raison même de
> leur ampleur et de la force de la plante, il se pourrait que ce Narcisse fût
> un hybride de *N. Pseudo-Narcissus*. D'ailleurs, le Narcisse incomparable
> a été croisé avec plusieurs autres espèces et a donné naissance à des
> races plus ou moins distinctes, dont les plus importantes sont ici men-
> tionnées avec leur parenté. — (Voir *Rev. Hort.*, 1889, p. 253, fig. 65.)

— **Jonquilla* L. — ♃. Europe méridionale.
—   — var. FLORE PLENO Hort.
— **Leedsii** Hort. Angl. (*N. poculiformis ✕ incomparabilis*). —
♃. Variétés horticoles.
— **odorus* Willd. — ♃. (Grande Jonquille). Europe méridionale.
— **triandrus* L. — ♃. Espagne, var. ALBUS Hort.

III. — PARVICORONATI.

— **Barri** Hort. Angl. (*N. incomparabilis ✕ poeticus*). — ♃. Variétés horticoles.

> Ce très bel hybride produit de nombreuses et grandes fleurs jaune d'or,
> avec une petite coronule liserée rouge, rappelant, pour la forme, le
> Narcisse des poètes. La plante est robuste et très florifère.

— **biflorus** Curt. — ♃. France méridionale.
— **Burbidgei** Hort. Angl. (*N. incomparabilis ✕ poeticus*). — ♃.
Variétés horticoles.
— **poeticus** L. — ♃. Europe. — Variétés horticoles.

(Voir fig. 81, et *Revue Horticole*, 1889, p. 253, fig. 63, 66.)

NARCISSUS

— **Poetaz** Hort. Van der Shoot (*N. poeticus* × *Tazetta*). — ♃.
Variétés horticoles.

Cette nouvelle race a été obtenue en Hollande, du croisement des *Narcissus poeticus* et *N. Tazetta*, ainsi que l'indique son nom composé. De ce dernier, elle a conservé la grande allure de végétation, les hampes pouvant atteindre jusqu'à 50 centimètres de hauteur, et la nature multiflore. Ses hampes ne portent, toutefois, que trois à six fleurs, mais bien plus grandes que celles du *N. Tazetta*, mesurant 5 à 6 centimètres de diamètre. Le *N. poeticus* a communiqué aux *N. Poetaz* le caractère le plus important

Fig. 81. — NARCISSUS POETICUS.

au point de vue cultural, c'est-à-dire la rusticité, qui fait complètement défaut au *N. Tazetta*. Expérimentés depuis plusieurs années à Verrières, ils ont supporté sans souffrir des froids de plus de 12 degrés, et ce mérite ne manquera pas de les faire apprécier ; car les Narcisses à bouquets n'étaient jusqu'ici cultivables, dans le Nord, qu'en pots et sous abri. Il existe déjà une douzaine de variétés de *N. Poetaz*. — (Voir *Journ. Soc. nat. Hort. France*, 1904, p. 216.)

— **Tazetta* L. — ♃. Europe méridionale. — Variétés horticoles.

GALANTHUS

— **Elwesii** Hook. f. — ♃. Asie Mineure.
— **Fosteri** Baker. — ♃. Asie Mineure.

GALANTHUS

- nivalis L. — ♃. Europe.
  - — var. FLORE PLENO Hort.
- plicatus Bieb. — ♃. Caucase.

LEUCOIUM

- æstivum L. — ♃. Europe.
- hyemale DC. (*L. nicæense* Ard.). ♃. Alpes Marit., Ligurie.
- roseum Martin. — ♃. Corse.
- vernum L. — ♃. Europe.

STERNBERGIA

- colchiciflora W. et Kit. (*S. Clusiana* Ker-Gawl.). ♃. Thrace.
- Fischeriana Rupr. — ♃. Caucase.
- lutea Ker-Gawl. (*Amaryllis lutea* L.). — ♃. Europe mérid.

CHLIDANTHUS

- *fragrans Lindl. — ♃. Pérou.

ZEPHYRANTHES

- Atamasco Herb. (*Amaryllis Atamasco* L.). ♃. Amér. sept.
- *candida Herb. — ♃. République Argentine.
- *carinata Herb. — ♃. Jamaïque.

SPREKELIA

- *formosissima Herb. (*Amaryllis formosissima* L.). — ♃. Mexique.

  Cette Amaryllis est une des plus intéressantes et aussi des plus belles plantes bulbeuses par la grandeur, la forme singulière et la belle couleur rouge ponceau de ses fleurs. Sa floraison est, en outre, très facile lorsqu'on possède des bulbes bien préparés. On peut, en effet, obtenir cette floraison aussi bien en pot qu'en pleine terre, et même sur carafe, comme celle de la Jacinthe.

HIPPEASTRUM

- *vittatum Herb. (*Amaryllis vittata* L'Hérit.). — ♃. Pérou.— Variétés horticoles.

CRINUM

- *longifolium Thunb. (*Amar. longifolia* Ker-Gawl.). ♃. Cap.
  - — var. ROSEA Hort.

  Ce *Crinum*, plus connu sous le nom d'*Amaryllis longifolia*, est rustique sous un abri de litière durant l'hiver et fleurit facilement durant l'été. Ses fleurs sont blanches ou rosées, en ombelles, sur des hampes hautes de 30 à 50 centimètres. Il présente la singulière faculté de produire des graines grosses et abondantes, qui germent sur terre dès qu'elles sont tombées et forment, avant d'émettre des racines, un jeune bulbe se développant ainsi en pleine lumière et uniquement aux dépens des matières de réserve contenues dans la graine. — (Pour de plus amples détails, voir *Revue Horticole*, 1900, p. 185, fig. 89 à 91.)

- *Moorei Hook. — ♃. Natal.

AMARYLLIS

— ATAMASCO L. — Voy. *Zephyranthes Atamasco.*
— **Belladonna** L. — ♃. Cap.
— — var. BLANDA Sweet.

Cette espèce, qui représente seule le grand genre linnéen, aujourd'hui démembré par les botanistes, est une très belle plante, anciennement connue, mais rare dans les jardins, sans doute parce qu'on ignore généralement une de ses principales exigences culturales. Ses gros bulbes sont longs à développer leur système radiculaire et demandent, par suite, à être laissés longtemps sans être transplantés et placés profondément. Dans ces conditions et lorsque la terre est légère et saine, ils produisent à l'automne, bien avant le développement des feuilles, leurs hampes portant de superbes et grandes fleurs rose tendre.

Fig. 82. — VALLOTA PURPUREA.

— FORMOSISSIMA L. — Voy. *Sprekelia formosissima.*
— LONGIFOLIA Ker-Gawl. — Voy. *Crinum longifolium.*
— LUTEA L. — Voy. *Sternbergia lutea.*
— PURPUREA Ait. — Voy. *Vallota purpurea.*
— VITTATA L'Hérit. — Voy. *Hippeastrum vittatum.*

VALLOTA

— *purpurea Herb. (*Amaryllis purpurea* Ait.). — ♃. Cap.

C'est une très belle plante à feuillage persistant et à belles fleur rouge écarlate, grandes et réunies par trois à cinq sur des hampes hautes de 20 à 30 centimètres. Sa culture n'est pratiquement possible qu'en pots sous notre climat, avec hivernage en serre, sa végétation étant presque continue. Dans ces conditions, le *V. purpurea* fleurit facilement durant l'été. — (Voir fig. 82.)

HÆMANTHUS

— *puniceus L. — ♃. Cap.

PANCRATIUM

— *illyricum L. -- ♃. Europe méridionale.

— *maritimum L. — ♃. Région méditerranéenne.

> Notre espèce indigène est une des plus belles, ses grandes fleurs blanc
> pur sont remarquablement élégantes par leurs longues divisions et surtout
> par leurs étamines dont les filets, largement ailés et soudés entre eux à la
> base, forment une coronule évasée, rappelant celle des Narcisses. Mal-
> heureusement, la plante n'est pas très rustique et ne fleurit, sous notre
> climat, que si l'on a soin de planter les bulbes dans un endroit chaud,
> à sol léger et sain et de les laisser plusieurs années sans les déplanter.

IXIOLIRION

— *montanum Herb. — ♃. Perse, var. TATARICUM Herb.

— *Pallasii Fisch. et Mey. — ♃. Afghanistan.

ALSTRŒMERIA

— *aurantiaca Don. — ♃. Chili.

— *brasiliensis Spreng. — ♃. Brésil.

— *hæmantha Ruiz et Pav. — ♃. Chili.

— *Ligtu L. (*A. tricolor* Hook.). — ♃. Chili.

— *Pelegrina L. (*A. psittacina* Hort., non Lem.). — ♃. Chili.

— *versicolor Ruiz et Pav. (*A. pulchella* Hort., non L.). ♃. Chili.

> Les Alstrœmères sont des plantes très décoratives, intéressantes par la
> diversité des coloris de leurs fleurs et les jolies panachures que la plupart
> présentent sur les divisions supérieures de la corolle. Leur culture est
> beaucoup plus facile qu'on ne le pense généralement. On les cultive à
> Verrières en terre légère, saine et chaude, où elles fleurissent abondam-
> ment durant l'été. Elles passent l'hiver en pleine terre sous une couche
> de litière suffisante pour mettre leurs racines charnues à l'abri de l'at-
> teinte des gelées. C'est une erreur de croire nécessaire la plantation de
> celles-ci à une grande profondeur; quelques centimètres suffisent.

POLIANTHES

— *tuberosa L. — ♃. Mexique. — Variétés horticoles.

DIOSCORÉACÉES

DIOSCOREA

— Batatas Dcne. — ♃. Iles Philippines, etc.

— Decaisneana Carr. — ♃. Chine.

— Fargesii Franch. — ♃. Chine.

> Cette Igname produit des tubercules globuleux, très racineux, rappe-
> lant beaucoup, par leur forme et leur grosseur, ceux d'un Bégonia. La
> plante est de culture facile et se multiplie rapidement par ses nombreuses
> bulbilles, mais le développement de ses tubercules est très lent. Ils n'at-
> teignent la grosseur d'un œuf qu'au bout de trois à quatre ans et, de ce
> fait, cette espèce perd tout intérêt pratique au point de vue alimentaire.—
> (Voir fig. 83, et *Revue Horticole*, 1896, p. 540; 1900, p. 684, fig. 285.)

DIOSCOREA
- **pyrenaica** Bub. et Bordère. — ⚥. Pyrénées
- **rubella* Roxb. — ⚥. Indes.
- **sinuata* Vell. — ⚥. Brésil.

Fig. 83. — DIOSCOREA FARGESII. (Tubercule, feuille, inflorescence et fleur femelle.)

Il existe dans l'Asie orientale de nombreuses variétés de *Dioscorea*. A
deux reprises j'ai reçu du Cambodge des Ignames très remarquables par

DIOSCOREA

la grosseur et la forme oblongue ou ovale de leurs tubercules. Ces Ignames ont prospéré à Verrières sur une couche sourde durant la belle saison, mais elles ne sont pas parvenues à former des tubercules et, la durée de ceux-ci paraissant annuelle, les plantes se sont ainsi trouvées perdues. Ce sont, en somme, des plantes tropicales qu'il faudrait cultiver en serre, comme le *D. edulis*, qui produit des bulbilles aériens atteignant la grosseur du poing, que j'ai également essayé sans succès, et dont il n'y a rien à espérer au point de vue pratique sous notre climat tempéré.

L'amélioration du *D. Batatas* offre beaucoup plus d'intérêt, mais elle se trouve entravée par ce fait qu'on ne peut en récolter des graines. J'ai cependant reçu de M. Chappellier, qui s'en occupe tout particulièrement, des tubercules notablement raccourcis, que j'essaie cette année même et qui paraissent être la forme femelle de cette espèce.

LILIACÉES

ASPARAGUS

— **officinalis** L. — ♃. Europe. (Asperge). — Variétés hortic.
— **verticillatus** L. — ♃. Sibérie.

POLYGONATUM

— **giganteum** A. Dietr. — ♃. Amérique septentrionale.
— **intermedium** Dumort. — ♃. France.

> Ce Sceau de Salomon, que je dois à l'obligeance de M. Bouvet, directeur du Jardin botanique d'Angers, est une grande et belle plante à tige forte, atteignant 1ᵐ,20 de hauteur et garnie, sur les deux tiers supérieurs, de grandes feuilles ovales, à l'aisselle desquelles naissent des grappes de trois à cinq jolies fleurs blanches et pendantes, comme chez ses congénères, mais plus grandes. A Verrières, la plante dépasse notablement, en ampleur et beauté, les *P. giganteum* et *P. officinale* var. *macranthum*, qui ont toutefois un port analogue.

— **multiflorum** All. — ♃. Europe.
— **officinale** All. (*P. vulgare* Desf.). — ♃. Europe.
—   — var. MACRANTHUM Hort. — Japon.
— **roseum** Kunth. — ♃. Sibérie.
— **verticillatum** All. — ♃. Europe.

EUSTREPHUS

— *angustifolius R. Br. — ♃. Australie.

STREPTOPUS

— **amplexifolius** DC. — ♃. Europe.

> Cette plante, dont le port est celui des *Uvularia*, et les affinités botaniques celles des *Polygonatum*, a été recueillie au Mont-Dore, par mon père. Ses fleurs blanches et plus petites que celles des *Polygonatum* sont peu intéressantes, mais elles sont remplacées par des baies ovales et rouge vif, pendant au-dessous des feuilles, et qui produisent un effet assez décoratif dans les rocailles. La plante aime l'ombre et la fraîcheur.

SMILACINA
— **racemosa** Desf. — ♃. Amérique septentrionale.
— **stellata** Desf. — ♃. Amérique septentrionale.

MAIANTHEMUM
— **bifolium** Gærtn. (*Convallaria bifolia* L.). — ♃. Régions sept.

CONVALLARIA
— BIFOLIA L. — Voy. *Maianthemum bifolium*.
— **maialis** L. — ♃. Régions tempérées de l'hémisphère sept.
— — var. FLORE PLENO Hort.
— — var. GRANDIFLORA Hort.
— — var. PROLIFICANS Hort.
— — var. ROSEA Hort.

Des variétés de Muguets ici mentionnées, la var. *grandiflora*, déjà ancienne et répandue dans le commerce sous le nom de « Muguet Fortin », est la plus remarquable par ses proportions beaucoup plus fortes que celles du type. La variété *prolificans* est caractérisée par ses hampes rameuses.

ROHDEA
— *japonica Roth. — ♃. Japon.
— — var. VARIEGATA Hort.

HEMEROCALLIS
— **aurantiaca** Baker. — ♃. Japon, var. MAJOR Hort.

Cette espèce a tous les caractères généraux de l'*H. Thunbergii*, avec des fleurs plus grandes encore et un peu moins foncées. Mais elle a le grave défaut d'être peu florifère, de fortes plantes ne produisant guère qu'une seule hampe.

— **citrina** Baroni. — ♃. Japon.

C'est une des plus belles Hémérocalles introduites durant ces dernières années, et aussi des plus distinctes. Ses fleurs, longues de 15 centimètres, à divisions remarquablement étroites, sont d'un beau jaune citron et elles répandent un parfum suave de fleur d'oranger. Les hampes sont fortes, rameuses, multiflores et la floraison a lieu très'successivement durant juillet et août.

Dumortieri E. Morren. — ♃. Japon.
flava L. — ♃. Europe, Asie tempérée.
fulva L. — ♃. Europe, Asie tempérée.
— var. DISTICHA Don, FLORE PLENO Hort.
— var. FLORE PLENO Hort.
— var. FOLIIS VARIEGATIS Hort.

L'*H. fulva* est indigène dans l'Asie orientale comme en Europe. Nous en avons reçu de Chine des graines qui ont donné naissance à une plante légèrement différente de celle d'Europe, de taille moins élevée et à fleurs plus foncées.

Middendorffii Trautv. et Mey. — ♃. Amour.

HEMEROCALLIS

— **minor** Mill. (*H. graminea* Andr.). — ♃. Chine, Japon.

Fig. 84. — HEMEROCALLIS THUNBERGII.

— **Thunbergii** Baker. — ♃. Japon.

Cette espèce, encore peu répandue dans les cultures, est remarquable par l'ampleur de ses fleurs, dont les divisions mesurent plus de 12 centimètres

HEMEROCALLIS

de longueur, et par leur beau coloris jaune orangé. La plante est robuste et florifère; ses hampes atteignent 60 à 80 centimètres; sa floraison a lieu de juin à septembre. Ses caractères généraux la rapprochent de l'*H. fulva*, dont elle pourrait bien n'être qu'une variété ou peut-être un hybride. — (Voir fig. 84.)

— Spec. 3439 M. V. — ♃. Chine.

FUNKIA

— **Fortunei** Baker. — ♃. Japon.
— **lancifolia** Spreng. — ♃. Japon.
—   — var. ALBO MARGINATA Hort.
—   — var. VARIEGATA Hort.
— **ovata** Spreng. (*F. cærulea* Sweet). — ♃. Japon.
—   — var. AUREA Hort.
— **Sieboldiana** Hook. — ♃. Japon.
—   — var. MEDIO PICTA Hort.
— **subcordata** Spreng. — ♃. Japon.

Les espèces et variétés de *Funkia* ici mentionnées sont des plantes anciennement introduites et répandues dans les jardins, dont nous sommes entièrement redevables aux Japonais. Leur nomenclature est très confuse, la même espèce ou variété se trouvant mentionnée dans les ouvrages et catalogues horticoles sous divers noms, qui rendent leur distinction laborieuse. J'ai, naturellement, suivi celle des auteurs les plus autorisés.

KNIPHOFIA (TRITOMA)

— *aloides Mœnch (*Tritoma Uvaria* Hook.). — ♃. Cap.
—   — var. GRANDIFLORA Hort.
—   — var. ERECTA Hort.

La variété *erecta*, obtenue dans les cultures orléanaises, il y a plusieurs années déjà, est très distincte par ses fleurs qui, au lieu d'être pendantes le long de l'axe de la grappe, comme chez toutes les espèces, sont au contraire dressées. — (Voir fig. 85, et *Revue Hort.*, 1904, p. 578, fig. 263.)

— *breviflora Harv. — ♃. Afrique australe.
— *caulescens Baker. — ♃. Afrique australe.

Cette espèce, peu répandue dans les jardins, sans doute parce qu'elle est moins rustique que ses congénères, est très distincte par sa grosse tige charnue et ramifiée avec l'âge, dont les feuilles sont amples, raides et glauques. Les fleurs, d'abord rougeâtres, puis jaunes à complet épanouissement, sont réunies en un gros épi à hampe très forte et plutôt courte. Elles s'épanouissent en juin. La plante peut être propagée par le semis et par le bouturage des ramifications qui se développent après la première floraison. — (Voir *Le Jardin*, 1901, p. 229, fig. 116, et *Revue Horticole*, 1901, p. 577, fig. 260.)

— *corallina Hort. — ♃. Origine horticole.

KNIPHOFIA

— ***kewensis** Hort. Kew. — ♃. Origine horticole.

— ***Leichtlini** Baker. — ♃. Abyssinie.

—   var. DISTACHYA Hort.

Ce Tritoma est une espèce des plus nettement caractérisées. Sa souche est presque tuberculeuse et sa floraison s'effectue de haut en bas de l'épi. Cette particularité tendrait à diminuer l'importance qu'attachent les botanistes au mode d'épanouissement des inflorescences comme caractère générique, l'anthèse étant ici centrifuge alors qu'elle est centripète chez tous ses congénères. La variété *distachya*, dont la figure 86 représente

Fig. 85. — KNIPHOFIA ALOIDES,   Fig. 86. — KNIPHOFIA LEICHTLINI,
var. ERECTA.   var. DISTACHYA.

un épi, est caractérisée par les petites grappes latérales qui naissent au-dessous de l'inflorescence principale. — (Voir *Revue Horticole*, 1884, p. 556; 1889, p. 59; 1901, p. 578, fig. 264, 265.)

— ***Mac-Owani** Baker. — ♃. Afrique australe.

KNIPHOFIA

— *multiflora Leicht. — ♃. Origine incertaine.

Cette espèce, introduite durant ces dernières années, est une plante vigoureuse et forte, dont la hampe atteint 1ᵐ,20, mais ses fleurs sont tardives, blanches, petites, à étamines longuement saillantes; elles forment un long épi effilé, sans effet décoratif.

— *Nelsoni Mast. — ♃. État d'Orange.

— *nobilis Hort. — ♃. Afrique australe.

— *Northiæ Baker. — ♃. Afrique australe.

Je dois à l'obligeance de M. Elwes l'unique pied que je possède de cette rare espèce. Elle est très remarquable par l'ampleur et la rigidité de son grand feuillage large et arqué, qui lui donne plutôt l'aspect d'un *Furcræa*. Je cultive la plante en caisse et l'hiverne en orangerie. J'attends encore sa floraison, qui fera probablement naître des drageons, l'axe végétatif étant jusqu'ici resté simple.

— *primulina Baker. — ♃. Natal.

— *Rooperi Lem. — ♃. Cafrérie.

— *rufa Baker. — ♃. État d'Orange.

Cette espèce, d'introduction récente et encore peu répandue, est très intéressante par la gracilité de ses inflorescences, dont les fleurs sont rougeâtres en boutons, puis jaunes à l'épanouissement. La plante est vigoureuse, à floraison précoce, très abondante et franchement remontante. — (Voir *Revue Horticole*, 1901, p. 578, fig. 262.)

— *Saundersii Hort. — ♃. Origine horticole.

— *Tuckii Baker. — ♃. Afrique australe.

— *Tysoni Baker. — ♃. Afrique australe.

ASPHODELUS

— albus Willd. — ♃. Europe méridionale.

— luteus L. — Voy. Asphodeline lutea.

— ramosus L. — ♃. Europe méridionale.

ASPHODELINE

— *Balansæ J. Gay. — ♃. Cilicie.

— lutea Buch. (*Asphodelus luteus* L.). — ♃. Région méditer.

PARADISIA

Liliastrum Bertol. (*Anthericum Liliastrum* L.; *Phalangium Liliastrum* Lamk). — ♃. Europe.

— — var. giganteum Hort.

BOWIEA

— *volubilis Harv. — ♃. Afrique australe.

C'est une plante curieuse par la nature bulbeuse de sa souche et par ses tiges volubiles, garnies d'un petit feuillage vert clair. Les quelques pieds que je possède n'ont pas encore fleuri.

EREMURUS

I. — Ammolirion.

— **altaicus** Stev.? — ♃. Sibérie, Turkestan, etc.

— **spectabilis** M. Bieb. — ♃. Asie Mineure, Syrie, etc.

—   — var. marginatus O. Fedtsch.

—   — var. tauricus Lallem.

— **tauricus** Stev.? — ♃. Tauride, Turkestan, etc.

— **turkestanicus** Regel.? — ♃. Turkestan.

Les espèces de cette section sont moins belles que celles des sections suivantes. Leurs dimensions sont bien moins fortes, leurs hampes moins hautes et moins fournies de fleurs plus petites, leurs racines plus courtes. On les distingue, en outre, assez nettement par les divisions du périanthe qui sont trinervées et plus courtes que les étamines, et en particulier par leurs pédicelles dressés contre l'axe à la fructification et par leurs capsules à valves fortement ridées.

Les *E. spectabilis*, à fleurs jaunes, *E. tauricus*, à fleurs presque blanches, *E. turkestanicus*, à fleurs brunes, marginées de blanc, sont les plus beaux et les plus distincts. Ils méritent l'attention des amateurs et peuvent être utiles pour les croisements.

II. — Regelia.

— **Bungei** Baker. — ♃. Perse.

—   — var. præcox Hort.

Cet *Eremurus*, encore rare dans les cultures, se distingue de ses congénères (sauf de l'*E. Olgæ*), par des caractères nettement tranchés. La souche est plus petite, à racines fines et souples. Les feuilles sont courtes, triquètres et abondantes. La hampe est mince, haute seulement d'environ 1m,50 et ses fleurs, jaune vif, en grappe bien fournie, ne s'épanouissent qu'au commencement de juillet. — (Voir *Gartenflora*, 1884, p. 289, tab. 1168, *a;* *The Garden*, 1886, part. II, p. 535 ; *Revue Horticole*, 1905, p. 337.)

— **isabellinus** Hort. Vilm. (*E. Bungei* × *Olgæ*). — ♃.

Cet intéressant hybride a été obtenu à Verrières du croisement des espèces précitées. Il a fleuri en juin 1905 et s'est montré, en plusieurs exemplaires, parmi les plantes issues des deux croisements pratiqués en sens inverse, avec cette légère différence que chez les *E. Bungei* × *Olgæ*, les fleurs sont un peu plus grandes et de nuance un peu plus foncée que chez les *E. Olgæ* × *Bungei*.

La couleur isabelle (jaune rosé) des fleurs, résultant du mélange du jaune et du rose des parents, constitue un coloris nouveau dans le genre. On trouve, en outre, des signes évidents d'hybridité dans l'inflorescence, moins multiflore que celle de l'*E. Bungei*, plus fournie que celle de l'*E. Olgæ*, dans les fleurs qui sont plus petites que celles de ce dernier, notablement plus grandes que celles du premier parent, enfin dans les souches dont les racines sont grosses et relativement raides, comme celles de l'*E. Olgæ*. Les plantes sont fertiles. — (Voir *Journ. Soc. nat. Hort. France*, 1905, p. 466; *Bull. Soc. bot. France*, 1905.)

EREMURUS

— **Olgæ** Regel. — ♃. Turkestan.

Cette espèce, rare encore dans les cultures, a tous les caractères généraux de l'*E. Bungei* et fleurit à la même époque. Elle est toutefois plus forte, ses racines sont plus épaisses, plus raides, sa hampe est plus haute et ses fleurs sont plus grandes et d'un joli rose tendre. C'est une magnifique plante. — (Voir fig. 87.)

Fig. 87. — ÉREMURUS OLGÆ.

Les deux espèces précédentes et leur hybride sont si distincts de leurs congénères qu'on a proposé d'en former une troisième section, celle des *Regelia*, ici adoptée. — (Voir *Revue Horticole*, 1905, p. 337, fig. 127.)

C. — HENINGIA.

— **Elwesii** M. Micheli (*E. robustus* var. *Elwesianus* Hort. (*E. himalaicus* × *robustus ?*). — ♃. Origine inconnue.

Cet *Eremurus*, aujourd'hui considéré comme un hybride spontané entre les *E. robustus* et *E. himalaicus*, est à la fois le plus fort et le plus beau du genre. Sa souche, que représente la figure 88, atteint 1ᵐ,50 de diamètre. Le feuillage, remarquablement ample et d'un vert cru, se conserve frais jusqu'au delà de la floraison. La hampe, qui peut dépasser 3 mètres de hauteur, s'accroît de 5 à 8 centimètres par jour et porte, dans sa

EREMURUS

moitié supérieure, un immense épi, composé de plusieurs centaines de
fleurs rose tendre, très grandes, s'épanouissant durant la deuxième quinzaine de mai. La planche XXVII, qui représente un groupe d'*Eremurus
Elwesii* cultivés à Verrières, montre, par comparaison avec des hampes
plus petites d'*E. himalaicus* placées en avant, l'ampleur et la majestueuse
beauté de cette plante. — (Voir *Revue Horticole*, 1897, p. 280, avec planche; 1904, p. 18, fig. 7.)

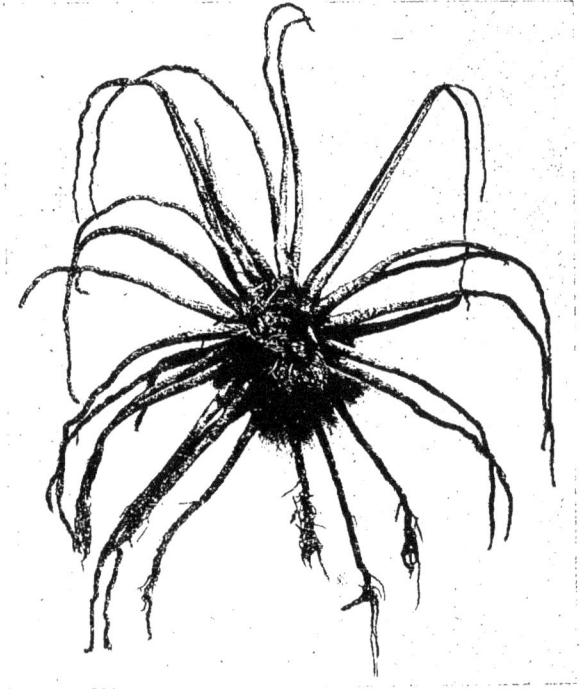

Fig. 88. — EREMURUS ELWESII. — Souche.

— **himalaicus** Baker. — ♃. Himalaya.

Cette espèce, que représentent les deux ou trois petites hampes de la planche XXVII, est la plus répandue parce qu'elle est la plus robuste, comme
aussi la plus facile à multiplier. Son feuillage est assez ample, vert cru et
persiste jusqu'à la fin de la floraison. La hampe, qui dépasse souvent
2 mètres de hauteur, porte, dans son tiers supérieur, un épi bien fourni
de fleurs blanches, assez grandes, s'épanouissant successivement durant la
deuxième quinzaine de mai. — (Voir *Botanical Magazine*, tab. 7076.)

Hort. Vilm.

EREMURUS ELWESII, var. E. HIMALAICUS.

EREMURUS

— **Kaufmanni** Regel.? — ♃. Turkestan.

— **lactiflorus** O. Fedtsch. (*spec. nov.*). — ♃. Tian-Schan.

> Je dois à l'obligeance de Mᵐᵉ O. Fedtschenko cette nouvelle espèce, qu'elle a décrite dans le *Bulletin de l'herbier Boissier*, 2ᵉ série, tome IV (1904). Je n'en ai pas encore vu les fleurs.

— **robustus** Regel. — ♃. Turkestan.

> Cette espèce, incontestablement très belle par la force de sa hampe et par la grandeur de ses fleurs rose tendre, n'a pas, à Verrières du moins, la vigueur de ses congénères. Sa souche est plus sensible à l'excès d'humidité durant l'hiver. Son feuillage, bien plus étroit et vert glauque, qui périt avant la fin de la floraison, distingue nettement cette espèce de l'*E. Elwesii*. — (Voir *Gartenflora*, 1873, p. 257, tab. 769; *Botanical Magazine*, tab. 6726; *The Garden*, 1886, part. II, tab. 529.)

Warei M. Leichtlin — ♃. Origine inconnue.

> Je ne connais ce nouvel *Eremurus*, répandu dans les cultures par M. Leichtlin, que par les descriptions de la presse étrangère, qui le dit être à fleurs jaune soufre et à port d'*E. robustus*. Les jeunes pieds que j'en possède à Verrières n'ont pas encore fleuri.

> L'étude botanique et horticole de ce genre, encore peu répandu, a fait l'objet d'un assez long Mémoire, présenté au Congrès de la *Société nat. d'Hort. de France*, 1901, par M. S. Mottet. Il est inséré dans le Journal de la Société de cette même année.

ANTHERICUM

— **Liliago** L. (*Phalangium Liliago* Schreb.). — ♃. Europe.

— LILIASTRUM L. — Voy. *Paradisa Liliastrum*.

— **ramosum** L. (*Phalangium ramosum* Lamk). — ♃. Europe.

AGAPANTHUS

— *umbellatus L'Hérit. — ♃. Afrique australe.

— — var. ALBUS Hort.

— — var. FLORE PLENO Hort.

BRODIÆA

— *COCCINEA A. Gray. — Voy. *Brevoortia Ida-Maia*.

— **congesta** Smith. — ♃. Amérique septentrionale.

— *ixioides S. Wats. (*Calliprora lutea* Lindl.). — ♃. Californie.

— *lactea S. Wats. — ♃. Californie.

> Des espèces précitées, le *B. congesta* prospère, à Verrières, en pleine terre, simplement couvert de feuilles durant les grands froids, et donne, en mai, des bouquets compacts de fleurs bleues, à pédoncules longs de 50 à 60 centimètres, qui justifieraient sa culture pour la confection des bouquets. Quant au *B. ixioides*, plus connu sous le nom de *Calliprora lutea*, il se recommande à l'attention des amateurs par l'abondance de ses fleurs jaunes. Moins rustique que le précédent, il doit être hiverné sous châssis froid. — (Voir planche XXII).

BREVOORTIA

— *Ida-Maia Wood (*Brodiæa coccinea* A. Gray). ♃. Californie.

TRITELEIA

— *uniflora Lindl. — ♃. Amérique australe.

— — CÆRULEA Hort.

Cette petite Liliacée est fort intéressante par l'abondance et la précocité de ses jolies fleurs blanches, longuement pédonculées. Elle se multiplie facilement et s'emploie, surtout dans le Midi, pour faire de charmantes bordures. Il lui faut un sol léger, chaud et une couverture de litière pour résister sous le climat parisien. Sa variété *cærulea*, moins répandue, est plus intéressante encore à cause du joli coloris bleu tendre de ses fleurs. Elle se reproduit franchement par !le semis. — (Voir *Revue Horticole*, 1893, p. 256, avec planche.)

Fig. 89. — ALLIUM NEAPOLITANUM.

ALLIUM

— aflatunense B. Fedtsch. (*spec. nov.*). ♃. Tian-schan (Chine).

— Ampeloprasum L. — ♃. Europe orientale. (Ail d'Orient.)

— *Ascalonicum L. — ♃. Palestine ? (Échalote.)

— carinatum L. — ♃. Europe.

— *Carmeli Boiss. — ♃. Palestine.

— *Cepa L. — ♃. Cultivé. (Ognon.). — Variétés horticoles.

— cæruleum Pall. (*A. azureum* Ledeb.). — ♃. Sibérie.

— fistulosum L. — ♃. Sibérie. (Ciboule.)

ALLIUM

- — **kansuense** Regel. — ♃. Chine.
- — **karataviense** Regel. — ♃. Turkestan.
- — **Kesselringii** Regel. — ♃. Turkestan.
- — **lusitanicum** Lamk. — ♃. Portugal. (Ciboule vivace.)
- — **macranthum** Baker. — ♃. Himalaya.
- — **Moly** L. — ♃. Europe.

> L'Ail doré est robuste, rustique et produit de nombreuses fleurs jaune vif, qu'accompagne un beau feuillage. Il forme de superbes touffes en terrain chaud et sain. Son bulbe est comestible et recherché dans certains pays. Les graines en sont très rares.

- — **narcissiflorum** Vill. — ♃. Europe occidentale.

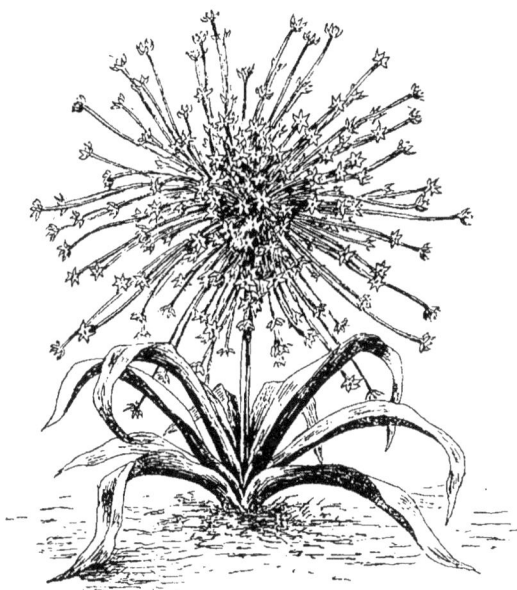

Fig. 90. — ALLIUM SCHUBERTI.

- — *neapolitanum** Cyr. — ♃. Europe méridionale.

> Cet Ail, très cultivé dans le Midi pour ses fleurs blanches, qui font l'objet d'un commerce important, est imparfaitement rustique sous le climat parisien, même sous une couverture de litière. Mais il se cultive facilement en pots et fleurit de bonne heure en serre ou sous châssis. — (Voir fig. 89.)

ALLIUM

— **odorum** L. — ♃. Sibérie.

> Belle espèce rustique, formant des touffes à inflorescences nombreuses, de bonne tenue, dont les fleurs blanches, agréablement odorantes, durent très longtemps.

— **Ostrowskianum** Regel. — ♃. Turkestan.

— **Porrum** L. — ♃. Europe. (Poireau). — Variétés horticoles.

— **Regelii** Trautv. — ♃. Transcaucasie.

Fig. 91. — LACHENALIA PENDULA, var. AURELIANA.

— **roseum** L. — ♃. Région méditerranéenne.

> Très jolie espèce dont la culture est assez difficile.

— *****sativum** L. — ♃. Cultivé. (Ail). — Variétés horticoles.

— **Schœnoprasum** L. — ♃. France. (Ciboulette.)

— *****Schuberti** Zucc. — ♃. Orient.

> Cette espèce est une des plus singulières par l'aspect de ses inflorescences ; l'inégalité de longueur des pédicelles place les fleurs à des hauteurs très différentes, comme le montre d'ailleurs la figure 90. Les fleurs sont roses, petites. — (Voir *Revue Horticole*, 1902, p. 533, fig. 240.)

— **Scorodoprasum** L. — ♃. Europe orient. (Ail Rocambole.)

— **sphærocephalum** L. — ♃. France.

— **urceolatum** Regel. — ♃. Turkestan.

— **ursinum** L. — ♃. Europe, Asie septentrionale.

ALLIUM
— **Victorialis** L. — ♃. Europe, Sibérie.
— **viviparum** Kar. et Kir. — ♃. Sibérie.

LACHENALIA
— *aurea Lindl. — ♃. Cap.
— *pendula Ait. — ♃. Cap.
— — var. AURELIANA Pons.

La variété *aureliana*, que représente la figure 91, aurait été trouvée spontanée, vers 1860, sur les sommets de l'Estérel, près de l'ancienne voie aurélienne. Cette origine, très douteuse, a été contestée, tous les *Lache-*

Fig. 92. — GALTONIA CANDICANS.

nalia étant originaires du Cap. C'est, en tout cas, une variété beaucoup plus forte et plus belle que le type; la hampe, haute de 20 à 40 cent., porte un grand nombre de fleurs rouge éclatant, avec le sommet des divisions vert. La plante est robuste, mais elle ne peut être cultivée dans le Nord qu'en pots et en serre ou sous châssis froid, comme d'ailleurs toutes ses congénères. — (Voir *Revue Horticole*, 1890, p. 99, 396, avec planche.)

— *racemosa Gawl. — ♃. Cap.
— *tricolor L. — ♃. Cap.

GALTONIA
— *candicans Dcne. — ♃. Afrique australe.
(Voir fig. 92, et *Revue Horticole*, 1902, p. 465, fig. 213.)
— *Princeps Dcne. — ♃. Afrique australe.

MUSCARI

- - azureum Fenzl. — Voy. *Hyacinthus ciliatus*.
- **botryoides** Mill. — ♃. Europe. − (Voir fig. 93.)
  - — var. alba Hort.
- **Bourgæi** Baker. — ♃. Asie Mineure.
- **comosum** Mill. — ♃. Europe, var. monstrosum Hort.
- **moschatum** Willd. — ♃. Asie Mineure.
- — — var. flavum Hort. (*M. macrocarpum* Sweet).
- **paradoxum** C. Koch. — ♃. Arménie.
- præcox Hort. — Voy. *Hyacinthus ciliatus*.

Fig. 93. — Muscari botryoides.

HYACINTHUS

- **amethystinus** L. — ♃. Pyrénées.
- **ciliatus** Cyrill. (*H. azureus* Baker; *Muscari azureum* Fenzl; *M. præcox* Hort.). — ♃. Asie Mineure.
- **fastigiatus** Bert. — ♃. Corse et Sardaigne.
- - non-scriptus L. — Voy. *Scilla festalis*.
- **orientalis** L. — ♃. Orient. (Jacinthe). — Variétés hort.

BELLEVALIA

- **appendiculata** Lapeyr. — ♃. Région méditerranéenne.
- **Heldreichii** Boiss. — ♃. Asie Mineure.
- **trifoliata** Kunth. — ♃ Région méditerranéenne.

PUSCHKINIA

- **scilloides** Adams. — ♃. Turquie d'Asie.

CHIONODOXA

— **Luciliæ** Boiss. — ♃. Asie Mineure.
—   — var. ALLENI Hort.
—   — var. GRANDIFLORA Hort.
—   — SARDENSIS Hort. (*C. gigantea* Hort.).

> Charmante petite plante bulbeuse, dont le port rappelle le *Scilla bifo-lia*, mais les fleurs sont plus grandes et plus ouvertes, surtout dans les variétés énumérées ci-dessus, qui diffèrent, en outre, de la Scille à deux feuilles par leur couleur bleue plus ou moins foncée. La floraison a lieu en plein air, sous notre climat, dès les premiers jours de mars.

SCILLA

— **autumnalis** L. — ♃. Europe.
— **bifolia** L. — ♃. Europe, Asie Mineure.

Fig. 94. — SCILLA PERUVIANA, var. UGHII.

— **festalis** Salisb. (*S. nutans* Spr.; *Agraphis nutans* Link; *Endymion nutans* Dumort.; *Hyacinthus non-scriptus* L.). — ♃. Europe occidentale. — Variétés horticoles.
—   — var. CERNUA Salisb.
— **hispanica** Mill. (*S. campanulata* Ait.). — ♃. Europe. — Variétés horticoles.
— **hyacinthoides** L. — ♃. Europe méridionale.
— **italica** L. — ♃. Europe méridionale.
— **Lilio-Hyacinthus** L. — ♃. France, Europe méridionale.
—   — var. ALBA Hort.
— MARITIMA L. — Voy. *Urginea maritima*.
— **patula** DC. — ♃. Europe occidentale.
—   — var. RUBRA Hort.

SCILLA

- *__peruviana__ L. — ♃. Algérie.
  - — var. S. Ughi Tineo. — Sicile. — (Voir fig. 94).
- __sibirica__ Andr. — ♃. Russie méridionale. — (Voir fig. 95.)
- __verna__ Huds. — ♃. Europe occidentale.

> La nomenclature horticole des Scilles ayant le port de la Jacinthe des bois (*S. festalis*) est extrêmement confuse et les plantes d'ailleurs peu distinctes entre elles. M. Krelage nous a envoyé, il y a quelques années, son importante collection sous des noms différents de ceux existant à Verrières. Faute de pouvoir les assimiler, nous avons dû réduire ces deux collections aux variétés les plus distinctes et les plus belles; je ne crois pas devoir les citer, leurs noms étant très incertains.

Fig. 95. — Scilla sibirica.

URGINEA

- *__maritima__ Baker (*Scilla maritima* L.). — ♃. Europe mérid.

EUCOMIS

- *__punctata__ L'Hérit. — ♃. Cap.

CAMASSIA

- *__Brownii__ Hort. — ♃. Origine inconnue.
- *__Cusickii__ S. Wats. — ♃. Californie.
- __esculenta__ Lindl. — ♃. Amérique nord-ouest.
- __Fraseri__ Torr. — ♃. Amérique septentrionale.

CAMASSIA

— *__Leichtlini__ S. Wats. - - ♃. Californie.

— — var. CÆRULEA Hort..

> Certains auteurs ont fait, de cette plante, une variété du *C. esculenta*.
> Elle mérite cependant la distinction spécifique car elle est beaucoup plus
> forte dans toutes ses parties et bien supérieure, au point de vue décora-
> tif. Ses hampes, fortes et droites, atteignent 1 mètre de hauteur et portent
> une longue grappe multiflore de grandes et belles fleurs blanc crème,
> à divisions étoilées, qui s'épanouissent dès la fin d'avril. La variété
> *cærulea*, que je dois à l'obligeance du Rev. Ellacombe, est peu connue et
> ne diffère du type que par ses fleurs bleues. — (Voir *Revue Horticole*,
> 1905, p. 412, fig. 170.)

ORNITHOGALUM

— *__arabicum__ L. — ♃. Algérie, Europe méridionale.

— __exscapum__ Tenore. — ♃. Europe méridionale.

> Parmi les espèces ici mentionnées, cette Ornithogale est une des plus
> distinctes par ses inflorescences presque acaules et par ses fleurs grandes
> et blanc pur, qui s'épanouissent dès le commencement de mars. J'en cul-
> tive à Verrières quelques potées qui sont réellement charmantes durant
> leur floraison.

— __lanceolatum__ Labill. — ♃. Syrie.

— __narbonense__ L. — ♃. Europe méridionale.

— __nutans__ L. — ♃. Europe.

> Cette espèce, dont la planche XXV représente une colonie naturalisée
> dans un bosquet, à Verrières, est plutôt intéressante que réellement déco-
> rative, ses fleurs étant vert tendre et bordées de blanc ; mais elle sont
> grandes, pendantes, en grappes multiflores, et la plante est si robuste et
> fleurit de si bonne heure qu'elle mérite d'être plantée dans les endroits
> dont le sol est siliceux et sain.

— __pyramidale__ L. — ♃. Europe méridionale.

— __pyrenaicum__ L. — ♃. Europe centrale et méridionale.

— __tenuifolium__ Guss. — ♃. Europe méridionale.

— __umbellatum__ L. — ♃. Europe.

LILIUM

— __auratum__ Lindl. — ♃. Japon.

— — var. RUBRO-VITTATUM Hort.

— — var. VIRGINALE Hort.

— __bosniacum__ G. Beck. — ♃. Bosnie.

> Je dois les bulbes de cette plante à l'obligeance de M. le prof. E.
> Perrot, qui l'a récoltée à la fin du printemps dernier dans les montagnes
> de Bosnie. Cette rare espèce est voisine du *L. carniolicum* et a été décrite
> dans les *Ann. Mus. Vind.*, 1887.

— __Brownii__ Poit. — ♃. Chine et Japon.

— — var. KANSUENSE Hort.

— __bulbiferum__ L. — ♃. Europe.

LILIUM

— **Burbankii** Hort. (*L. pardalinum* × *Washingtonianum*). ♃.

- **candidum** L. — ♃. Europe méridionale, Syrie.

— — var. FLORE PLENO (*monstrosum*) Hort.

— — var. RUBRO-LINEATUM Hort.

> La variété *flore pleno* est une virescence dans laquelle tous les organes de la fleur sont transformés en lames pétaloïdes blanc verdâtre, très nombreuses et disposées en épis compacts, atteignant jusqu'à 20 cent. de longueur. Ces épis forment, au sommet de la tige, une grosse panicule serrée, dont la durée est très prolongée. — (Voir *Revue Horticole*, 1901, p. 437, fig. 196.)

— **carniolicum** Bernh. — ♃. Carniole.

— **chalcedonicum** L. — ♃. Grèce.

— **cordifolium** Thunb. — ♃. Japon.

> Ce Lis est peu répandu dans les cultures, sans doute parce qu'il n'y atteint pas généralement tout son développement et ne produit souvent qu'une tige courte et faible, ne portant que quelques fleurs. Lorsqu'il trouve un milieu propice, son ampleur devient réellement surprenante. Sa tige, plus grosse que le bras et entourée à la base d'une touffe de larges feuilles disposées en parasol, dépasse alors 2 mètres de hauteur et porte une grappe composée de trente à quarante fleurs longuement tubuleuses, mais peu ouvertes, horizontales, d'un jaune verdâtre et maculées sur les divisions inférieures. Le bulbe se détruit après la floraison, qui a lieu en juin et juillet. La planche XXVIII montre un exemplaire ayant atteint sur le rocher, à Verrières, les dimensions que nous venons d'indiquer. La colonie de ce Lis est plantée dans une poche d'environ 1 mètre carré de surface et 40 centimètres de profondeur, simplement remplie d'un mélange de terre de bruyère et de terreau de feuilles.

— **croceum** Chaix. — ♃. Europe méridionale.

> Il est probable que les variétés horticoles du Lis orangé (*L. c. umbellatum*, *L. c. u. fulgidum*, etc.) ne sont, au demeurant, que des variétés ou peut-être des hybrides du *L. elegans*, qu'on confond généralement avec notre espèce indigène ; nous avons cru pouvoir les y réunir. Le *L. croceum* est, en effet, une plante plus haute, de nature alpine et assez difficile à cultiver dans les jardins de plaine.

— **elegans** Thunb. (*L. Thunbergianum* Schult.). — ♃. Japon.

— — var. AURANTIACUM Hort.

— — var. BILIGULATUM Hort.

— — var. UMBELLATUM Hort.(*L. umbellatum* Hort.; *L. croceum umbellatum* Hort.). — Variétés horticoles.

— — var. VENUSTUM Elwes.

> Ce Lis, à tiges courtes et à grandes fleurs, est une des plus intéressantes espèces japonaises pour la culture ornementale sous notre climat. La plante, en effet, s'accommode parfaitement de nos étés chauds et secs, et résiste sans protection à nos hivers, les bulbes étant, toutefois, plantés assez profondément. Comme la plupart des autres Lis, celui-ci préfère la terre de bruyère, mais il prospère néanmoins en pleine terre ordi-

LILIUM CORDIFOLIUM.

LILIUM

··· **giganteum** Wall. — ♃. Himalaya.

···   — var. YUNNANENSE Hort.

Fig. 97. — LILIUM LONGIFLORUM, var. HARRISII.

··· **Hansoni** M. Leichtlin. — ♃. Japon.

> Ce Lis, dont les feuilles sont verticillées, est un des plus distincts et des plus intéressants. Ses fleurs ne sont pas très grandes, mais nombreuses, jaune vif, ponctuées de brun, à divisions épaisses et renversées en arrière. La plante est robuste, rustique et fleurit en juin.

LILIUM

— **Henryi** Baker. — ♃. Chine orientale.

> Ce nouveau Lis, que représente la fig. 96, est une des plus grandes espèces et en même temps une des plus robustes. Sa tige, non bulbillifère, dépasse 2 mètres et porte une panicule rameuse, composée, chez les forts sujets, d'une trentaine de fleurs pendantes, non odorantes, à divisions fortement renversées en arrière, d'un rouge orangé brillant, avec une grosse bande médiane verte; la base est ponctuée de brun et porte de grosses papilles très saillantes. La floraison a lieu de juillet en août. Le bulbe est gros, rougeâtre, rustique et s'accommode des terres légères. La plante produit un très bel effet, à cause de sa grande taille, dans les massifs d'arbustes de terre de bruyère et en particulier parmi les Rhododendrons. — (Voir *Revue Horticole*, 1903, p. 231, fig. 98-99, avec planche.)

— **Humboldtii** Rœzl et Leichtlin. — ♃. Californie.

— **Jankæ** Kern. — ♃. Carniolie.

— **Leichtlinii** Hook. (*L. pseudo-tigrinum* Carr.). — ♃. Japon.

— *longiflorum Thunb. — ♃. Chine et Japon.

— — var. ALBO-VARIEGATUM Hort.

— — — var. EXIMIUM Hort. (*L. Harrisii* Hort.). — Bermudes.

> La variété *Harrisii*, qui n'est sans doute qu'une forme d'abord naturalisée, puis cultivée en grand dans les Bermudes, est un des Lis les plus importants au point de vue horticole, par la généralité de son utilisation pour le forçage. C'est là, malheureusement, son seul mérite, car la plante est encore moins rustique que le type et ne fleurit bien qu'en bulbes récemment importés, élevés en pots et cultivés en serre. La figure 97 montre un exemplaire obtenu dans ces conditions. — (Voir *Revue Horticole*, 1883, p. 211, fig. 40; 1890, p. 562.)

Martagon L. — ♃. Europe méridionale et centrale.

> Ce Lis, quoique indigène, est, à cause de sa nature alpestre, un des plus difficiles à conserver dans les jardins de plaine, et c'est grand dommage, car son feuillage verticillé et ses fleurs pourpres et ponctuées le rendent très intéressant, sinon décoratif.

— **monadelphum** Bieb. (*L. colchicum* Hort.; *L. Szovitsianum* Fisch.). — ♃. Caucase.

— *pardalinum Kellogg. — ♃. Californie.

> Je possède à Verrières une belle colonie de ce Lis, dans un petit marécage artificiel, dont le sol inondé souterrainement est formé de terre de bruyère tourbeuse. Les tiges, sveltes et garnies de feuilles verticillées, y atteignent plus de 1m,50 de hauteur et produisent en juillet jusqu'à dix et douze fleurs pendantes au sommet de leurs longs pédoncules; elles sont d'un beau rouge orangé foncé et parsemées de grosses taches brunes.

— *Parryi S. Wats. — ♃. Californie.

— *parvum Kellogg. — ♃. Californie.

— *philippinense Baker. — ♃. Iles Philippines.

— **pomponium** L. — ♃. Europe et Sibérie.

— — var. LUTEUM Hort.

LILIUM

— **pyrenaicum** Gouan. — ♃ Pyrénées.

— *speciosum Thunb. (*L. lancifolium* L'Hérit.). — ♃. Japon.
— Variétés horticoles.

Fig. 98. — LILIUM SUTCHUENENSE.

— *sulfureum Baker. — ♃. Burma.

Ce Lis, introduit dans les cultures il y a une douzaine d'années, est une
des espèces les plus remarquables. Ses fleurs sont d'un superbe coloris
jaune soufre et rappellent, pour la forme et la grandeur, celles des
L. Brownii et *L. longiflorum*. Malheureusement, la plante paraît délicate
et n'est certainement pas rustique. Elle développe à l'aisselle des feuilles
de nombreuses bulbilles. J'en ai reçu plusieurs fois de mes correspondants

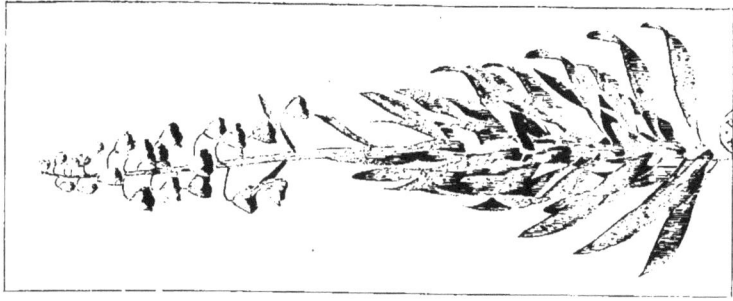

Plate XXVI.

FRITILLARIA

F. WALUJEWI.

F. ASKABADENSIS.

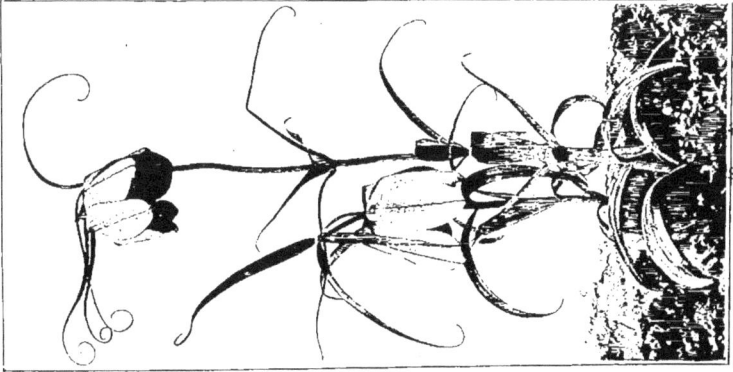

F. PERSICA.

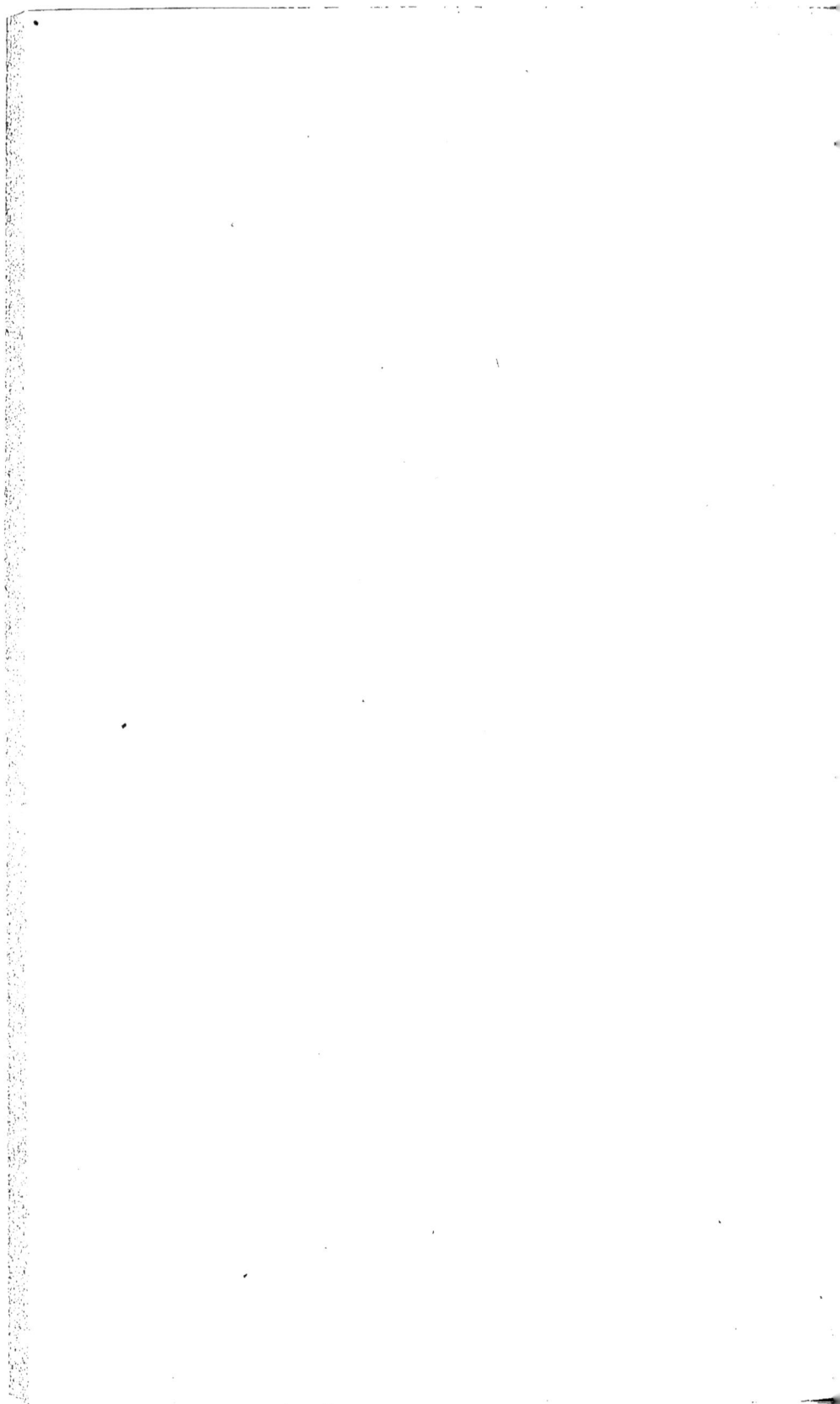

LILIUM

et j'en ai même obtenu de beaux bulbes à Verrières, mais je ne suis pas parvenu à amener ce Lis à l'état florifère. — (Voir *Revue Horticole*, 1892, pp. 238, 541, fig. 173.)

— **superbum** L. — ♃. Est des États-Unis.

— *****sutchuenense** Franch. (*spec. nov.*). — ♃. Sutchuen.

Introduit de la Chine, il y a près de dix ans, par M. M. de Vilmorin, ce Lis, que représente la figure 98, est une élégante espèce voisine du *L. tigrinum*, mais bien distincte par sa tige plus grêle, non bulbillifère, par ses feuilles plus étroites, par ses fleurs plus finement ponctuées, un peu plus petites et bien plus précoces. Ses bulbes présentent, en outre, la singulière faculté d'émettre des stolons filiformes qui forment des jeunes bulbes à 10-15 centimètres de distance du bulbe mère; la tige elle même est souvent perennante. La plante est fertile et j'en élève chaque année des pieds de semis, mais j'en obtiens plus difficilement des bulbes florifères, ce qui m'a empêché jusqu'ici de le répandre dans les cultures. — (Voir *Revue Horticole*, 1899, p. 475, fig. 204.)

— **tenuifolium** Fisch. — ♃. Sibérie.

— **testaceum** Lindl. (*L. excelsum* Hort.; *L. candidum* × *chalcedonicum*?). — ♃. Origine incertaine.

— *****tigrinum** Ker-Gawl. — ♃. Chine et Japon.

— — var. FLORE PLENO Hort.

— — var. SPLENDENS Hort.

FRITILLARIA

— **askabadensis** M. Micheli (*spec. nov.*). — ♃. Turkestan.

— **lutea** Mill. (*F. aurea* Schott.). — ♃. Asie Mineure.

Espèce notable par la grandeur de sa fleur unique, jaune ponctué de pourpre, qui s'ouvre tout près de terre aux premiers beaux jours.

— **imperialis** L. — ♃. Perse. — Variétés horticoles.

— **latifolia** Willd. — ♃. Caucase.

— **Meleagris** L. — ♃. Europe.

— — var. ALBA Hort.

La Méléagre, assez commune en France, est plus curieuse que belle, ses fleurs étant pourpre terne, plus ou moins nettement panachées en damier de teinte plus claire. Sa variété blanche est bien plus décorative, elle est, en outre, particulièrement robuste et se reproduit par le semis. Il existe en culture plusieurs autres coloris.

— **persica** L. — ♃. Arménie.

— **pluriflora** Torr. — ♃. Californie.

— **pyrenaica** L. — ♃. Pyrénées.

— **Walujewi** Regel. — ♃. Turkestan.

La planche XXVI représente trois intéressantes espèces de Fritillaires. Le *F. askabadensis*, introduit et décrit il y a quelques années seulement par le regretté M. Micheli, est la deuxième espèce de la section *Petilium*,

20

FRITILLARIA

que représentait seul jusqu'ici le *F. imperialis*. La plante n'égale malheureusement pas en beauté la Couronne impériale, les fleurs étant plus petites et d'un jaune plutôt terne. — (Voir *Revue Horticole*, 1903, p. 180, avec planche.)

Le *F. Walujewi* est une rare espèce à grandes fleurs en cloches, pendantes, rouges à l'intérieur et pâles, presque blanches à l'extérieur. La plante est malheureusement délicate et difficile à amener à floraison.

Quant au *F. persica*, c'est une belle et robuste espèce à tige haute de près de 1 mètre, garnie de feuilles courtes, glauques et dont les fleurs, petites mais nombreuses et disposées en grappe terminale, sont jaunes à l'intérieur et purpurines à l'extérieur.

Fig. 99. — TULIPA BILLIETIANA.

TULIPA

— **acuminata** Vahl (*T. cornuta* Red.). — ♃ . Origine horticole.

— **armena** Boiss. — ♃ . Orient.

— **australis** Link (*T. Celsiana* DC.). ♃ . Sud-ouest de l'Europe.

— **biflora** Pall. — ♃ . Caucase.

Cette Tulipe porte, sur chaque tige, non pas deux fleurs seulement, comme son nom l'indique, mais bien jusqu'à cinq ou six. Ses fleurs sont, toutefois, petites, jaune verdâtre et sans effet décoratif.

— **Billietiana** Jord. — ♃ . Savoie.

Cette Tulipe, spéciale aux montagnes de la Maurienne en Savoie, est une des plus belles et des plus intéressantes de cette région. Ses feuilles sont fortement ondulées sur les bords, et ses grandes fleurs, nettement accrescentes, sont d'abord jaune uni, puis nuancées de rouge orangé sur le bord des divisions. — (Voir fig. 99, et *Revue Horticole*, 1887, p. 399 fig. 81.)

TULIPA

— **Clusiana** DC. — ♃. Europe méridionale, Orient.

— **dasystemon** Regel. — ♃. Turkestan.

— **Didieri** Jord. — ♃. Savoie et Valais.

Cette Tulipe, habitant la même région que le *T. Billietiana* Jord. et à laquelle la rapporte l'*Index kewensis*, est bien distincte par sa fleur plutôt petite, rouge, portant à la base des divisions une tache brune, largement bordée de jaune.

— **Gesneriana** L. — ♃. Russie méridionale, Orient. Var[s] hort.

— — var. TURCICA Roth.

La Tulipe désignée dans les cultures sous le nom de Tulipe de Gesner n'est probablement pas le type de la Tulipe des jardins, mais une très belle

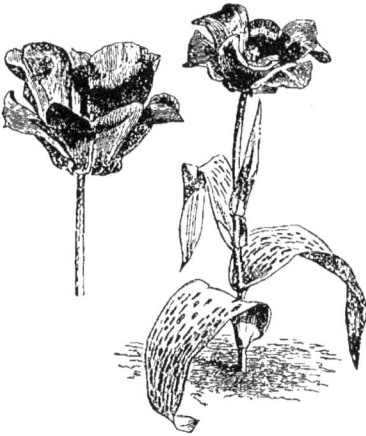

Fig. 100. — TULIPA GREIGII.

variété à grandes fleurs d'un rouge écarlate brillant, avec l'onglet des divisions violacé. Les hampes, qui peuvent atteindre jusqu'à 80 centimètres, sont très fortes, bien droites et la plante est robuste et rustique.

— **Greigi** Regel. — ♃. Turkestan.

La Tulipe de Greig, que représente la figure 100, est, sans contredit, une des plus belles espèces orientales, aussi est-elle recherchée des amateurs. Ses fleurs sont très grandes, d'un rouge écarlate orangé, et son feuillage est élégamment maculé de brun. Elle a cependant le défaut de ne pas produire de caïeux sous notre climat et de nécessiter ainsi un reapprovisionnement continuel de bulbes dans son pays d'origine.

— **iliensis** Regel. — ♃. Turkestan.

TULIPA

— **Kaufmanniana** Regel. — ♃. Turkestan.

> Cette Tulipe, peu connue, mérite d'être répandue dans les jardins à cause de la précocité exceptionnelle de sa floraison qui a lieu, en plein air, à Verrières, dans la première quinzaine de mars. Ses fleurs sont grandes, blanc carné ou jaunâtre rayé de rose à l'extérieur. La plante est rustique et robuste.

— **Kolpakowskiana** Regel. — ♃. Asie centrale.

— **macrospeila** Baker. — ♃. Origine horticole.

— **montana** Lindl. — ♃. Turquie d'Asie, Perse.

— **Oculus-solis** Saint-Am. — ♃. France méridionale, Orient.

— **Ostrowskiana** Regel. — ♃. Turkestan.

— **præcox** Tenore. — ♃. Europe méridionale, Orient.

> Cette Tulipe, proche voisine du *T. Oculus-solis*, est, avec cette dernière, au nombre de nos plus belles Tulipes indigènes. Toutes deux sont nettement caractérisées par leurs bulbes laineux à l'intérieur des tuniques et par leur nature perennante, leurs caïeux se développant généralement au sommet de rhizomes grêles, pouvant atteindre plus de 10 cent. de longueur. Les fleurs sont rouge intense, avec de grosses macules noir brillant à la base des divisions. Le *T. præcox*, considéré par certains auteurs comme une sous-espèce, peut être même un hybride du *T. Oculus-solis*, en diffère physiquement par ses fleurs à divisions inégales, plus larges, d'un rouge plus cocciné, avec la macule basilaire plus courte, etc. Malheureusement, ces deux Tulipes ne vivent, dans le Nord, que dans les parties les plus chaudes et sèches des jardins et y fleurissent peu. — (Voir *Rev. Hort.*, 1892, p. 199.)

— **præstans** Hoog. (*spec. nov.*). — ♃. Asie centrale.

— **pulchella** Fenzl. — ♃. Cilicie.

— **retroflexa** Hort. — ♃. Origine horticole.

— **Sprengeri** Baker. — ♃. Arménie.

> Cette Tulipe est la plus tardive que je connaisse, sa floraison n'ayant lieu, à Verrières, que dans la deuxième quinzaine de mai, alors que toutes les autres Tulipes sont défleuries. Ses fleurs sont moyennes, rouge écarlate uni en dedans, plus pâles en dehors, et les divisions externes portent sur le dos une crête caractéristique. La plante est rustique et robuste.

— **silvestris** L. — ♃. Europe.

— **strangulata** Reboul. — ♃. Toscane.

— **suaveolens** Roth. — ♃. Russie mérid. — Variétés hortic.

— **viridiflora** Hort. — ♃. Origine horticole.

ERYTHRONIUM

— **americanum** Ker-Gawl. — ♃. Amérique septentrionale.

— **Dens-canis** L. — ♃. Europe.

— — var. ALBUM Hort.

— **grandiflorum** Pursh. ♃. Am. sept., var. GIGANTEUM Lindl.

ERYTHRONIUM

— **Hendersoni** S. Wats. — ♃. Orégon.

— **revolutum** Sm. — ♃. Amérique septentrionale.

—   — var. WATSONI Hort.

> Notre espèce indigène, la vulgaire Dent de chien, est une fort jolie petite plante à larges feuilles fortement maculées de brun et à grandes fleurs roses, étoilées, mais penchées et s'épanouissant dès avril.
> Les *Erythronium* américains sont plus remarquables par leur feuillage également maculé, par leurs hampes plus hautes, dressées, portant généralement plusieurs grandes fleurs jaunes ou roses; mais leur culture paraît bien plus difficile sous notre climat. Il leur faut en tout cas de la terre de bruyère pure.

GAGEA

— **Liotardi** Schult. — ♃. Alpes, Pyrénées, Corse, etc.

— **lutea** Ker-Gawl. — ♃. Europe.

Fig. 101. — COLCHICUM VARIEGATUM.

LLOYDIA

— **alpina** Salisb. (*L. serotina* Sweet). — ♃ Europe.

COLCHICUM

— **autumnale** L. — ♃. Europe.

—   — var. FLORE PLENO Hort.

— *crociflorum Regel. — ♃. Orient.

> Intéressante petite espèce à fleurs blanches, légèrement veinées de pourpre et qui s'épanouissent dès février, sous châssis, un peu avant le développement des feuilles.

— **libanoticum** Ehrenb. — ♃. Syrie.

— **luteum** Baker. — ♃. Himalaya.

— **speciosum** Stev. — ♃. Caucase.

COLCHICUM

— **variegatum** L. — ♃. Crète.

Ce Colchique, un des plus répandus, est aussi un des plus jolis. Ses grandes fleurs rose tendre sont parsemées de taches plus foncées et curieusement disposées en damier. La plante est très robuste et fleurit abondamment en septembre, sans trace de feuilles; celles-ci ne se développant qu'en avril. — (Voir figure 101.)

BULBOCODIUM

— **vernum** L. — ♃. Alpes.

MERENDERA

— **Bulbocodium** Ram. — ♃. Sud-ouest de l'Europe.
— **caucasica** Bieb. — ♃. Perse, Caucase, etc.
— **sobolifera** Fisch. et Mey. — ♃. Asie Mineure.

XEROPHYLLUM

— **asphodeloides** Nutt. — ♃. Amérique septentrionale.

HELONIAS

— **bullata** L. — ♃. Amérique septentrionale.

UVULARIA

— **grandiflora** Smith. — ♃. Amérique septentrionale.

Cette plante, dont le port rappelle un peu celui des *Polygonatum*, produit des tiges rameuses, hautes de 30 à 40 centimètres qui, dès la fin d'avril, donnent d'abondantes fleurs pendantes, à longues divisions jaune vif. La plante est robuste, traçante et forme assez rapidement de larges colonies dans les parties fraiches et ombragées des rocailles.

TRICYRTIS

— **hirta** Hook. — ♃. Japon.
— — var. ALBA Hort.
— — var. GRANDIFLORA Hort.

J'ai obtenu de graines provenant du Japon la variété à fleurs blanches, qui ne parait pas connue dans les cultures d'Europe. La disparition des nombreuses macules qui couvrent les divisions des fleurs du type les rend bien plus décoratives. La plante est aussi robuste et, comme lui, elle fleurit très tardivement.

TRILLIUM

— **erectum** L. — ♃. Amérique septentrionale.
— **grandiflorum** Salisb. — ♃. Amérique septentrionale.

Ces plantes se rapprochent beaucoup du *Paris quadrifolia* par leurs caractères morphologiques. Le *T. grandiflorum* est le plus intéressant du genre par sa grande fleur blanc pur, solitaire, à trois divisions arrondies; la tige porte, à la naissance du pédoncule, un verticille de trois grandes feuilles ovales-lancéolées. Le *T. erectum* a des fleurs plus petites, purpurines et dressées.

PARIS
— **quadrifolia** L. — ♃. Europe.

VERATRUM
— **album** L. — ♃. Europe.

ZYGADENUS
— **elegans** Pursh. — ♃. Amérique septentrionale.

PONTÉDÉRIACÉES

PONTEDERIA
— **cordata** L. — ♃. Amérique septentrionale.
— CRASSIPES Mart. — Voy. *Eichhornia*.

EICHHORNIA
— *speciosa Kunth (*E. crassipes* Solms; *Pontederia crassipe* Mart.). — ♃. Amérique tropicale.
    — var. MAJOR Hort.

Cette plante aquatique et flottante, plus connue sous le nom de *Pontederia* et anciennement cultivée dans les serres, s'est répandue dans les cultures, il y a plusieurs années déjà, sous une forme *major*, plus robuste et plus vigoureuse que le type. Elle s'accommode parfaitement de la culture en plein air dans les bassins, durant l'été, elle y fleurit même fréquemment et forme, en quelques mois, de larges touffes décoratives par leur beau feuillage vernissé, et intéressantes par les gros renflements des pétioles qui remplissent le rôle de flotteurs. Les fleurs sont grandes et très belles, bleu-lilas clair, maculées de jaune et réunies en bouquets compacts, mais peu abondants. L'hivernage est très facile en serre tempérée, en plaçant quelques rosettes dans des pots bouchés et remplis d'eau, qu'on tient près du vitrage. — (Voir *Revue Horticole*, 1900, p. 199.)

COMMÉLINACÉES

COMMELINA
— *tuberosa L. — ♃. Mexique.

TRADESCANTIA
— **virginica** L. — ♃. Amér. septentrionale. — Variétés hortic.

JONCACÉES

JUNCUS
— **effusus** L. — ♃. Europe, var. SPIRALIS Hort.

Cette variété est très curieuse par ses tiges qui se contournent en tire-bouchon, parfois d'un bout à l'autre; son origine est inconnue. — (Voir *Revue Horticole*, 1901, p. 161, fig. 62.)

— **glaucus** Ehrh. — ♃. Europe, etc.
— ZEBRINUS Hort. — Voy. *Scirpus lacustris*, var.

SCIRPUS

— **lacustris** L. — ♃. Régions froides et tempérées.

— var. TABERNÆMONTANI ZEBRINUS Hort. (*Juncus zebrinus* Hort).

Ce *Scirpus*, introduit du Japon vers 1881, et cultivé jusqu'en ces der-dernières années sous le nom erroné de *Juncus*, est une plante très curieuse par la panachure de ses tiges qui, au lieu d'être longitudinale comme chez la plupart des Monocotylédones, est ici disposée en zones transversales jaunes, alternant avec des zones normalement vertes.

Cette disposition exceptionnelle se retrouve chez le *Miscanthus japonicus* var. *zebrinus*. Je l'ai aussi observée sur un jeune *Iris orientalis*, mais je ne sais pas encore si elle sera constante. (Voir *Rev. Hort.*, 1900, p. 43.)

LUZULA

— **Desvauxii** Kunth. — ♃. France.

— **glabrata** Desv. — ♃. Europe.

— **maxima** DC. — ♃. Europe.

— **nivea** DC. — ♃. Europe.

— **spicata** DC. — ♃. Europe, Sibérie, Amérique septentrionale.

TYPHACÉES

TYPHA

— **angustifolia** L. — ♃. Europe.

— **latifolia** L. — ♃. Europe.

— **stenophylla** Fisch. et Mey. — ♃. Europe.

Cette espèce, que je dois à l'obligeance de M. Daigremont, est très distincte par ses longues feuilles extrêmement étroites. Ses tiges, qui atteignent environ 1ᵐ,50, sont également grêles et portent un épi brun, compact et très court.

SPARGANIUM

— **ramosum** Curt. — ♃. Europe, Asie, Afrique boréale.

AROÏDÉES

ACORUS

— **Calamus**, L. — ♃. Hémisph. sept., var. VARIEGATUS Hort.

— **gramineus** Ait. — ♃. Japon, var. VARIEGATUS Hort.

CALLA

— ÆTHIOPICA L. — Voy. *Richardia africana*.

— **palustris** L. — ♃ Europe.

Cette Aroïdée indigène est assez intéressante par les spathes blanches qui entourent ses inflorescences. La plante est rustique, longuement rampante, à feuillage abondant, et convient à l'ornementation des lieux humides.

AMORPHOPHALLUS

— **Rivieri* Dur. — ♃. Cochinchine. — (Voir fig. 102)

RICHARDIA

— **africana* Kunth (*R. æthiopica* Spreng.; *Calla æthiopica* L.).
— ♃. Afrique australe.

Fig. 102. — AMORPHOPHALLUS RIVIERI. — Port et inflorescence.

— **albo-maculata* Hook. — ♃. Natal.
(Voir *Revue Horticole*, 1896, p. 374; 1897, p. 37.)

— **Elliottiana* Hort. — ♃. Afrique australe.

— — var. Rossi Hort.

Ce *Richardia*, introduit dans les cultures il y a une dizaine d'années à
peine, s'est vite répandu, grâce à la belle couleur jaune des spathes qui
entourent ses inflorescences, et à son feuillage élégamment maculé de blanc.
Jusqu'ici, la plante a été uniquement cultivée en serre. Les essais de
culture en plein air, que je poursuis à Verrières depuis quelques années,
m'ont montré que ce *Richardia* était susceptible d'être employé, comme
le *R. albo-maculata*, pour l'ornementation estivale des jardins. Il fleurit
au commencement de l'été et graine même en plein air. (Voir *Revue Horticole*, 1895, p. 38 ; *The Garden*, 1894, p. 466, tab. 989.)

COLOCASIA Vent. — ♃. Nouvelle-Zélande.

— **antiquorum* Schott (*Caladium esculentum* Vent.). — ♃.
Asie tropicale.

ARISÆMA

- - **amurense** Maxim. — ♃. Région de l'Amour.
- **triphyllum** Schott. — ♃ Amérique septentrionale.

Curieuses Aroïdées tuberculeuses, rustiques, à feuilles composées et à spathe verdâtre, réfléchie supérieurement, rappelant celle de certains *Arum*.

ARISARUM

- ***proboscideum** Savi (*Arum proboscideum* L.). — ♃. Italie.

Petite espèce très curieuse par ses spathes brun foncé, prolongées supérieurement en très longue pointe filiforme. La plante, qui fleurit abondamment d'avril en mai, est facile à cultiver et presque rustique.

- ***vulgare** Targ. Toz. (*Arum Arisarum* L.).— ♃. Région médit.

BIARUM

- **angustatum** N. E. Brown. — ♃. Syrie.

ARUM

- Arisarum L. — Voy. *Arisarum vulgare*.
- crinitum Ait. — Voy. *Helicodiceros crinitus*.
- Dracunculus L. — Voy. *Dracunculus vulgaris*.
- - **italicum** Mill. — ♃. Europe.
- ***pictum** L. f. (*A. corsicum* Loisel.). — ♃. Corse.
- proboscideum L. — Voy. *Arisarum proboscideum*.

DRACUNCULUS

- ***vulgaris** Schott (*Arum Dracunculus* L.). ♃. Europe mérid.

HELICODICEROS

- ***crinitus** Schott (*Arum crinitum* Ait.). —♃. Corse, Baléares.

ALISMACÉES

ALISMA

- natans L. — Voy. *Elisma natans*.
- - **Plantago** L. — ♃. Régions tempérées.

ELISMA

- **natans** Buchen. (*Alisma natans* L.).— ♃. Europe occidentale et centrale.

SAGITTARIA

- **variabilis** Engelm. (*S. japonica* Hort.). — ♃. Amér. sept.
- — var. flore pleno Hort. Japon.
- **montevidensis** Cham. et Schlecht. — ♃ Uruguay.

Grande et forte espèce dont les pétioles, très gros mais sans force, dépassent 1 mètre de hauteur et portent un limbe relativement petit et fortement hasté. Les tiges florales, également grosses, hautes et molles, portent

SAGITTARIA

plusieurs verticilles de grandes fleurs blanches, maculées de pourpre, souvent fertiles. La plante prospère parfaitement en plein air durant l'été, dans les pièces d'eau bien ensoleillées, mais ses pétioles et ses tiges florales ont le défaut de manquer de résistance et de se casser presque tous sous la poussée des vents.

BUTOMUS

— **umbellatus** L. — ♃. Europe Sibérie, Chine.

NAÏADACÉES

POTAMOGETON

— **natans** L. — ♃. Régions tempérées et subtropicales.

CYPÉRACÉES

CYPERUS

— **esculentus** L. — ♃. Régions tempérées et subtropicales.

— **longus** L. — ♃. Europe, Orient, Afrique septentrionale.

CAREX

— **baldensis** L. — ♃. Europe.

> Le *Carex baldensis* est, à cause de ses fleurs blanches, la plus intéressante des espèces alpines.

— **brevicollis** DC. — ♃. France.

— **Buchanani** Berggr. — ♃. Nouvelle-Zélande.

— **curvula** All. — ♃. Alpes, Pyrénées, etc.

— **divulsa** Good. — ♃. Régions tempérées septentrionales.

— **Grayii** Carey. — ♃. Amérique septentrionale.

> Ce *Carex* est une espèce robuste et remarquable surtout par la grosseur de ses utricules fructifères, qui forment des bouquets étoilés au sommet des tiges.

— **pseudo-nutans** Boreau. — ♃. France.

— **riparia** Curt. — ♃. Europe, var. FOLIIS VARIEGATIS Hort.

— **scaposa** C. B. Clarke. — ♃. Chine.

— **Vilmorini** S. Mottet. — ♃. Nouvelle-Zélande.

> Ce *Carex* est une des rares espèces ornementales. Ses feuilles, très fines et très longues (40 à 50 centimètres), forment une touffe légère et gracieuse. Les inflorescences constituent un trait caractéristique de l'espèce par leur extrême longueur et l'absence de nœud, depuis la base jusqu'à 80 centimètres; à partir de ce point, se montrent, très espacés, quelques épis monoïques, portant à plus de $1^m,50$ la longueur totale de la tige, qui est mince, faible et traînante ou pendante. La plante s'est répandue dans les cultures pour l'ornement des serres et des appartements, grâce à l'élégance de son feuillage. — (Voir *Revue Horticole*, 1897, p. 79, fig. 26.)

GRAMINÉES

Tribu I. — MAYDÉES

EUCHLÆNA

— *luxurians Durieu et Aschers. (*Reana luxurians* Hort.). — ♃.
Mexique.

ZEA

Mays L. — ①. Amérique. — Variétés horticoles et agricoles.

Peu cultivé dans le nord de la France, pour la production de son grain,
le Maïs est d'une grande importance pour l'alimentation dans les régions
chaudes. Il en existe un grand nombre de variétés qui diffèrent entre elles
par la taille et la précocité de la plante, par la grosseur, la forme et la
couleur du grain. C'est chez le Maïs qu'on a constaté les cas les plus évidents de xénie.

TRIPSACUM

— **dactyloides** L. — ♃. Amérique septentrionale.

COIX

— **Lacryma-Jobi** L. — ①. Asie tropicale.

Tribu II. — ANDROPOGONÉES

MISCANTHUS

— *japonicus Anders. (*Eulalia japonica* Trin.). — ♃. Japon.

— — var. VARIEGATUS Hort.

— — var. ZEBRINUS ERECTUS Hort.

Les deux variétés précédentes sont plus répandues dans les jardins que
le type, à cause de l'élégance de leur panachure. Celle de la variété *zebrinus*
se présente par zones transversales jaunes, alternant avec des bandes
normalement vertes. Cette disposition est très rare chez les végétaux.

ERIANTHUS

— *Ravennæ Beauv. — ♃. Région méditerranéenne.

ANDROPOGON

— GRYLLUS L. — Voy. *Chrysopogon Gryllus*.

— HALEPENSIS Brot. — Voy. *Sorghum halepense*.

— **Ischæmum** L. — ♃. Europe, Asie.

— **provincialis** Lamk. — ♃. Amérique septentrionale.

CHRYSOPOGON

— **Gryllus** Trin. (*Andropogon Gryllus* L.). — ♃. Régions tempérées et subtropicales de l'Ancien monde.

SORGHUM

— *halepense Pers. (*Andropogon halepensis* Brot.). — ♃. Régions tempérées et subtropicales.

— *saccharatum Mœnch. — ①. Régions tropicales.

— vulgare L. — ①. Régions tropicales.

Fig. 103. — PANICUM TENERIFFÆ.

Tribu IV. — TRISTÉGINÉES

PHÆNOSPERMA

— globosa Munro. — ♃. Chine.

Les panicules de cette Graminée, reçue de Chine par M. M. de Vilmorin et peu répandue dans les cultures, sont très rameuses, légères et élégantes.

Tribu V. — PANICÉES

PASPALUM

— *dilatatum Poir. — ♃. Brésil.

— *stoloniferum E. Desv. — ♃. Chili.

— *virgatum L. — ♃. Amérique australe.

> Ces Graminées, maintes fois recommandées et essayées comme plantes fourragères, n'offrent d'intérêt que pour les régions chaudes. Sous notre climat, elles poussent tardivement, ne parviennent pas à mûrir leurs graines et périssent durant l'hiver.

PANICUM

— *altissimum Brouss. non Meyer (*P. maximum* Jacq.). — ♃. Mexique.

— capillare L. (*Eragrostis elegans* Hort. non Nees). — ①. Amérique australe.

— GERMANICUM Mill. — Voy. *Setaria italica*, var.

— ITALICUM L. — Voy. *Setaria italica*.

— miliaceum L. — ①. Régions tropicales. — Variétés hort.

— *plicatum Lamk. — ♃. Ile de la Réunion.

— *spectabile Nees. — ♃. Afrique tropicale.

— sulcatum Aubl. — Voy. *Setaria sulcata*.

— *Teneriffæ R. Br. (*Tricholæna rosea* Nees; *T. tonsa* Nees). — ♃. Canaries. — (Voir fig. 103.)

— virgatum L. — ♃. Amérique septentrionale.

> Les espèces précitées ne représentent qu'une faible partie du genre, lequel comprend une quantité considérable d'espèces, cultivées à des titres très divers. Les unes sont employées comme céréales, d'autres comme fourrage, d'autres enfin sont uniquement ornementales. C'est le cas du *P. virgatum*, qui est vivace et dont les panicules très rameuses et légères entrent dans la confection des bouquets, de même que celles du *P. capillare*, qui est annuel et plus connu sous le nom, inexact toutefois, d'*Eragrostis elegans*. Quant au *P. miliaceum*, dont il existe de nombreuses variétés, son grain est surtout employé pour la nourriture des oiseaux de volière, et la plante est parfois cultivée comme fourrage vert.

SETARIA

— italica Beauv. (*Panicum italicum* L.). — ①. Régions trop. et subtropicales.

— — var. GERMANICA Beauv. (*Panicum germanicum* Mill.).

> Le Panis d'Italie ou Millet à grappe est surtout cultivé pour la nourriture des petits oiseaux, auxquels on donne ses longs épis non égrenés. La variété *germanica*, connue sous le nom de *Moha*, est moins haute, à tiges plus fines, plus feuillues et à épis beaucoup plus petits. On l'emploie, à cause de sa résistance à la sécheresse et de sa grande rapidité de développement, comme fourrage d'été.

— *sulcata Raddi (*Panicum sulcatum* Aubl.). — ♃. Mexique.

PENNISETUM

— **japonicum** Trin. — ♃. Chine.

— *latifolium Spreng. (*Gymnothrix latifolia* Schult.). — ♃. République Argentine.

— **longistylum** Hochst. — ♃. Abyssinie.

— *Ruppellii Steud. — ②. ♃. Abyssinie.

> Ces deux dernières espèces de *Pennisetum* sont des plantes ornementales. Les épis, très velus, longs et violacés chez la dernière, courts et vert tendre chez la première, sont employés pour la confection des bouquets frais ou secs. — (Voir *Revue Hort.* 1895, p. 358; 1897, p. 54, fig. 18-19.)

— *typhoideum Rich. (*Penicillaria spicata* Willd.). — ①. Régions tropicales.

> Connue sous les noms familiers de Sorgho à épi et Millet à chandelle, cette espèce est une grande plante dépassant 2 mètres, dont les tiges se terminent par un long épi cylindrique et raide. Les grains sont employés aux mêmes usages que ceux du Sorgho, mais ils n'ont quelque utilité que dans les régions chaudes.

Tribu VI. — ORYZÉES

ZIZANIA

— **aquatica** L. — ♃. Amérique septentrionale.

— **latifolia** Turcz. (*Hydropyrum latifolium* Griseb.). — ♃. Sibérie et Japon.

> Les essais d'acclimatation du *Z. aquatica*, recommandé pour ses graines alimentaires, n'ont donné aucun résultat appréciable. Quant au *Z. latifolia*, c'est une grande et forte plante vivace, dépassant 2 mètres, dont je n'ai pas encore vu les fleurs. Son port élancé et son beau feuillage lui donnent quelque mérite pour l'ornement des grandes pièces d'eau. Les turions de cette Graminée sont comestibles. La plante est cultivée en Chine et au Japon pour leur production. — (Voir *Le Potager d'un curieux*, par Pailleux et Bois, 3ᵉ éd., pp. 101-107.)

ORYZA

— **sativa** L. — ①. Asie tropic. et subtrop. — Variétés agric.

> Le Riz, dont l'importance au point de vue alimentaire l'emporte sur toutes les autres céréales, n'est cultivable que dans les terres inondables de certaines régions du sud de l'Europe, l'Espagne et l'Italie notamment. Les Riz secs, susceptibles de se passer de submersion, ne prospèrent que dans les pays chauds où les pluies sont très abondantes durant sa végétation. Sous notre climat, le Riz ne peut être cultivé qu'en serre, en pots inondés, et à titre de curiosité.

LEERSIA

oryzoides Sw. — ♃. Régions tempérées.

LYGEUM

— * **Spartum** L. — ♃. Europe méridionale et Afrique sept.

> Cette plante, dont les feuilles cylindriques et très résistantes constituent le vrai « Sparte » du commerce, n'est pas cultivable pratiquement sous notre climat. Elle y périt autant d'humidité que de froid.

Tribu VII. — PHALARIDÉES

PHALARIS

— **arundinacea** L. — ♃. Régions tempérées septentrionales.

—   — var. VARIEGATA Hort.

> La variété panachée, connue sous divers noms familiers, est très répandue dans les jardins, à cause de son tempérament robuste et de son feuillage très décoratif.

— **canariensis** L. — ①. Europe méridionale.

> Très connue sous le nom d'Alpiste, cette plante est surtout cultivée pour son grain servant à la nourriture des oiseaux de volière.

— **tuberosa** L. (*P. nodosa* Murr.). — ♃. Région méditer.

ANTHOXANTHUM

— **amarum** Brot. — ♃. Portugal.

— **odoratum** L. — ♃. Europe, Asie septentrionale.

— **Puelii** Lecoq et Lamotte. — ①. Europe.

HIEROCHLOE

— **borealis** Rœm. et Schult. — ♃. Régions septentrionales.

Tribu VIII. — AGROSTIDÉES

STIPA

— **gigantea** Lag. — ♃. Espagne.

— **pennata** L. — ♃. Europe.

> Cette petite Graminée est industriellement cultivée pour les très longues arêtes plumeuses qui surmontent ses graines et qui, avec ou sans l'adjuvant de teintures diverses, sont utilisées pour l'ornement permanent des appartements. La plante s'accommode bien de notre climat et forme des touffes de longue durée.

— ***tenacissima** L. — ♃. Afrique septentrionale.

> Cette plante, plus spécialement désignée sous le nom d'« Alfa », est souvent confondue avec le Sparte (*Lygeum Spartum*). Les feuilles de ces deux espèces servent à la fabrication d'articles de vannerie, des chaussures légères, des cordes, etc., et surtout du papier. La plante, très répandue en Algérie et en Espagne, ne peut prospérer sous nos climats, trop froids et trop humides durant l'hiver.

LASIAGROSTIS

— **Calamagrostis** Link. — ♃. Europe australe.

ORYZOPSIS

— **paradoxa** Nutt. (*Piptatherum paradoxum* Beauv.). — ♃. Europe, Caucase.

MILIUM
— **effusum** L. — ♃. Régions septentrionales.

MUEHLENBERGIA
— **mexicana** Trin. — ♃. Amérique septentrionale.
— **silvatica** Torr. et Gray. — ♃. Amérique septentrionale.

PHLEUM
— **pratense** L. — ♃. Régions septentrionales.

ALOPECURUS
— **arundinaceus** Poir. (*A. nigricans* Hornem.). ♃. — Europe, Amérique septentrionale, Orient.
— **geniculatus** L. — ♃. Hémisphère septentrional.
— **lasiostachys** Link. — ♃. Espagne.
— **pratensis** L. — ♃. Hémisphère septentrional.

SPOROBOLUS
— **tenacissimus** Beauv. — ♃. Amérique australe.

POLYPOGON
— **monspeliensis** Desf. — ①. Régions temp. et subtropic.

AGROSTIS
— ALGERIENSIS Hort. — Voy. *Aira provincialis.*
— **alpina** Scop. — ♃. Europe.
— **canina** L. — ♃. Europe et Asie.
— **dispar** Michx. — ♃. Caroline.
— **nebulosa** Boiss. et Reut. — ①. Espagne.
— **olivetorum** Gren. et Godr. — ♃. Europe méridionale.
— PULCHELLA Willd. — Voy. *Aira pulchella.*
— **rupestris** All. — ♃. Europe.
— **stolonifera** L. — ⚥. Hémisphère septentrional.
— **vulgaris** With. — ♃. Hémisphère septentrional.

CALAMAGROSTIS
— **epigeios** Roth. — ♃. Europe, Asie tempérée.
— **neglecta** Gærtn. (*Deyeuxia neglecta* Kunth). — ♃. Régions tempérées septentrionales.
— — var. NOBUSTA Phil.
— **phragmitoides** Hartm. — ♃. Régions septentrionales.
— **varia** Beauv. — ♃. Europe et Asie.

21

AMMOPHILA

— **arundinacea** Host (*Psamma arenaria* Rœm. et Schult.).
— ♃. Europe et Amérique septentrionale.

Cette Graminée, très traçante, est employée pour fixer les sables des dunes et retenir les terres des talus et des digues. Elle ne prospère bien que dans les régions maritimes.

— **baltica** Link. — ♃. Europe septentrionale.

LAGURUS

— **ovatus** L. — ①. Europe méridionale.

Tribu IX. — AVÉNÉES

HOLCUS

— **lanatus** L. — ♃. Hémisphère septentrional.
— **mollis** L. — ♃. Hémisphère septentrional.

AIRA

— **provincialis** Jord. (*Agrostis algeriensis* Hort.). ①. Provence.
— **pulchella** Willd. (*Agrostis pulchella* Hort.). — ①. Europe.

DESCHAMPSIA

— **cæspitosa** Beauv. — ♃. Régions tempérées.
— **flexuosa** Trin. — ♃. Régions tempérées.
— **juncea** Beauv. (*D. media* Rœm. et Schult.). — ♃. Europe, Amérique septentrionale.

TRISETUM

— **distichophyllum** Beauv. (*Avena distichophylla* Vill.). — ♃. Europe australe.
— **flavescens** Beauv. — ♃. Europe.

AVENA

— DISTICHOPHYLLA Host. — Voy. *Trisetum distichophyllum*.
— **brevis** Roth. — ①. Europe.
— ELATIOR L. — Voy. *Arrhenatherum avenaceum*.
— **oligostachya** Munro. — ♃. Afganistan.
— **planiculmis** Schrad. — ♃. Sibérie.
— **pratensis** L. — ♃. Europe et Asie septentrionale.
— **pubescens** Huds. — ♃. Europe et Asie septentrionale.
— **sativa** L. — ①. Origine inconnue. Cultivé. — Variétés agr.
—   — *subspec.* A. NUDA L. (Avoine nue). — Europe australe ?
           — Variétés agricoles.
—   — *subspec.* A. ORIENTALIS Schreb. (Avoine à grappe). — Europe australe ? — Variétés agricoles.

L'Avoine est une des céréales les plus cultivées dans les pays tempérés. La couleur du grain varie du blanc au noir, en passant par le jaune et le brun. Ce grain reste le plus souvent vêtu de ses glumelles, mais chez

AVENA

quelques variétés celles-ci se détachent au battage et le grain devient nu. C'est sur cette simple différence que les botanistes ont établi l'*A. nuda*. Je ne sais s'il faut admettre d'une façon absolue les distinctions spécifiques entre les Avoines à panicule étalée (*A. sativa*) et celles à panicule dressée (*A. orientalis*). En tout cas, s'il y a là deux espèces, elles s'entrefécondent avec la plus grande facilité et passent même de l'une à l'autre sans l'intervention d'aucune hybridation artificielle.

— **sempervirens** Vill. — ♃. Europe, Asie septentrionale.

— **sterilis** L. — ①. Région méditerranéenne, Orient.

Cette Avoine n'est ni utile ni ornementale, mais elle est curieuse par les propriétés hygrométriques de ses graines; les arêtes longues, coudées et spiralées à la base, se détordent sous l'influence de l'humidité en imprimant aux graines des mouvements saccadés, qui ont valu à la plante le nom d' « Avoine animée ».

— **striata** Michx. — ♃. Amérique septentrionale.

— **strigosa** Schreb. — ①. Région Caspienne.

ARRHENATHERUM

— **avenaceum** Beauv. (*A. elatius* Beauv.; *Avena elatior* L.). — ♃. Europe, Orient.

— — var. BULBOSUM Presl (*A. precatoria* Beauv.).

DANTHONIA

— DECUMBENS DC. — Voy. *Triodia decumbens*.

— **intermedia** G. Vasey. — ♃. Amérique septentrionale.

TRIODIA

— **decumbens** Beauv. (*Danthonia decumbens* DC.). ♃. Europe.

Tribu X. — CHLORIDÉES

CYNODON

— **Dactylon** Pers. — ♃. Répandu partout.

SPARTINA

— **polystachya** Willd. (*S. cynosuroides* Roth). ♃. Amér. sept.

BOUTELOUA

— *racemosa Lag. — ♃. Mexique.

BECKMANNIA

— **erucæformis** Host. — ♃. Hémisphère septentrional.

ELEUSINE

— **coracana** Gærtn. — ①. Régions tropicales et subtropicales.

Les graines de cette Graminée sont utilisées en Abyssinie pour la nourriture de l'homme. La plante n'offre d'autre ntérêt pour nous que son fourrage abondant et à développement rapide. Elle a été recommandée pour cet usage dans le Midi.

— **Tocussa** Fresen. — ①. Abyssinie.

BUCHLOE

— **dactyloides** Engelm. — ② ♃ . Texas.

Tribu XI. — FESTUCÉES

SESLERIA

— **argentea** Savi (*S. elongata* Host.).— ♃ . Europe méridionale.
— **cærulea** Arduin. — ♃ . Europe.
— **tenuifolia** Schrad. — ♃ . Europe méridionale.

GYNERIUM

— *argenteum** Nees (*Cortaderia argentea* Stapf). — ♃ . Brésil.
— Variétés horticoles.

> L' « Herbe des Pampas », depuis longtemps répandue dans les jardins, est sans contredit la plus majestueuse des Graminées exotiques cultivables sous notre climat. Son feuillage abondant et longuement arqué forme des touffes volumineuses que surmontent, à l'automne, de grandes panicules soyeuses, familièrement nommées « plumets ». Il existe plusieurs variétés à inflorescences purpurines, mais elles paraissent plus tardives, moins florifères et ne valent pas le type au point de vue décoratif. Il existe aussi une variété à feuillage élégamment marginé de jaune.

AMPELODESMOS

— *tenax** Link. — ♃ . Région méditerranéenne.

> Cette Graminée, dont je possède une touffe dans la collection, n'est pas cultivable en pleine terre sous notre climat. En Algérie, où elle abonde à l'état spontané, on l'utilise comme textile et pour faire de la pâte à papier. Les racines sont employées, comme celles du Chiendent, pour faire des brosses. Elle est connue des Arabes sous le nom de « Diss ».

PHRAGMITES

— **communis** Trin. (*Arundo Phragmites* L.). — ♃ . Répandu
partout.

MOLINIA

— **cærulea** Mœnch. — ♃ . Europe, Sibérie.

EATONIA

— **pensylvanica** A. Gray. — ♃ . Amérique septentrionale.

KŒLERIA

— **cristata** Pers. — ♃ . Régions tempérées.
— **phleoides** Pers. — ① . Région méditerranéenne.
— **setacea** DC. (*K. valesiaca* Gaud.). — ♃ . Région méditerran.

CATABROSA

— **aquatica** Beauv. — ♃ . Régions tempérées septentrionales.

MELICA

— **altissima** L. — ♃ . Europe méridionale orientale.
— **ciliata** L. — ♃ . Régions tempérées septentrionales.
— — var. MAGNOLII Gren. et Godr.

MELICA
- **nutans** L. — ♃. Europe, Sibérie.
- **penicillaris** Boiss. et Bal. — ♃. Syrie.
- **uniflora** Retz. — ♃. Europe.

DIARRHENA
- **americana** Beauv. — ♃. Amérique septentrionale.

UNIOLA
- **latifolia** Michx. — ♃. Amérique septentrionale.

BRIZA
- **maxima** L. — ①. Région méditer., Afrique australe, etc.
- **media** L. — ♃. Europe, Orient, Asie septentrionale.
- **minor** L. (*B. gracilis* Hort.). — ①. Eur., Orient, Asie sept.

DACTYLIS
- **Aschersoniana** Græbn. — ♃. Allemagne septentrionale.
- **glomerata** L. — ♃. Régions septent. — Variétés diverses.
- **hispanica** Roth. — ♃. Europe méridionale.

CYNOSURUS
- **cristatus** L. — ♃. Europe.

LAMARCKIA
- **aurea** Mœnch. — ①. Région méditerranéenne.

POA
- **abyssinica** Jacq. (*Eragrostis abyssinica* Link). ①. Abyssinie.

  Plus connu sous le nom d'*Eragrostis*, le « Teff », des Abyssins, dont les graines, extrêmement fines et farineuses, sont employées dans son pays d'origine pour l'alimentation de l'homme, a été recommandé comme plante fourragère pour le Midi, à cause de sa végétation très rapide.

- **compressa** L. — ♃. Régions temp. sept. — Variétés diverses.
- **hybrida** Gaud. — ♃. Europe centrale.
- **lanigera** Nees. — ♃. Brésil.
- **nemoralis** L. — ♃. Régions tempérées septentrionales.
- — var. GLAUCA Hort.
- — var. SEMPERVIRENS Hort.
- **obtusa** Muehl. — ♃. Amérique septentrionale.
- **pratensis** L. — ♃. Régions tempérées. — Variétés diverses.
- **serotina** Ehrh. (*P. fertilis* Host; *P. palustris* Mart.). — ♃. Régions septentrionales.
- **sudetica** Hænke (*P. Chaixi* Vill.). — ♃. Europe.
- **trivialis** L. — ♃. Régions temp. sept. — Variétés diverses.

GLYCERIA

— **aquatica** Wahl. (*G. spectabilis* Mert. et Koch). ♃. Rég. sept.
— **fluitans** R. Br. — ♃. Europe.
— **nervata** Trin. (*G. Michauxii* Kunth). — ♃. Amérique sept.

> Cette Graminée est naturalisée sur quelques points de la France, notamment aux environs de Paris, dans le bois de Meudon, localité bien connue des botanistes.

FESTUCA

— **arundinacea** Vill. — ♃. Europe.
— **drymeia** Mert. et Koch. — ♃. Espagne.
— **dumetorum** Mut. — ♃. Europe.
— **elatior** L. — ♃. Europe, Asie.
— — var. PRATENSIS Huds.
— **Eskia** Ram. — ♃. Bithynie.

> Cette Fétuque, que nous avons reçue sous le nom erroné de *F. punctoria*, est une plante sans intérêt fourrager, mais curieuse par ses feuilles très épaisses, courtes, raides, très glauques et terminées en pointe acérée. On pourrait l'employer pour faire des bordures en terrain très sec. Elle fleurit peu.

— **Fenas** Lag. (*F. interrupta* Gr. et Godr., non Desf.). — ♃. Europe méridionale, Algérie.
— **gigantea** Vill. — ♃. Europe.
— **heterophylla** Lamk. — ♃. Europe, Caucase, Sibérie.
— **indigesta** Boiss. — ♃. Pyrénées, Espagne.
— **lamprophylla** Trab. — ♃. Algérie.
— **loliacea** Huds. (*Fest. elatior* × *Lolium perenne*). ♃. Europe.
— **marginata** Auct.? (*F. vaginata* Waldst. et Kit.?). — France.
— **ovina** L. — ♃. Europe.
— — var. GLAUCA Koch. — Europe.
— — var. PSEUDO-OVINA Hack.
— — var. SULCATA Hack.
— — var. TENUIFOLIA Sibth.
— — var. VIVIPARA Smith.
— **rubra** L. — ♃. Régions sept. et arct. — Variétés diverses.
— **spadicea** L. — ♃. Europe méridionale.
— **scoparia** Kern. (*F. Crinum Ursi* Hort., non Ram.). — ♃. Pyrénées, etc.

> Cette Fétuque s'est répandue dans les cultures d'ornement sous le nom de « F. Crin d'ours », à cause de son feuillage très touffu, court, raide et d'un beau vert. On l'emploie pour faire des bordures dans les endroits secs. Elle est très résistante, de longue durée et se propage aussi facilement par l'éclatage que par le semis.

BROMUS
- **asper** L. — ♃. Europe.
- **brizæformis** Fisch. et Mey. — ①. Caucase.
- **canadensis** Michx. — ♃. Canada.
- **ciliatus** L. — ♃. Amérique septentrionale.
- **erectus** Huds. (*B. pratensis* Lamk). — ♃. Europe.
- **inermis** Leyss. — ♃. Europe.
- **macrostachys** Desf., var. DANTHONIÆ Trin. ①. Rég. médit.
- **mollis** L. — ②. Europe.
- PINNATUS L. — Voy. *Brachypodium pinnatum.*
- **pumpellianus** Scrib. — ♃. Amérique septentrionale.
- **secalinus** L. — ①. Europe, Asie.
- **segetum** Kunth. — ♃. Amérique australe.
- SILVATICUS Pollich. — Voy. *Brachypodium silvaticum.*
- **unioloides** H. B. K. (*B. Schraderi* Kunth). ♃. Amér. austr.

BRACHYPODIUM
- **pinnatum** Beauv. (*Bromus pinnatus* L.). ♃. Eur., Sibérie.
- — — var. PHŒNICOIDES Rœm. et Schult.
- **silvaticum** Beauv. (*Bromus silvaticus* Poll.). ♃. Eur. orient.

> Cette tribu renferme, dans les genres *Dactylis*, *Cynosurus* et surtout *Bromus*, *Festuca* et *Poa*, les Graminées fourragères les plus importantes sous notre climat. La plupart des espèces indigènes de ces genres constituent le fond des prairies et pâturages permanents.

Tribu XII. — HORDÉES

LOLIUM
- **festucaceum** Link (*Lolium perenne* × *Festuca elatior*). — ♃. Origine inconnue.
- **italicum** R. Br. — ①. Europe.
- **perenne** L. — ♃. Europe. — Variétés diverses.

AGROPYRUM
- **caninum** Beauv. — ♃. Europe et Asie septentrionale.
- **cristatum** Gærtn. — ①. Russie, Sibérie, etc.
- **glaucum** Rœm. et Schult. — ♃. Europe.
- **tenerum** Vasey. — ♃. Amérique septentrionale.
- **villosum** Link (*Triticum villosum* Beauv.). — ①. Europe.
- **violaceum** Vasey (*Triticum violaceum* Hornem.). — ♃. Amérique septentrionale.

ECALE

— **cereale** L. — ④. Orient. — Variétés agricoles.

Céréale par excellence des pays peu favorisés au point de vue du sol et du climat, le Seigle est cultivé depuis la plus haute antiquité. Et cependant, il n'a jamais donné de variations comparables à celles que nous constatons chez le Blé, l'Orge, l'Avoine, etc. A peine les variétés usuelles se distinguent-elles par quelques différences légères dans les dimensions, dans la précocité ou le rendement. D'autre part, les Seigles se fécondent spontanément entre eux lorsqu'ils sont plantés à proximité les uns des autres ; l'étude des caractéristiques des races locales est rendue de ce fait très difficile.

— **montanum** Guss. — ♃. Sicile.

TRITICUM

— **bœoticum** Boiss. — ④. Orient.

— **monococcum** L. — ④. (Engrain). Europe.

— — var. DICOCCUM Schrank.

— VILLOSUM Beauv. — Voy. *Agropyrum villosum.*

— VIOLACEUM Hornem. — Voy. *Agropyrum violaceum.*

— **vulgare** Vill. (*T. sativum* L.). ④. Cultivé. — Variétés agric.

— — *subspec.* T. AMYLEUM Ser. — (Amidonnier). Var⁵ agric.

— — *subspec.* T. DURUM Desf. — (Blé dur). Variétés agric.

— — *subspec.* T. POLONICUM L. — (Blé de Pologne). Var⁵ agr.

— — *subspec.* T. SPELTA L. — (Epeautre). Variétés agric.

— — *subspec.* T. TURGIDUM L. — (Poulard). Variétés agric.

La question de l'origine des Blés cultivés a été tranchée par mon père dans le sens de l'unité d'espèce, d'une façon expérimentale qui me semble absolument péremptoire. Les membres de la Société botanique de France trouveront dans le *Bulletin* plusieurs Notes relatives à ce sujet. Contrairement à ce que soutenaient ses amis, le professeur Erickson et le Dᵉ Körnicke, mon père prétendait que toutes les variétés cultivées, sauf toutefois les Engrains, provenaient d'une seule et même espèce originelle ; c'était sans doute l'Épeautre. Pour le prouver, il a effectué de nombreux croisements entre des Blés appartenant à des sections différentes. Par exemple, il a trouvé un *T. durum* dans la descendance d'un *T. sativum* hybridé par un *T. turgidum*, et des *T. Spelta* comme résultat du croisement entre des Blés appartenant à des sections tout à fait différentes. — (Voir *Bulletin de la Société botanique de France*, 1880, tome XXVII, p. 13, 357, tab. 6, 7 ; 1883, tome XXX, p. 58, tab. 1 ; 1888, tome XXXV, tab. 1, 2.)

Quoiqu'il en soit, à l'heure actuelle, les variétés de Blés cultivées dans les différents pays sur une plus ou moins grande échelle se chiffrent par centaines. Une faible quantité d'entre-elles ont quelque intérêt au point de vue pratique. On en trouvera l'énumération dans le *Catalogue méthodique et synonymique des Froments*, par Henry L. de Vilmorin, 2ᵉ édition, Paris, 1895. Cet ouvrage est le résumé des comparaisons faites à Verrières depuis trente ans. A l'heure actuelle, je cultive et étudie encore plus de 800 variétés de Froments.

HORDEUM

— **bulbosum** L. — ♃. Région méditerranéenne.
— **jubatum** L. — ①. Amérique septentrionale.
— **secalinum** Schreb. — ♃. Europe, Asie, Amérique, etc.

Fig. 104. — ASPERELLA HYSTRIX.

— **vulgare** L. — ①. Cultivé. — Variétés agricoles.
— — *subspec.* H. DISTICHON L. — (Orge à deux rangs). Variétés agricoles.
— — *subspec.* H. HEXASTICHON L. — (Orge à six rangs). Variétés agricoles.
— — *subspec.* H. NUDUM Arduini. — (Orge nue). Variétés agricoles.
— — *subspec.* H. TRIFURCATUM Jacq. — (Orge trifurquée). Variétés agricoles.
— — *subspec.* H. ZEOCRITON L. — (Orge éventail). Variétés agricoles.

A la différence de l'opinion que j'ai émise relativement aux soi-disant espèces de *Triticum* et d'*Avena*, je suis persuadé que l'*H. distichon* et l'*H. hexastichon* tout au moins, constituent deux espèces distinctes, quoique voisines. Les croisements entre ces deux espèces sont parfaitement féconds,

HORDEUM

mais je n'ai jamais constaté aucun passage spontané de l'une à l'autre. L'*H. trifurcatum* et sa variété *cornutum*, par contre, ne sont évidemment que des monstruosités fixées de l'Orge à six rangs (*H. hexastichon*), de même que l'*H. Zeocriton* n'est qu'une forme à épi court et barbes écartées en éventail de l'Orge à deux rangs (*H. vulgare*).

ELYMUS

— **arenarius** L. — ♃. Europe.
— **canadensis** L. — ♃. Amérique septentrionale.
— **condensatus** Presl (*E. triticoides* Buckl.). ♃. Amér. sept.
— **dasystachys** Trin. — ♃. Sibérie.
— **europæus** L. — ♃. Europe, Caucase.
— **sabulosus** Bieb. — ♃. Russie méridionale, Caucase.
— **sibiricus** L. — ♃. Sibérie.

Des espèces ici mentionnées, l'Elyme des sables est la plus intéressante au point de vue décoratif, par la glaucescence très accentuée de son large feuillage. C'est aussi l'espèce la plus précieuse pour fixer les sables mouvants.

ASPERELLA

— **Hystrix** Cav. — ♃. Amérique septentrionale. — (Voir fig. 104.)

ACOTYLÉDONES

FOUGÈRES

ONOCLEA

— **germanica** Willd. (*Struthiopteris germanica* Willd.). — ♃. Europe et Amérique septentrionale.

Fougère très rustique et vigoureuse, drageonnant même. Ses grandes et belles frondes, atteignant parfois 1 mètre, sont disposées en forme de vase au sommet du stipe; les frondes fertiles sont plus courtes et à divisions plus étroites.

— **sensibilis** L. — ♃. Amérique septentrionale.

WOODSIA

— **hyperborea** R. Br. — ♃. Régions arctiques.
— **ilvensis** R. Br. — ♃. Régions alpines.
— ***polystichoides** Eaton. — ♃. Japon, var. VEITCHII Hort.
— **scopulina** Eaton. — ♃. Amérique septentrionale.

CYSTOPTERIS
— **alpina** Desv. — ♃. Europe.
— **americana** Hort.— ♃. Amérique?
— **bulbifera** Bernh. — ♃. Amérique septentrionale.
— **fragilis** Bernh. — ♃. Régions tempérées et Australie.
— **montana** Link. — ♃. Europe.

ADIANTUM
— *Capillus-Veneris** L. ♃. Europe, Asie, Afrique, Amérique.
— *pedatum** L.— ♃. Amérique septentrionale.

HYPOLEPIS
— *Millefolia** Hook. — ♃. Nouvelle-Zélande.

CRYPTOGRAMME
— **crispa** R. Br. (*Allosorus crispus* Bernh.). ♃. Rég. sept. temp.
C'est une jolie Fougère naine, touffue, à frondes dimorphes, dont les fertiles ont des pinnules plus étroites que les stériles. Sa culture est facile, elle prospère à Verrières dans les murs ombragés du rocher.

PTERIS
— **aquilina** L. — ♃. Régions tempérées et subtropicales.

LOMARIA
— **alpina** Spreng. — ♃. Régions australes tempérées.
— **Spicant** Desv. (*Blechnum Spicant* Roth). — ♃. Régions septentrionales tempérées.
Jolie Fougère indigène, formant d'assez fortes touffes de feuilles stériles étalées et profondément dentées, au-dessus desquelles s'élèvent, très droites, les frondes fertiles à divisions beaucoup plus étroites, comme pectinées.

ASPLENIUM
— **Adiantum-nigrum** L.— ♃. Rég. temp. sept. et méridion.
— **Ceterach** L. (*Ceterach officinarum* Willd.).— ♃. Europe et Asie tempérée.
— — var. RHODOPEANUM Auct.? — Balkans.
J'ai reçu tout récemment, du prince Ferdinand de Bulgarie, cette dernière variété de Fougère, sans doute nouvellement découverte et décrite et sur laquelle je ne possède aucun renseignement. Elle semble être une forme plus grande et plus vigoureuse que notre espèce indigène.
— **Filix-fœmina** Bernh. (*Athyrium Filix-fœmina* Roth). — ♃. Régions tempérées. — Variétés horticoles.
— **germanicum** Weiss. — ♃. Europe.
— *macrocarpum** Blume. — ♃. Asie subtropicale.
— — var. GORINGIANUM PICTUM Hort.
Cette Fougère, aussi jolie par les découpures de ses grandes frondes que par leur teinte rougeâtre et les jolies panachures argentées qu'elles portent, est malheureusement peu vigoureuse et insuffisamment rustique.

ASPLENIUM

— ***Petrarchæ** DC. (*A. glandulosum* Lois.; *A. Trichomanes*, var. β. Gren. et Godr.). — ♃. France méridionale.

Je dois la possession de cette rare espèce au prince Ferdinand de Bulgarie. La plante est localisée sur quelques points du midi de la France, notamment à la Fontaine de Vaucluse et dans les Alpes maritimes. Elle se différencie si nettement du type, par ses frondes à rachis vert, bien plus court, par ses segments plus larges, plus rapprochés et fortement velus-glanduleux, qu'il semble bien qu'il y ait là une espèce distincte plutôt qu'une simple variété.

— **Ruta-muraria** L. — ♃. Régions septentrionales tempérées.

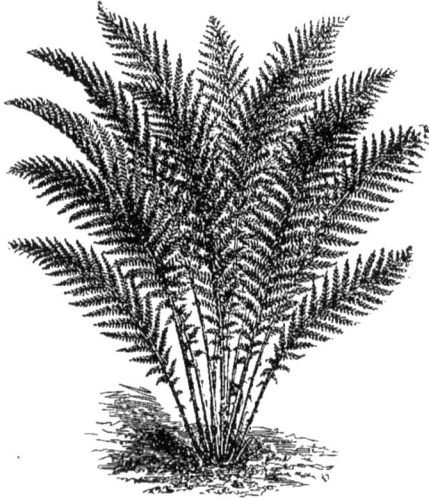

Fig. 105. — ASPIDIUM ACULEATUM.

— **septentrionale** L. — ♃. Régions septentrionales tempér.
— **Trichomanes** L. — ♃. Régions tempérées.
— **viride** Huds. — ♃. Régions septentrionales tempérées.

SCOLOPENDRIUM

— **vulgare** Symons (*S. officinale* Smith). ♃. Rég. sept. temp.
— — var. CRISPUM Gray.
— — var. UNDULATUM Moore.

ASPIDIUM

— **aculeatum** Swartz. — ♃. Régions tempérées. — (Voir fig. 105.)
—   — var. ANGULARE Willd.
—   — var. HIRSUTUM Hort.
—   — var. SWARTZIANUM Koch.

> C'est une de nos grandes et belles espèces indigènes. Sa culture est facile. Comme beaucoup de ses congénères, cette plan'e est précieuse pour l'ornement des rocailles et autres endroits ombragés et frais.

— *aristatum Swartz (*Polystichum aristatum* Swartz). — ♃. Asie subtropicale.
—   — var. VARIEGATUM Hort.
— ATRATUM Wall. — Voy. *Nephrodium hirtipes.*
— FILIX-MAS Rich. — Voy. *Nephrodium Filix-mas.*
— **falcatum** Swartz, var. FORTUNEI Sm. (*Cyrtomium Fortunei* Smith). — ♃. Japon.
— **Lonchitis** Swartz (*Polystichum Lonchitis* Swartz). — ♃. Régions septentrionales tempérées.

NEPHRODIUM

— **Filix-mas** Desv. (*Aspidium Filix-mas* Rich.; *Polystichum Filix-mas* Roth). — ♃. Régions temp. Variétés horticoles.
— **hirtipes** Hook. (*Aspidium atratum* Wall.; *Cyrtomium atratum* Hort.). — ♃. Asie.
— **Thelypteris** Desv. (*Lastrea Thelypteris* Desv.). — ♃. Régions tempérées.

NOTHOCLÆNA

— **Marantæ** R. Br. ♃. Europe mérid., Asie Mineure, Caucase.

> C'est l'unique représentant en Europe d'un genre très largement dispersé en Amérique, en Australie, au Cap, etc. Chez nous, la plante est localisée dans la France-centrale. Elle est rustique sous le climat parisien et bien distincte par ses frondes bipinnées, grisâtres, à rachis fortement écailleux.

POLYPODIUM

— **Dryopteris** L. — ♃. Régions tempérées septentrionales.
—   — var. P. CALCAREUM Smith.
— *Lingua Swartz. — ♃. Asie et Japon.

> Cette Fougère japonaise est plus rustique qu'on ne le pense généralement; car, depuis quelques années, elle a résisté à Verrières à des froids assez rigoureux, sans même perdre ses feuilles, qui sont longues, entières, épaisses et vert-foncé.

— **Phegopteris** L. — ♃. Régions tempérées septentrionales.

POLYPODIUM
— **vulgare** L. — ♃. Régions tempérées, Cap.
— — var. ELEGANS Hort.
— — var. CAMBRICUM L.

OSMUNDA
— **cinnamomea** L. — ♃. Amérique septentrionale, etc.
— **Claytoniana** L. — ♃. Amérique septentrionale, etc.
— **regalis** L. — ♃. Régions tempérées sept. et austr.

> Des espèces précitées, notre espèce indigène est encore la plus belle. Elle forme des touffes majestueuses, atteignant parfois 1 mètre, et dont les pinnules de la partie supérieure des frondes simulent une inflorescence, ce qui lui a valu le nom de « Fougère fleurie ».

OPHIOGLOSSUM
— **vulgatum** L. — ♃. Régions tempérées septentrionales.

> La « Langue de serpent » est une de nos Fougères indigènes les plus singulières et des moins semblables à ses congénères. Elle développe, en effet, une feuille unique, large comme celle d'une Dicotylédone, et un épi effilé portant des sores bisériés. La plante est de culture assez facile.

BOTRYCHIUM
— **Lunaria** Swartz. — ♃. Régions tempérées.

MARSILÉACÉES

MARSILEA
— **quadrifoliata** L. — ♃. Europe et Asie tempérées, Amérique septentrionale.

> Cette plante, très traçante et habitant les endroits marécageux, est notable par ses feuilles composées de quatre folioles et rappelant si bien celles du Trèfle à quatre feuilles qu'on peut les confondre, au-moins d'aspect.

PILULARIA
— **globulifera** L. — ♃. Europe.

RHIZOCARPÉES

AZOLLA
— ****caroliniana** Willd. — ♃. Amérique trop. et subtropicale.

SALVINIA
— ****natans** All. — ♃. Régions subtropicales.
— — var. AURICULATA Hort.

> Les deux plantes de cette petite famille, ici mentionnées, sont des herbes entièrement flottantes, comme les *Lemna*, qu'on cultive pour l'ornement des aquariums et des petits bassins. Il faut les hiverner en serre. — (Voir *Revue Horticole*, 1901, p. 239.)

LYCOPODIACÉES

LYCOPODIUM

— **clavatum** L. — ♃. Régions septentrionales.

Ce Lycopode, qu'on rencontre sur quelques points de la région parisienne, prospère à Verrières d'une façon surprenante. Il couvre, en effet, de ses nombreux rameaux traînants, une partie d'un carré creux, où je suis obligé de le faire réduire de temps à autre. Mais, je n'ai pas jusqu'ici observé un seul des épis fructifères qui ont valu à l'espèce son nom spécifique.

— **Selago** L. — ♃. Europe.

SELAGINELLA

— **denticulata* Link (non Hort.). — ♃. Région méditerran.

J'ai rapporté de Corse, il y a plusieurs années déjà, le *S. denticulata*, que je conserve depuis à Verrières et dont quelques pieds résistent dans les parties abritées du rocher. Le *S. helvetica*, qui en est botaniquement voisin, ne paraît pas plus rustique, quoique d'origine alpine; il est, en tous cas, moins vigoureux. — (Voir *Revue Horticole*, 1894, p. 469.)

— **Douglasii** Spring. — ♃. États-Unis.

— **helvetica** Spring. ♃. Europe et Sibérie.

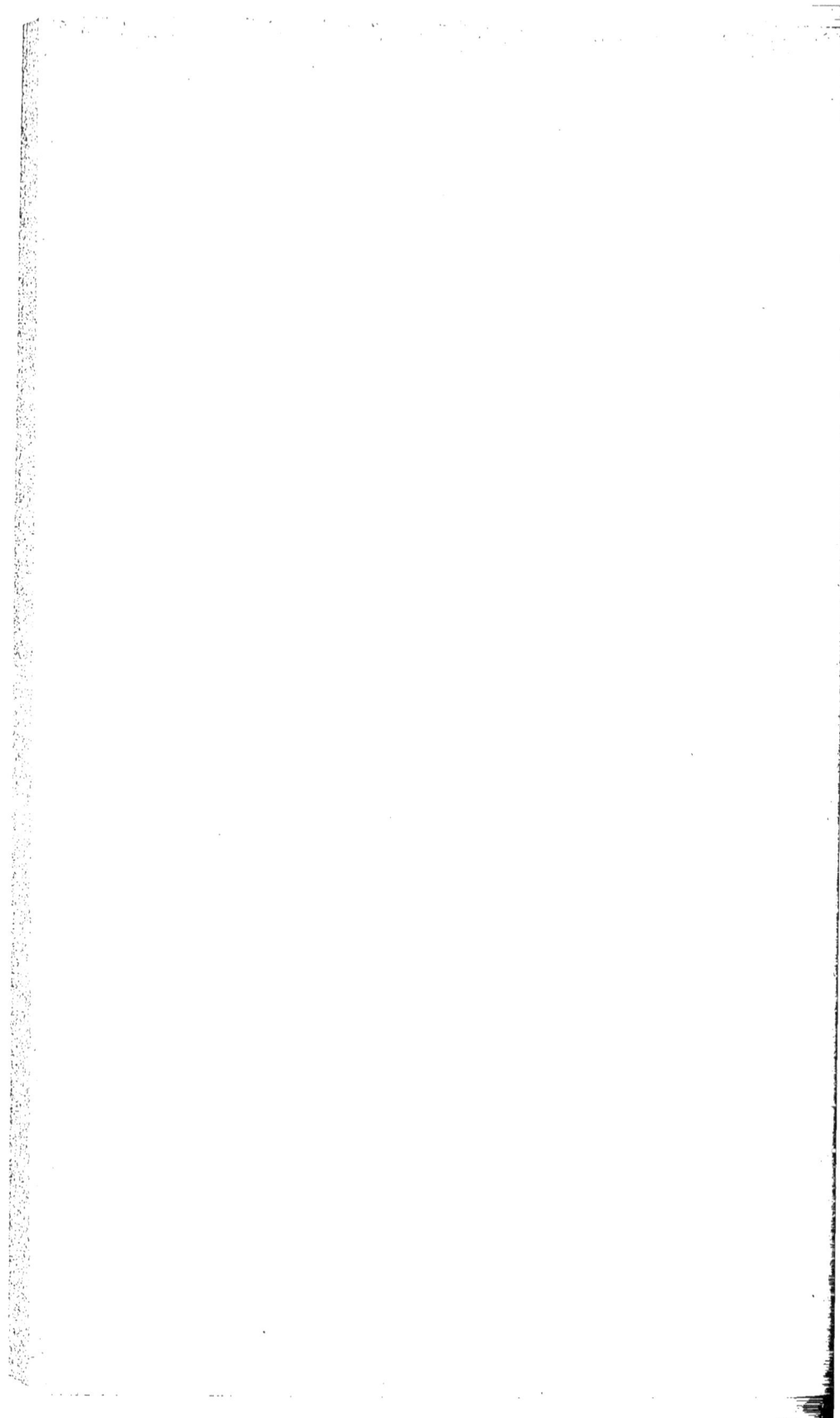

ADDENDA

(Plantes omises, ou reçues au cours de l'impression.)

PARTIE I

Pages

ajoutez : **PLATYCARYA** (après *Pterocarya*).

53 — — **strobilacea** Sieb. et Zucc. — Japon.

BETULA

54 — — **globispica** Shirai. — Japon.
54 — — **humilis** Schrank. — Hémisphère septentr.
54 — — **lenta** L. — Amérique septentrionale.
54 — — **papyrifera** Marsh. — Amérique septentr.
54 — — **populifolia** Marsh. — Amérique septentr.
54 — — **utilis** D. Don. — Himalaya.

CORYLUS

54 — — **americana** Walt. — Amérique septentr.

QUERCUS

54 — — **ambigua** Kit. — Europe.
55 — — **prinoides** Willd. (*Q. Chinquapin* Pursh.; *Q. Prinus*, var. *Chincapin* Michx). Amér. sept.
55 — — **Toza** Bosc. — Europe méridionale.

CASTANOPSIS (après *Quercus*).

55 — — ***chrysophylla** A. DC. — Californie et Orégon.

CASTANEA

55 — — **dentata** (*C. americana* Rafin.; *C. vesca*, var. *americana*, Michx.). — Amérique septentr.

SALIX

56 — — **myrsinites** L., var. JACQUINIANA Anders. — Alpes d'Autriche.
56 — — **petiolaris** Smith (*S. sericea* Marsh.). — Amérique septentrionale.

57 — **POPULUS**
— **laurifolia** Ledeb. (*P. balsamifera*, var. *laurifolia* Wesm.; *P. salicifolia* Hort.). — Altaï et Sibérie.

YUCCA

57 — — **filamentosa**, var. FLACCIDA Baker.

PINUS

62 — — ***Ayacahuite** Ehrenb. — Mexique et Guatémala.

PARTIE II

Pages

ajoutez : **SAXIFRAGA**

131 — — **reniforme** Hort. — ♃. Patrie inconnue. (Sect. X).

131 — — **cuneifolia**, var. SUBINTEGRA Hort. (*S. capillilepis* Rchb.). (Sect. X).

132 — — **balkana** Hort. ♃. Patrie inconnue. (Sect. XI).

132 — — **Forsteri** Stein. — ♃. Tyrol. (Sect. XI).

133 — — **Elisabethæ** Hort. — ♃. Patrie inconnue. (Sect. XII).

134 — — **punctata** L. (*S. arguta* D. Don). — ♃. Sibérie. (Sect. XII).

SEDUM

139 — — **spectabile** Bor. — ♃. Japon. — Var. ATROPURPUREA Hort.

SICYOS (après *Cyclanthera*).

150 — — **angulata** L. — ♃. Amérique septentrionale.

CHRYSOPSIS (après *Grindelia*).

160 — — **villosa** DC. (*C. foliosa* Nutt.). — ♃. Amérique septentrionale.

CELMISIA (après *Felicia*).

167 — — *****Munroi** Hook. f. — ♃. Nouvelle-Zélande.

ERIGERON

168 — — *****quercifolius** Lamk.(*Vittadinia triloba* Hort., non DC.). — ♃. Amérique septentrionale.

ACHILLEA

173 — — **Ageratum** L. — ♃. Europe.

174 — — **lingulata** Waldst. et Kit. — ♃. Europe orient., var. BUGLOSSIS Hort.

CAMPANULA

191 — — **canescens** Wall. Afganistan. — ♃. Variété.

193 — — **michauxioides** Boiss. — ②. Asie Mineure.

STATICE

197 — — **lavandulæfolia** Hort. ♃. Patrie inconnue.

BORRAGO

212 — — **laxiflora** Willd. — ♃. Corse.

N. B. — L'hybride *Nicotiana glauca* × *Tabacum*, cité p. 221, vient d'être nommé, par M. J. Poisson, **N. vedrariensis.**

ERRATA

Page 2, ligne 34 (*Euptelea Francheti*), au lieu de p. 15, lisez : p. 9.

— 5, ligne 8 (11, Mahonia), à reporter plus haut, avant **BERBERIS Aquifolium**.

— 8, ligne 9, à reporter à la fin du genre.

— 11, au lieu de *AMPÉLIDACÉES*, lisez : *AMPÉLIDÉES*.

— 30, ligne 4, au lieu de : Lalandei, lisez : Lalandii.

— 30, ligne 10, au lieu de : **Franchetii**, lisez : **Francheti**.

— 30, ligne 14, **COTONEASTER rupestris** Hort. Boucher est **C. microphylla** Wall., v. glacialis(*C. congesta* Baker).

— 34, au lieu de **BUPLEURUM**, lisez : **BUPLEVRUM**.

— 36, dernière ligne, au lieu de Halliana, lisez : Halleana.

— 38, ligne 15, et p. 178, ligne 23, au lieu de *Delairia scandens* Hort., lisez : *Delairea scandens* Lem.

— 38, ligne 20, au lieu de **VACCINUM**, lisez : **VACCINIUM**.

— 38, pour **ARCTOSTAPHYLLOS**, lisez : **ARCTOSTAPHYLOS**.

— 46, au lieu de **B. Colvillei**, lisez : **Colvilei**.

— 46, au lieu de *B. curviflora* Ed. André, lisez : Carrière.

— 46, ligne 28, pour *BORAGINÉES*, lisez : *BORRAGINÉES*.

— 47, ligne 15, au lieu de *SCROPHULARINÉES*, lisez : *SCROFULARINÉES*.

— 47, au lieu de **S. Seaforthianum** André, lisez : Andrews.

— 56, ligne 5, **CASTANEA**, mettre en tête de page.

— 60, ligne 27, au lieu de ericodes, lisez : ericoides.

— 66, planche X, Picea sitchensis, la figure est retournée.

— 76, dernière ligne, **TROLLIUS patulus** Salisb., ajoutez : ♃ .

— 80, ligne 36, **ACONITUM japonicum** Thunb., ajoutez : ♃ .

Page 82, ligne 19, **PÆONIA** spec. est **P. corallina** Retz.

— 83, ligne 8, supprimez : **EPIMEDIUM**.

— 86, dernière ligne, au lieu de : sonin troduction, lisez : son introduction.

— 92, ligne 17, **NASTURTIUM officinale** R. Br., ajoutez : ♃.

— 94, ligne 10, **DRABA tomentosa** Wahlenb., ajoutez : ♃.

— 95, ligne 13, au lieu de : semblecaient, lisez : sembleraient.

— 96, ligne 5, **ÆTHIONEMA grandiflorum** Boiss. et Hohen. ajoutez : ♃.

— 106, ligne 20, au lieu de **C. Leeana**, lisez : **C. Leana**

— 120, ligne 1, **AMPHICARPÆA**, à reporter avant **monoica**.

— 123, lignes 19 et 20, au lieu de Bargemont et Villeneuve-Bargemont, lisez : Bargemon.

— 123, ligne 32 (*F. collina* Ehrh., var.), lisez : (*F. collina* × *vesca*; *F. Majaufea* Ser.).

— 197 (notice *Statice Suworowi*), au lieu de tou, lisez : tout.

— 206, ligne 1, pour *ASCLÉPIADIÉES* lisez : *ASCLÉPIADÉES.*

— 216, ligne 16, au lieu de **S. Commersoni**, lisez : **Commersonii**.

— 223, ligne 3, au lieu de : Il a, lisez : Ce même hybride a.. ....

— 236, planche XXI, au lieu de RAMONDA, lisez : RAMONDIA.

— 238, ligne 1, **INCARVILLEA**, à reporter avant **compacta**.

— 256, ligne 29, au lieu de *Gymandenia*, lisez : *Gymnadenia*.

— 291, ligne 26, au lieu de A. LILIASTRUM, lisez : A. LILIASTRUM.

— 302, fig. 97, au lieu de L. LONGIFLORUM, var. HARRISII, lisez : var. EXIMIUM Hort.

— 305, ligne 29, au lieu de **F. imperialis**, lisez : **F. Imperialis**.

— 307, fig. 109, au lieu de T. GREIGII, lisez : T. GREIGI.

— 311, ligne 12, au lieu de *Pontederia crassipe*, lisez : *P. crassipes*.

— 328, ligne 1, au lieu de **ECALE**, lisez : **SECALE**.

TABLE ALPHABÉTIQUE DES ILLUSTRATIONS

Les numéros des planches en photogravure sont en chiffres romains;
ceux des figures noires sont en chiffres arabes.

TABLE ALPHABÉTIQUE

DES FAMILLES ET DES GENRES

Les familles sont en petites CAPITALES. — Les genres admis sont en romaines.
Les synonymes sont en *italiques*.

A

C

D

E

F

I

M

N

O

P

T

X

Y

Z

17360. — Lib.-Imp. réunies, 7, rue Saint-Benoît, Paris.

www.ingramcontent.com/pod-product-compliance
Lightning Source LLC
Chambersburg PA
CBHW060540220326
41599CB00022B/3559